高等职业技术院校房地产类规划教材

建筑装饰 CAD 制图

主编 邹 娟 罗雅敏 刘 璐
主审 范幸义

西南交通大学出版社
·成 都·

图书在版编目（CIP）数据

建筑装饰 CAD 制图 / 邹娟，罗雅敏，刘璐主编. — 成都：西南交通大学出版社，2016.11
高等职业技术院校房地产类规划教材
ISBN 978-7-5643-4869-4

Ⅰ. ①建… Ⅱ. ①邹… ②罗… ③刘… Ⅲ. ①建筑装饰–建筑设计–计算机辅助设计–AutoCAD 软件–高等职业教育–教材 Ⅳ. ①TU238-39

中国版本图书馆 CIP 数据核字（2016）第 184904 号

高等职业技术院校房地产类规划教材

建筑装饰 CAD 制图

主编　邹　娟　罗雅敏　刘　璐

责 任 编 辑	张　波
封 面 设 计	何东琳设计工作室
出 版 发 行	西南交通大学出版社 （四川省成都市二环路北一段 111 号 西南交通大学创新大厦 21 楼）
发 行 部 电 话	028-87600564　028-87600533
邮 政 编 码	610031
网　　　　址	http://www.xnjdcbs.com
印　　　　刷	成都蜀通印务有限责任公司
成 品 尺 寸	185 mm×260 mm
印　　　　张	14
字　　　　数	350 千
版　　　　次	2016 年 11 月第 1 版
印　　　　次	2016 年 11 月第 1 次
书　　　　号	ISBN 978-7-5643-4869-4
定　　　　价	32.00 元

课件咨询电话：028-87600533
图书如有印装质量问题　本社负责退换
版权所有　盗版必究　举报电话：028-87600562

前 言

本书主要针对建筑装饰、室内设计、环境艺术等相关专业或行业的需求，以基本知识作为主要脉络，以实例作为"抓手"，帮助读者掌握利用 AutoCAD 2016 软件进行本行业工程设计的基本技能和技巧，包括建筑装饰施工图的制图要求及规范，AutoCAD 软件操作的基本工具、使用技能和技巧，AutoCAD 绘制建筑装饰施工图中的平面图、立面图、剖面图和节点大样图。本书通过理论和实践，相结合，配合大量实际操作，具有较强的针对性和实用价值。

高职的教育目标是培养技能型专业人才，要求高职学生通过学校的学习能够适应相应岗位的职业需要。本书通过教学实践，使学生对 AutoCAD 产生浓厚的学习兴趣，达到良好的教学效果。本书具体特色如下：

（1）使用项目驱动任务。本书以 AutoCAD 2016 软件为平台，结合建筑装饰专业的特点和要求，将掌握软件的操作技巧与建筑装饰施工图的基本操作方法相结合，注重项目教学法的应用，帮助学生构建完善的 CAD 知识结构，为提高学生 CAD 应用能力及水平奠定坚实的基础。

（2）注重实用性，让学习少走弯路。本书的编者结构，注重教学人员与企业人员的结合，总结多年的设计经验和教学的心得体会，精心编著，力求全面、细致地展现 CAD 在建筑装饰和室内设计应用中的各种功能和使用方法。

（3）精选案例，为后期学习做准备。本书结合典型的设计实例，详细讲解相关知识点，让学生在学习案例的同时，掌握本专业的相关技能，培养学生的实践能力。

本书主要由九部分内容组成。任务 1 主要介绍建筑装饰施工图的制图要求和相关规范。任务 2 主要是对 AutoCAD 2016 软件的安装、界面、基本操作方法的介绍。任务 3 主要介绍 AutoCAD 2016 基本绘图的技巧与方法。任务 4 主要介绍图形的修改、编辑技巧与方法。任务 5 主要介绍文字、文字标注、尺寸标注和表格的基本操作和编辑技巧。任务 6 主要介绍软件所必需的相关辅助工具。任务 7 主要介绍建筑装饰施工图之平面图的绘制技巧与方法。任务 8 主要介绍建筑装饰施工图之立面图的绘制技巧与方法。任务 9 主要介绍建筑装饰施工图之剖面图和节点大样图的绘制技巧与方法。

本书由重庆房地产职业学院建设工程系教师编写，全书由范幸义担任主审，邹娟、罗雅敏、刘璐担任主编，由邹娟负责最终统稿，参与编写的人员包括：李益、张勇一、雷雨、陶昌楠、肖芳、刘静（长沙职业技术学院）、李宏兵（四川天一学院）、何春柳、夏洪波、何光乾，在此对他们的付出表示真诚的感谢。

本书在编写过程中得到院领导、教师的支持与帮助，在此表示衷心的感谢。同时，也感谢所列参考文献的各位作者。由于作者水平有限，疏漏不足之处在所难免，敬请读者谅解。

编 者

2016 年 11 月

目 录

任务 1 建筑装饰施工图概述 1
   1.1 建筑装饰施工图 1
   1.2 建筑装饰施工图制图要求及规范 6
   实训 1 25

任务 2 AutoCAD 2016 概述 32
   2.1 AutoCAD 2016 软件简介 32
   2.2 AutoCAD 2016 安装及卸载 32
   2.3 AutoCAD 2016 操作界面 37
   2.4 AutoCAD 2016 操作入门 44
   实训 2 53

任务 3 绘图类命令 55
   3.1 点类命令及应用 55
   3.2 线类命令及应用 58
   3.3 圆、圆弧类命令 70
   3.4 形体类命令 73
   实训 3 76

任务 4 编辑类命令 78
   4.1 对象选择 78
   4.2 基本编辑类命令 80
   4.3 复制类命令 82
   4.4 修改类命令 90
   4.5 改变位置类命令 99
   4.6 图案填充 103
   4.7 图块 110
   实训 4 113

任务 5 文本标注、尺寸标注与表格 119
   5.1 文本标注 119
   5.2 文本编辑 124

  5.3 尺寸标注 ···················· 125
  5.4 表格 ························ 140
  实训 5 ·························· 145

任务 6 辅助工具的使用 ·················· 149
  6.1 查询工具 ···················· 149
  6.2 重生成模型 ·················· 151
  实训 6 ·························· 151

任务 7 建筑装饰 CAD 平面布置图绘制 ·········· 153
  7.1 模板设置 ···················· 153
  7.2 建筑装饰 CAD 平面布置图绘制 ······ 155
  7.3 建筑装饰 CAD 地面铺装图绘制 ······ 164
  7.4 建筑装饰 CAD 天棚图绘制 ········· 168
  实训 7 ·························· 171

任务 8 建筑装饰立面图绘制 ·················· 182
  8.1 建筑装饰客厅电视墙立面图的绘制 ··· 182
  8.2 建筑装饰卫生间立面展开图的绘制 ··· 195
  实训 8 ·························· 202

任务 9 建筑装饰 CAD 剖面图绘制 ·············· 210
  9.1 天花剖面及大样图绘制 ············ 210
  9.2 墙身大样图绘制 ················ 212
  9.3 线条大样图绘制 ················ 213
  实训 9 ·························· 214

参考文献 ···························· 218

任务 1　建筑装饰施工图概述

1.1　建筑装饰施工图

建筑装饰施工图是在建筑施工图的基础上，结合环境艺术设计的要求，更详细地表达建筑空间装饰做法及整体效果。

1.1.1　建筑装饰平面图

建筑装饰平面图包括：平面布置图、顶棚平面图和地面铺装图。

1. 平面布置图

（1）平面布置图的形成。

平面布置图是假想用一水平的剖切平面，沿需装饰的房间的门窗洞口处作水平全剖切，移去上面部分，对剩下部分所作的水平正投影图。剖切到的墙、柱等结构体的轮廓用粗实线表示，其他内容均用细实线表示。

（2）平面布置图示内容（图 1.1）。

① 图上尺寸内容有 3 种：一是建筑结构体的尺寸；二是装饰布局和装饰结构的尺寸；三是家具、设备等尺寸。

② 表明装饰结构的平面布置、具体形状及尺寸，表明饰面的材料和工艺要求。

③ 室内家具、设备、陈设、织物、绿化的摆放位置及说明。

④ 表明门窗的开启方式及尺寸。

⑤ 画出各面墙的立面投影符号（或剖切符号）。

2. 地面铺装图

地面铺装图是表达建筑装饰工程中地面铺装的材料及尺寸的平面布置图，又称地面装饰图、铺地布置图。

（1）地面铺装图的形成。

地面铺装图是假想用一水平的剖切平面，沿需装饰的房间的门窗洞口处作水平全剖切，移去上面部分，对剩下部分所作的水平正投影图，主要用于表示地面铺设的材料和形式。剖切到的墙、柱等结构体的轮廓用粗实线表示，其他内容均用细实线表示。地面铺装图应与平面布置图比例相同。

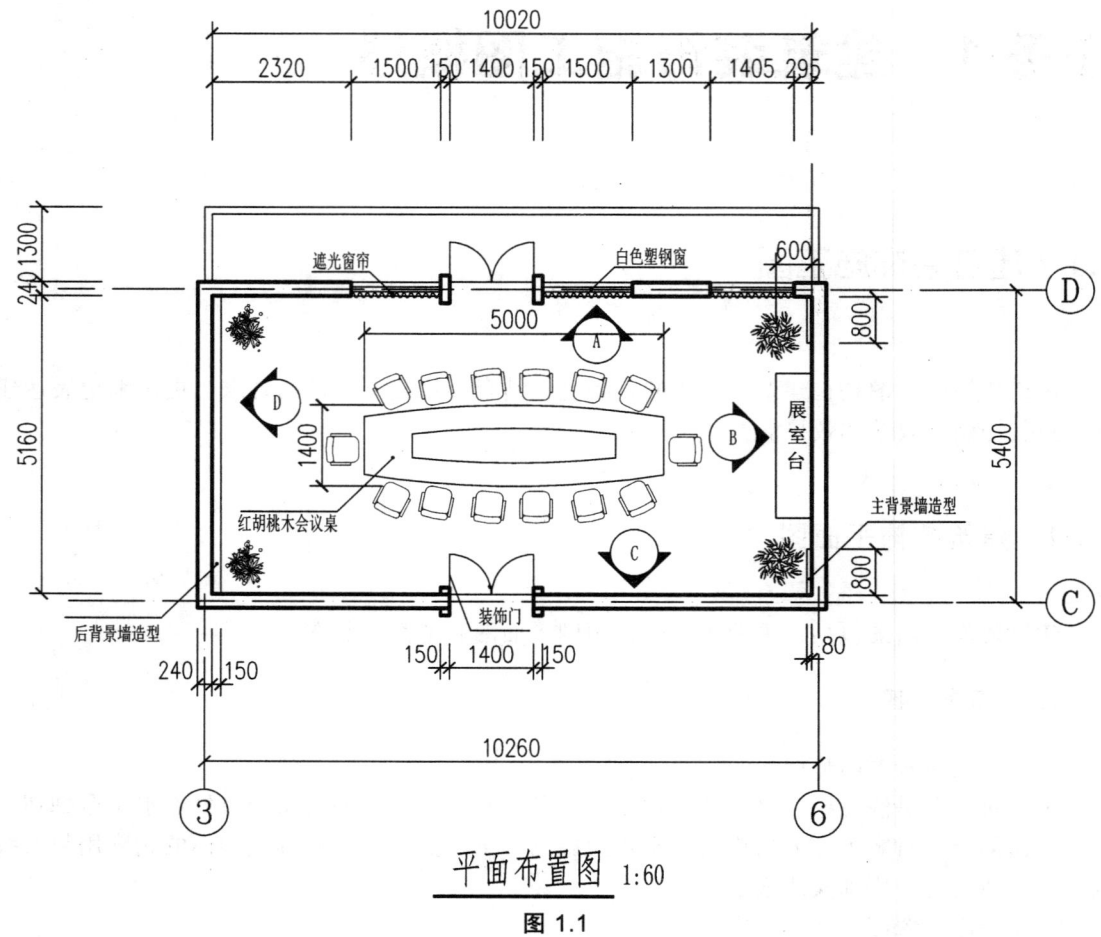

平面布置图 1:60

图 1.1

（2）地面铺装图示内容（图 1.2）。

① 建筑结构体尺寸；

② 地面铺装材料；

③ 文字说明（地面铺装材料尺寸及工艺）。

3．顶棚平面图

（1）顶棚平面图的形成。

用一个假想的水平剖切平面，沿需装饰房间的门窗洞口处作水平全剖切，移去下面部分，对剩余的上面部分所作的镜像投影，就是顶棚平面图。

镜像投影是镜面中反射图像的正投影。

顶棚平面图用于反映房间顶面的形状、装饰做法及所属设备的位置、尺寸等内容。

（2）顶棚平面图的图示内容（图 1.3）。

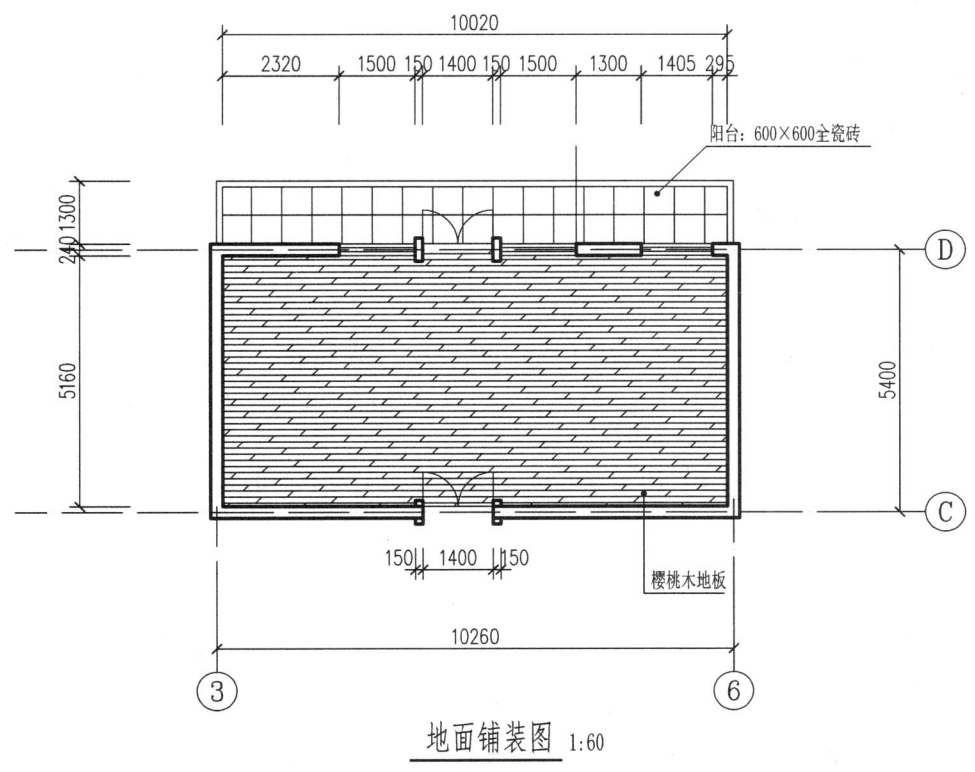

地面铺装图 1:60

图 1.2

顶棚平面图 1:60

图 1.3

反映顶棚范围内的装饰造型及尺寸。

反映顶棚所用的材料规格、灯具灯饰、空调风口及消防报警等装饰内容及设备的位置等。

1.1.2 建筑装饰立面图

（1）装饰立面图的形成。

将建筑物装饰的外观墙面或内部墙面向铅直的投影面所作的正投影图就是装饰立面图。

图上主要反映墙面的装饰造型、饰面处理，以及剖切到的顶棚的断面形状、投影到的灯具或风管等内容。

装饰立面图所用比例为 1∶100、1∶50 或 1∶25。室内墙面的装饰立面图一般选用较大比例，为 1∶80。

（2）装饰立面图的图示内容（图1.4）。

① 在图中用相对于本层地面的标高，标注地台、踏步等的位置尺寸。

② 顶棚面距地标高及其叠级（凸出或凹进）造型的相关尺寸。

③ 墙面造型的样式及饰面的处理。

④ 墙面与顶棚面相交处的收边做法。

⑤ 门窗的位置、形式及墙面、顶棚面上的灯具及其他设备。

⑥ 固定家具、壁灯、挂画等在墙面中的位置、立面形式和主要尺寸。

⑦ 墙面装饰的长度及范围，以及相应的定位轴线符号、剖切符号等。

⑧ 建筑结构的主要轮廓及材料图例。

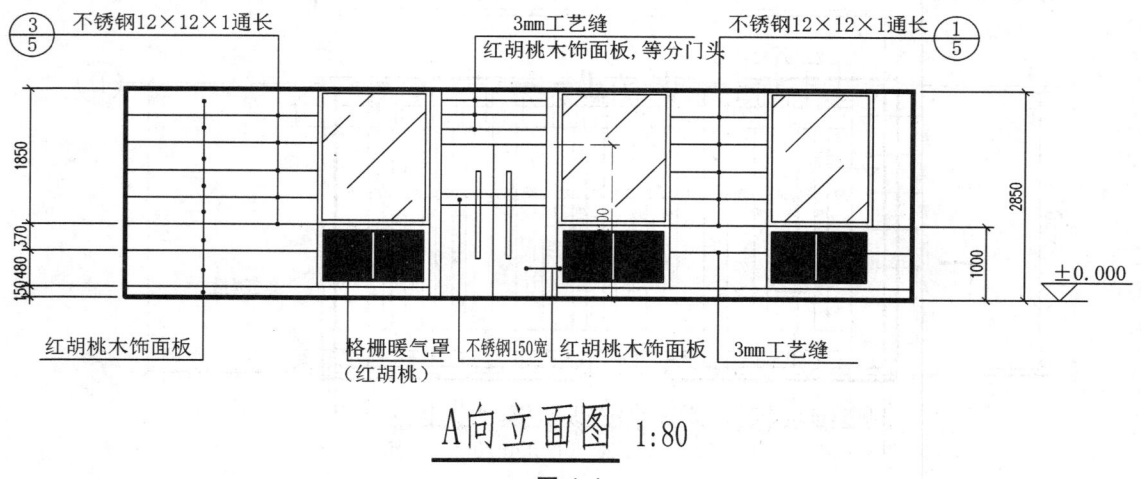

图1.4

1.1.3 建筑装饰剖面图

装饰剖面图的形成（图1.5）：

① 装饰剖面图是将装饰面（或装饰体）整体剖开（或局部剖开）后，得到的反映内部装饰结构与饰面材料之间关系的正投影图。

② 一般采用1∶10～1∶50的比例，有时也画出主要轮廓、尺寸及做法。

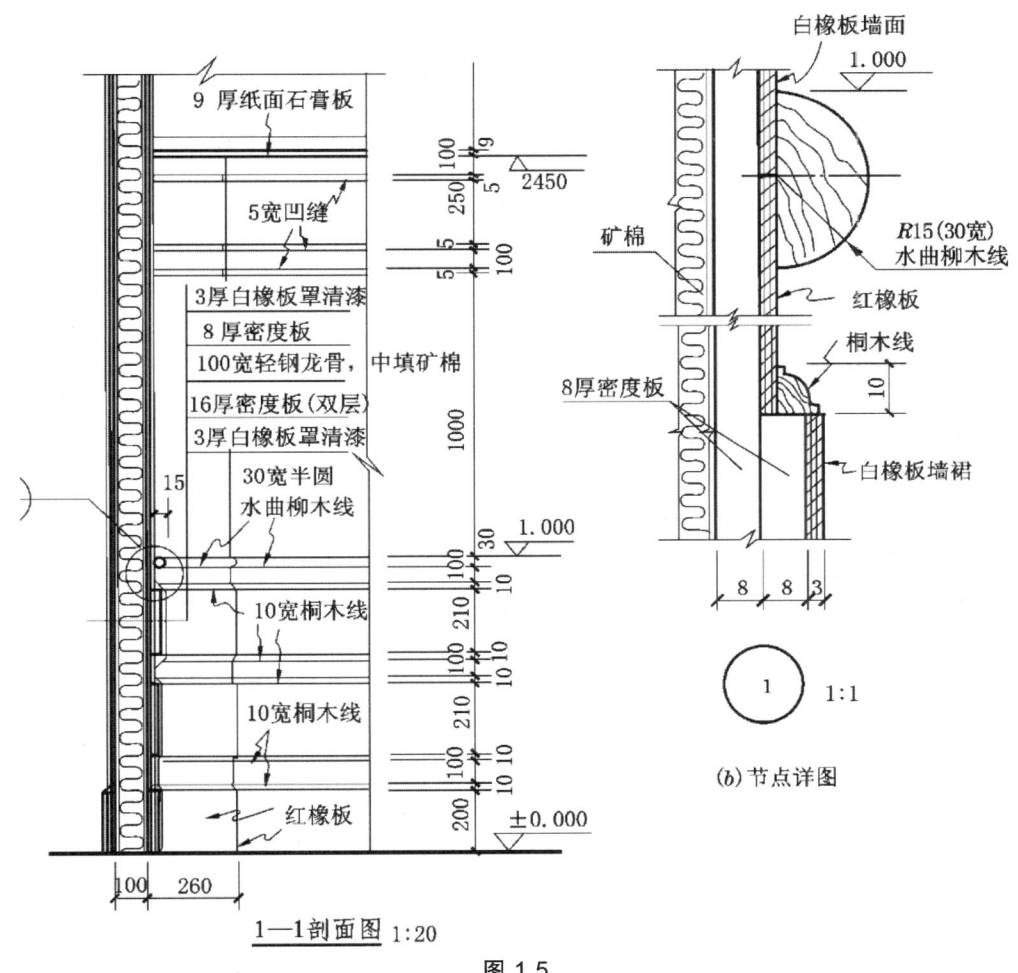

图 1.5

1.1.4 建筑装饰构造详图

构造详图是前面所述各种图样中未标明之处，用较大的比例画出的用于施工图的图样（也称作大样图），如图1.6所示。

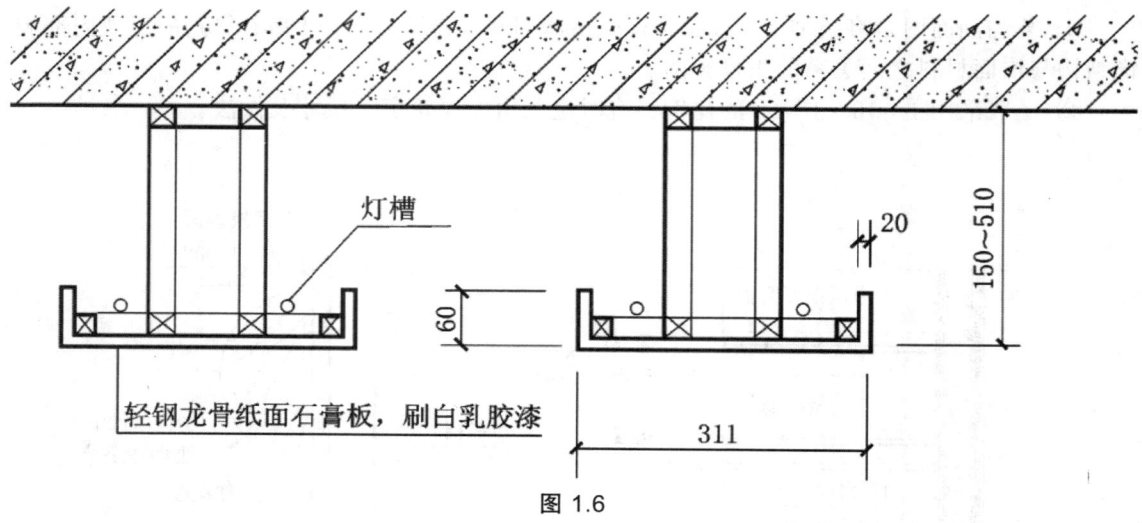

图 1.6

1.2 建筑装饰施工图制图要求及规范

1.2.1 图幅、图标及会签栏

图幅即图纸幅面,指图纸的大小规格。为了便于图纸的装订、查阅和保存,满足图纸现代化管理要求,图纸的大小规格应力求统一。建筑工程图纸的幅面及图框尺寸应符合表 1.1 的规定。表中数字是裁边以后的尺寸,尺寸代号的意义如图 1.7 所示。

表 1.1 幅面及图框尺寸

尺寸代号	幅面代号				
	A0	A1	A2	A3	A4
$b/\text{mm} \times l/\text{mm}$	841×1 189	594×841	420×594	297×420	210×297
c/mm	10			5	
a/mm	25				

图幅分横式和立式 2 种。从表 1.1 中可以看出 A1 号图幅是 A0 号图幅的对折,A2 号图幅是 A1 号图幅的对折,其余类推。上一号图幅的短边,即是下一号图幅的长边。

建筑工程一个专业所用的图纸应整齐统一,选用图幅时宜以一种规格为主,尽量避免大小图幅掺杂使用。一般不宜多于 2 种幅面,目录及表格所采用的 A4 幅面,可不受此限。

在特殊情况下,允许 A0~A3 号图幅按表 1.2 的规定加长图纸的长边,但图纸的短边不得加长。有特殊需要的图纸,可采用 $b \times l$ 为 840 mm×392 mm 与 1 189 mm×1 261 mm 的幅面。

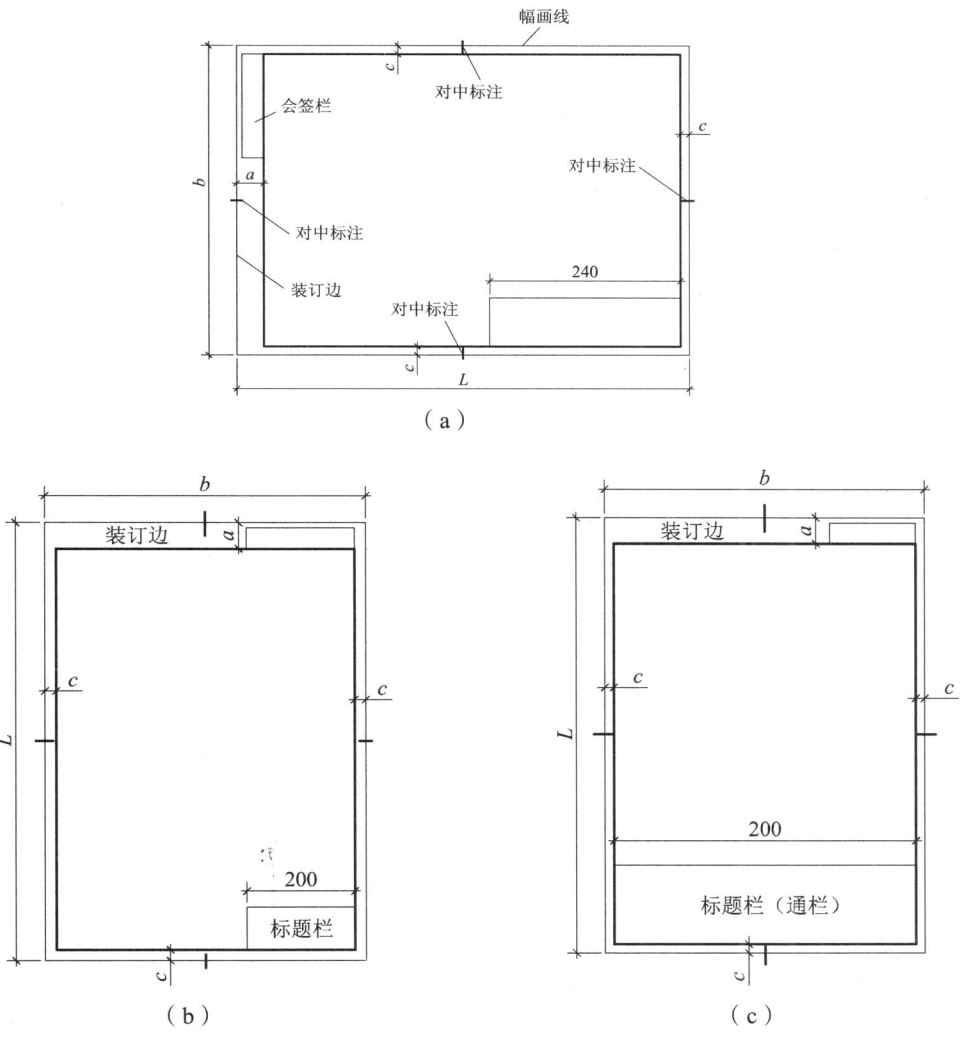

图 1.7 图幅格式

表 1.2 图纸长边加长尺寸

幅面代号	长边尺寸/mm	长边加长后尺寸/mm
A0	1 189	1 338,1 487,1 635,1 784,1 932,2 081,2 230,2 387
A1	841	1 051,1 261,1 472,1 682,1 892,2 102
A2	594	743,892,1 041,1 189,1 338,1 487,1 635,1 784,1 932,2 081
A3	420	631,841,1 051,1 261,1 472,1 682,1 892

图纸的标题栏（简称图标）、会签栏及装订边的位置应按图 1.7 布置。

图标的大小及格式如图 1.8 所示。

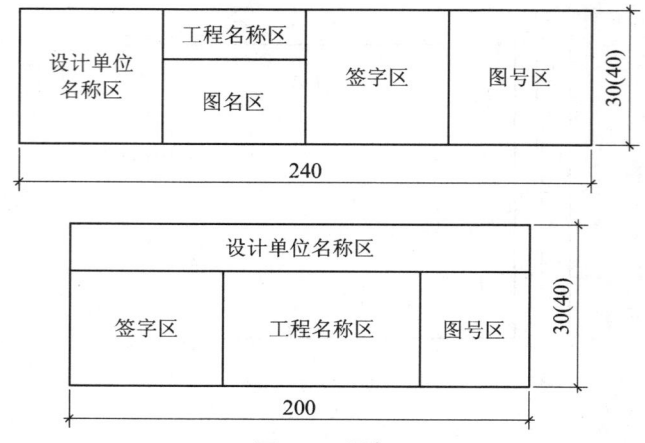

图 1.8 图标

会签栏应按图 1.9 的格式绘制,栏内应填写会签人员所代表的专业、姓名、日期(年、月、日);一个会签栏不够用时可另加一个,两个会签栏应并列;不需会签的图纸可不设此栏。

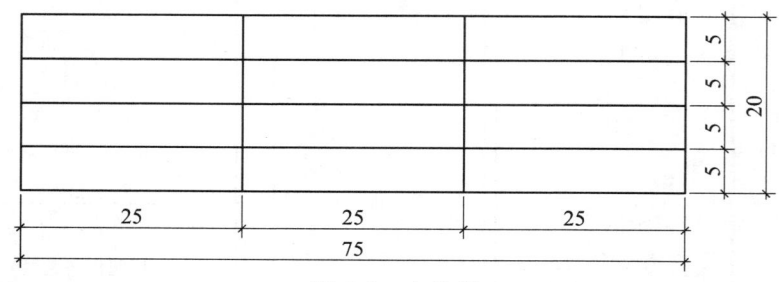

图 1.9 会签栏

学生制图作业用标题栏推荐图 1.10 的格式。

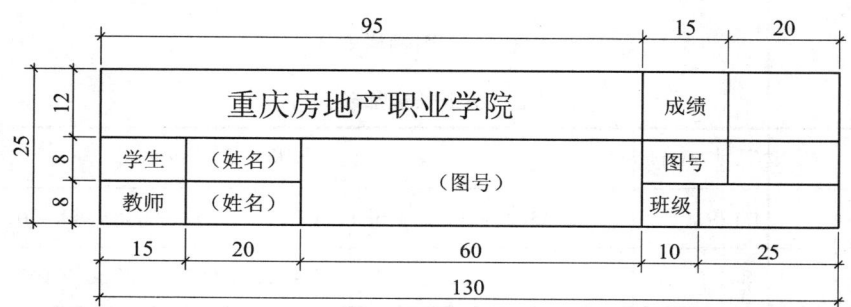

图 1.10 学生制图作业用标题栏推荐格式

1.2.2 线型要求

任何建筑图样都是用图线绘制成的,因此,熟悉图线的类型及用途,掌握各类图线的画法是建筑制图最本的技能。

为了使图样清楚、明确，建筑制图采用的图线分为实线、虚线、单点长画线、双点长画线、折断线和波浪线 6 类，其中前 4 类线型按宽度不同又分为粗、中、细 3 种，后两类线型一般均为细线。各类线型的规格及用途见表 1.3。

表 1.3　线　型

名　称		线　型	线宽	一般用途
实线	粗		b	主要可见轮廓线
	中		$0.5b$	可见轮廓线
	细		$0.25b$	可见轮廓线、图例线等
虚线	粗		b	见各有关专业制图标准
	中		$0.5b$	不可见轮廓线
	细		$0.25b$	不可见轮廓线、图例线等
单点长画线	粗		b	见各有关专业制图标准
	中		$0.5b$	见各有关专业制图标准
	细		$0.25b$	中心线、对称线等
双点长画线	粗		b	见各有关专业制图标准
	中		$0.5b$	见各有关专业制图标准
	细		$0.25b$	假想轮廓线、成型前原始轮廓线
折断线			$0.25b$	断开界线
波浪线			$0.25b$	断开界线

图线的宽度 b，应从下列线宽系列中选取：0.35 mm、0.5 mm、0.7 mm、1.0 mm、1.4 mm、2.0 mm。

每个图样，应根据复杂程度与比例大小，先确定基本线宽 b，再按表 1.4 确定适当的线宽组。在同一张图纸中，相同比例的各图样，应选用相同的线宽组。虚线、单点长画线及双点长画线的线段长度和间隔，应根据图样的复杂程度和图线的长短来确定，但宜各自相等。表 1.4 中所示线段的长度和间隔尺寸可作参考。当图样较小，用单点长画线和双点长画线绘图有困难时，可用实线代替。

在同一张图纸内，各不同线宽组中的细线，可统一采用较细的线宽组的细线。

表 1.4　线宽组

线宽比	线宽组/mm					
b	2.0	1.4	1.0	0.7	0.5	0.35
$0.5b$	1.0	0.7	0.5	0.35	0.25	0.18
$0.25b$	0.5	0.35	0.25	0.18		

需要缩微的图纸，不宜采用 0.18 mm 线宽。

图纸的图框线和标题栏线，可采用表 1.5 中所示的线宽。

表 1.5　图框线、标题栏线的宽度

幅面代号	图框线宽度/mm	标题栏外框线宽度/mm	标题栏分格线、会签栏线宽度/mm
A0、A1	1.4	0.7	0.35
A2、A3、A4	1.0	0.7	0.35

1.2.3　尺寸标注

在建筑施工图中，图形只能表达建筑物的形状，而建筑物各部分的大小还必须通过标注尺寸才能确定。房屋施工和构件制作都必须根据尺寸进行，因此尺寸标注是制图的一项重要工作，必须认真细致、准确无误。如果尺寸有遗漏或错误，必将给施工造成困难和损失。

注写尺寸时，应力求做到正确、完整、清晰、合理。

本节将介绍建筑制图国家标准中有关尺寸标注的一些基本规定。

1. 尺寸的组成

建筑图样上的尺寸一般应由尺寸界线、尺寸线、尺寸起止符号和尺寸数字 4 部分组成，如图 1.11 所示。

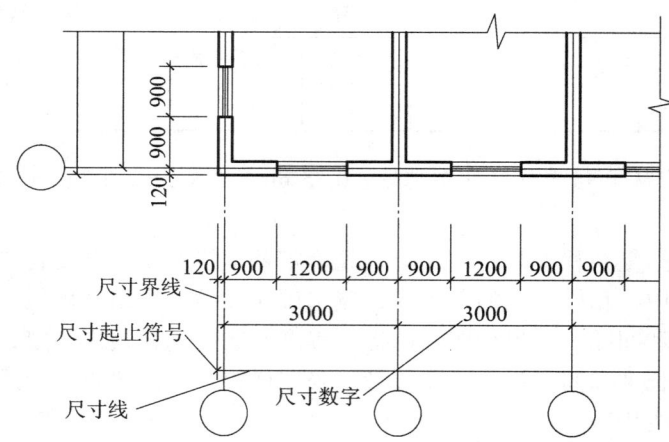

图 1.11　尺寸的组成和平行排列的尺寸

（1）尺寸界线是控制所注尺寸范围的线，应用细实线绘制，一般应与被注长度垂直。其一端应离开图样轮廓线不小于 2 mm，另一端宜超出尺寸线 2~3 mm。必要时，图样的轮廓线、轴线或中心线可用作尺寸界线（图 1.12）。

（2）尺寸线是用来注写尺寸的，必须用细实线单独绘制，应与被注长度平行，且不宜超出尺寸界线。任何图线或其延长线均不得用作尺寸线。

（3）尺寸起止符号一般应用中粗斜短线绘制，其倾斜方向应与尺寸界线呈顺时针 45°角，长度宜为 2~3 mm。半径、直径、角度和弧长的尺寸起止符号，宜用箭头表示（图 1.13）。

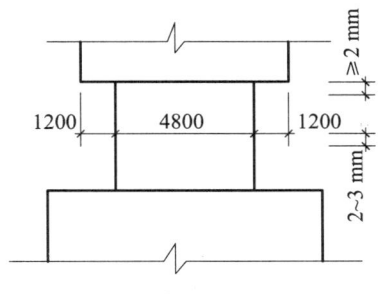
图 1.12　轮廓线用作尺寸界线

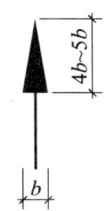
图 1.13　箭头的画法

（4）建筑图样上的尺寸数字是建筑施工的主要依据，建筑物各部分的真实大小应以图样上所注写的尺寸数字为准，不得从图上直接量取。图样上的尺寸单位，除标高及总平面图以米为单位外，均必须以毫米为单位，图中不需注写计量单位的符号或名称。本书正文和图中的尺寸数字以及习题集中的尺寸数字，除有特别注明外，均按上述规定。

尺寸数字应依据其读数方向注写在靠近尺寸线的上方中部，如没有足够的注写位置，最外边的尺寸数字可注写在尺寸界线外侧，中间相邻的尺寸数字可错开注写，也可引出注写，如图 1.14 所示。

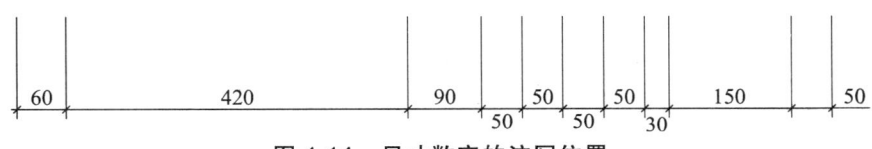
图 1.14　尺寸数字的注写位置

图线不得穿过尺寸数字，不可避免时，应将尺寸数字处的图线断开（图 1.15）。

2. 常用尺寸的排列、布置及注写方法

尺寸宜标注在图样轮廓线以外，不宜与图线、文字及符号等相交。相互平行的尺寸线，应从被注的图样轮廓线由近向远整齐排列，小尺寸应离轮廓线较近，大尺寸应离轮廓线较远。图样轮廓线以外的尺寸线，距图样最外轮廓线之间的距离，不宜小于 10 mm。平行尺寸线的间距宜为 7 ～ 10 mm，并应保持一致，如图 1.11 所示。

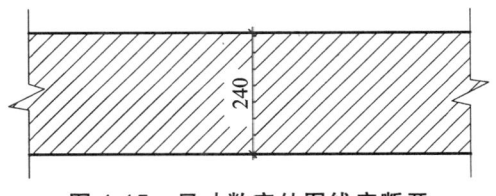
图 1.15　尺寸数字处图线应断开

1.2.4　文字说明

字的大小用字号来表示，字的号数即字的高度，各号字的高度与宽度的关系见表 1.6。

表 1.6　字　号

字　号	20	14	10	7	5	3.5
字　高	20	14	10	7	5	3.5
字　宽	14	10	7	5	3.5	2.5

图纸中常用的字号有 10、7、5 三号。如需书写更大的字，其高度应按 $\sqrt{2}$ 的比值递增。汉字的字高应不小于 3.5 mm。

1.2.5 常用图示标志（表 1.7）

表 1.7 常用图示标志

名称	幅面	图示标志
节点剖切索引符号	A0 A1 A2 幅面	
	A3 A4 幅面	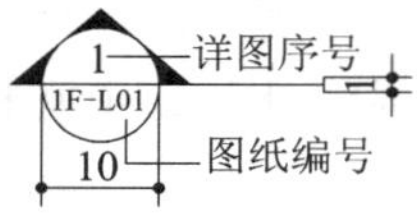
详图索引符号	A0 A1 A2 幅面	
	A3 A4 幅面	
立面索引指向符号	A0 A1 A2 幅面	（在平面图中使用） 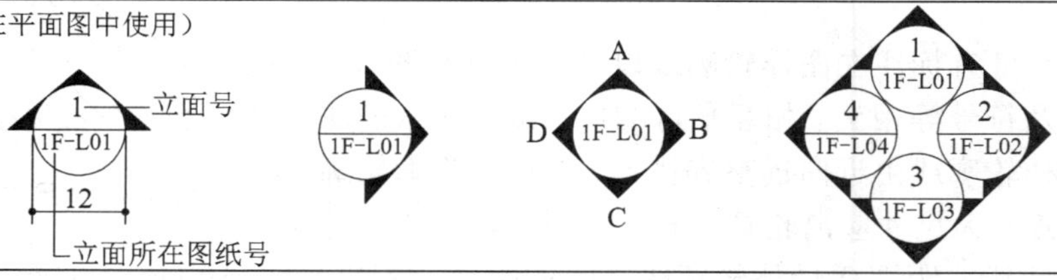
立面索引指向符号	A3 A4 幅面	（在平面图中使用） 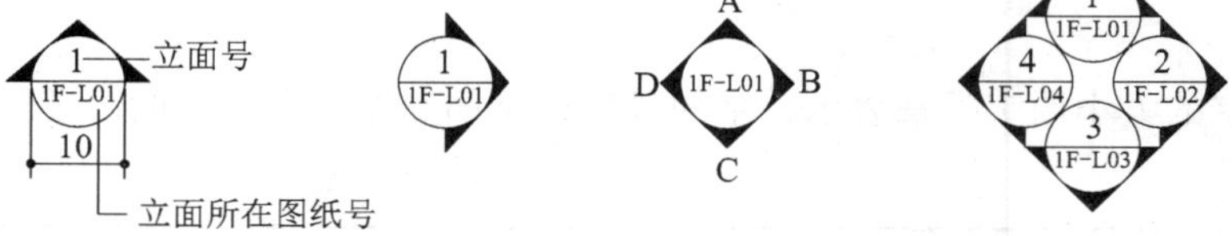

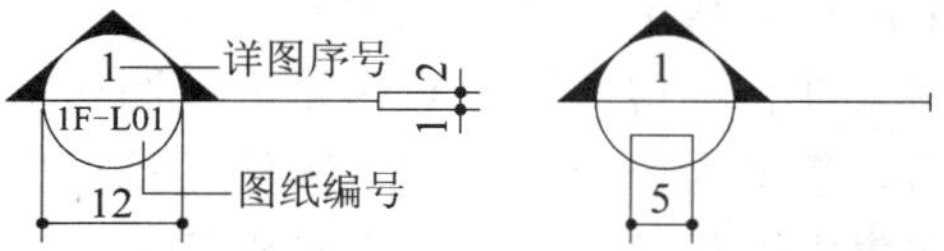

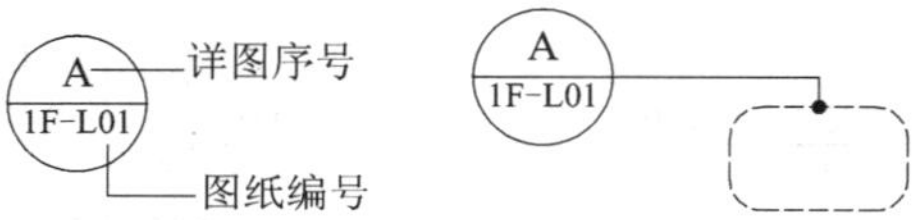

续表 1.7

名称	幅面	图示标志
修订云符号		 （内弧） △11.1 —修订日期　　（外弧） —有效范围
材料索引符号	A0 A1 A2 幅面	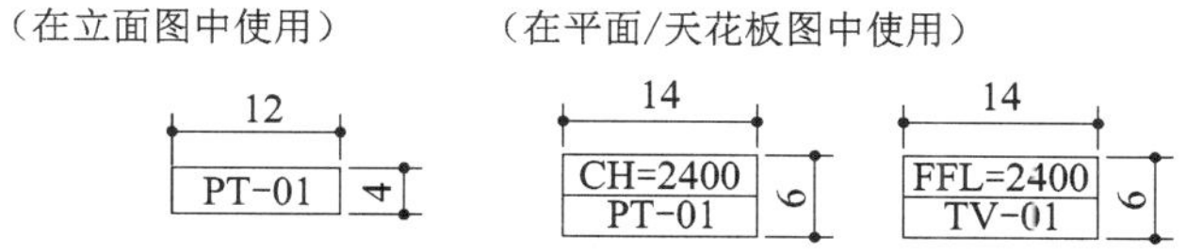 （在立面图中使用）　（在平面/天花板图中使用） 12　PT-01　4　　14　CH=2400/PT-01　6　　14　FFL=2400/TV-01　6
	A3 A4 幅面	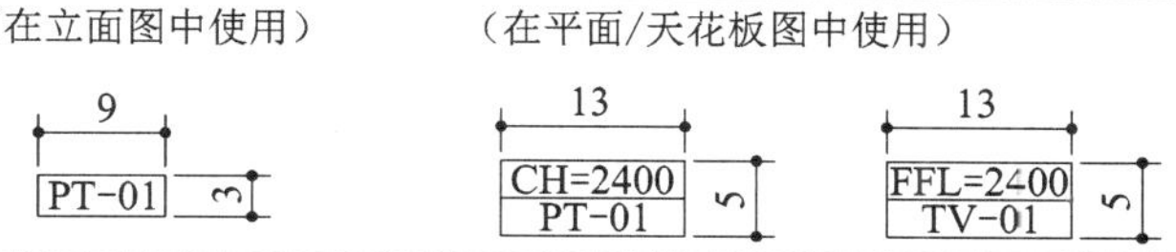 （在立面图中使用）　（在平面/天花板图中使用） 9　PT-01　3　　13　CH=2400/PT-01　5　　13　FFL=2400/TV-01　5
标高标注	A0 A1 A2 幅面	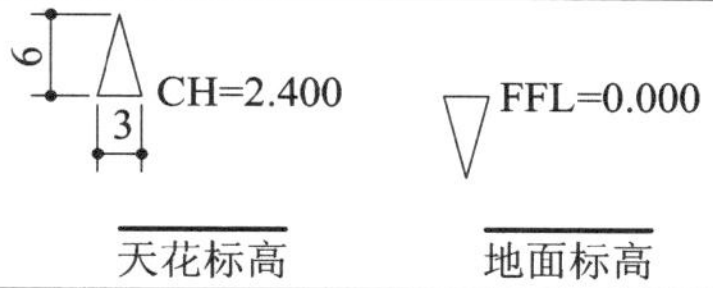 6 △ CH=2.400　▽ FFL=0.000 3 天花标高　　地面标高
	A3 A4 幅面	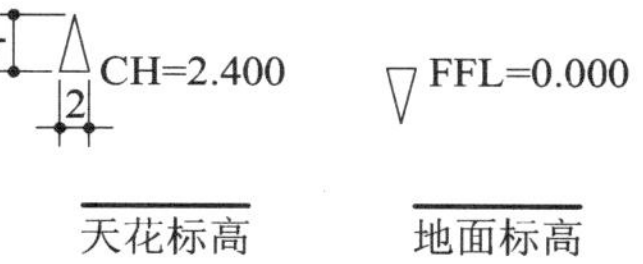 4 △ CH=2.400　▽ FFL=0.000 2 天花标高　　地面标高
轴线号符号	A0 A1 A2 幅面	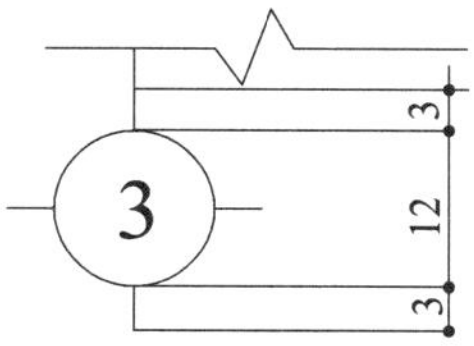 ③　3/12/3
	A3 A4 幅面	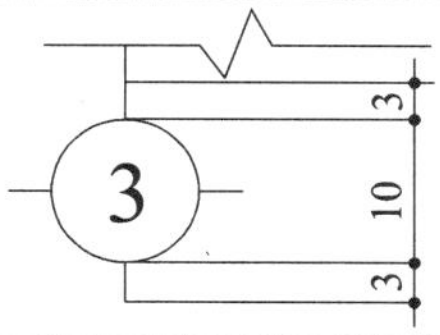 ③　3/10/3
剖数年省略线		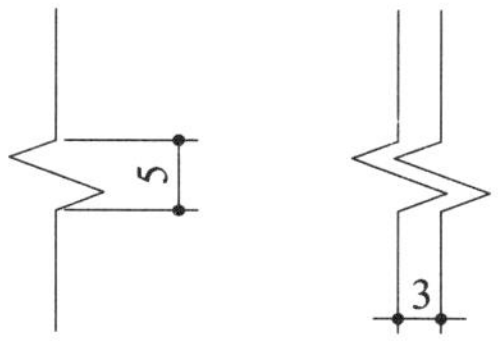 5　　3
放线定位点		 ◆

续表 1.7

名称	幅面	图示标志
中心线		 C L
绝对对称符号		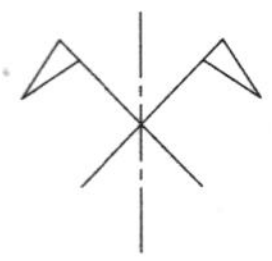
灯具索引符号	A0 A1 A2 幅面	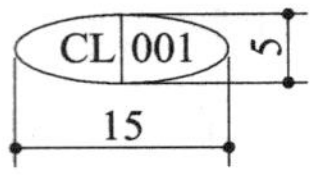 CL 001 5 / 15
	A3 A4 幅面	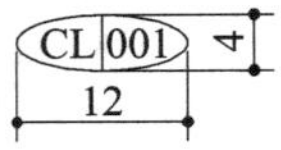 CL 001 4 / 12
各种家具的符号	A0 A1 A2 幅面	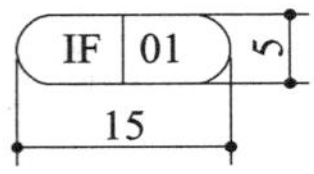 IF 01 5 / 15
	A3 A4 幅面	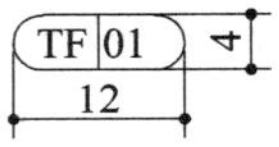 TF 01 4 / 12
艺术品陈设索引符号	A0 A1 A2 幅面	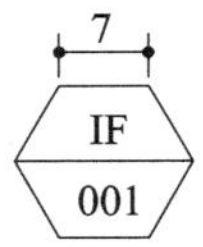 7 / IF 001
	A3 A4 幅面	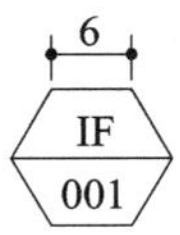 6 / IF 001
图纸名称及详图索引符号	A0 A1 A2 幅面	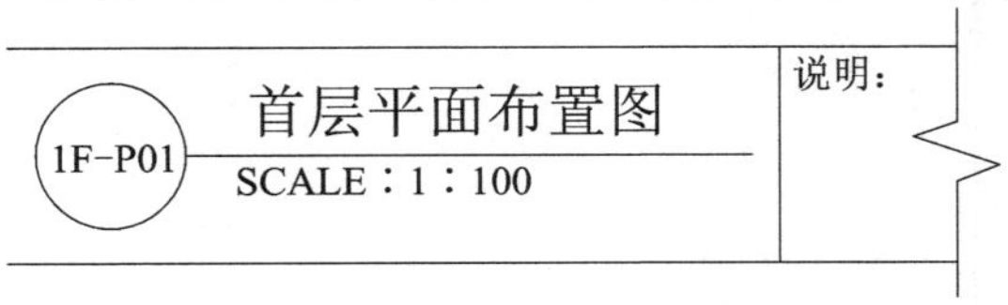 1F-P01 首层平面布置图 SCALE：1：100 说明：
	A3 A4 幅面	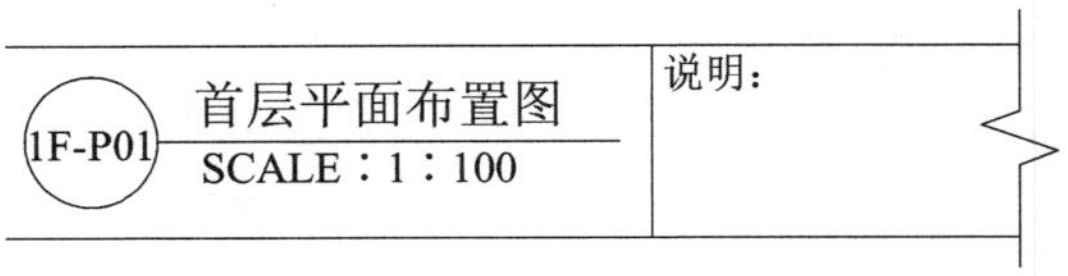 1F-P01 首层平面布置图 SCALE：1：100 说明：

续表 1.7

名称	幅面	图示标志
指北针	A0 A1 A2 幅面	 北 NORTH
	A3 A4 幅面	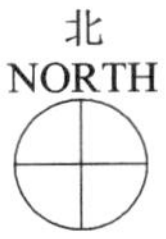 北 NORTH

1.2.6 常用材料符号

1. 常用材料图例（表 1.8）

表 1.8 常用材料图例

序号	名称	图例	说明
1	自然土壤		包括各种自然土壤
2	夯实土壤		
3	砂、灰土	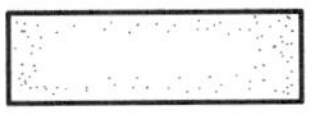	靠近轮廓线点较密的点
4	砂砾石、碎砖三合土	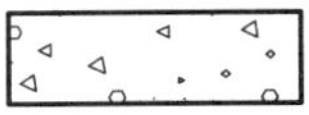	
5	天然石材	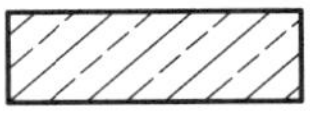	包括岩层、砌体、铺地、贴面等材料
6	毛石		
7	普通砖	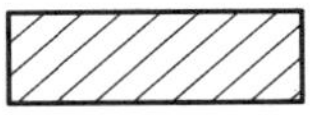	1. 包括砌体、砌块； 2. 断面较窄、不易画出图例线时，可徐红
8	耐火砖		包括耐酸砖等
9	空心砖		包括各种多孔砖

续表 1.8

序号	名称	图例	说明
10	饰面砖	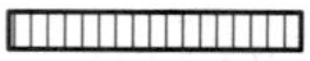	包括铺地砖、马赛克、陶瓷锦砖、人造大理石等
11	混凝土	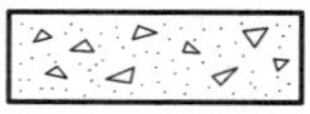	1. 本图例仅适用于能承重的混凝土及钢筋混凝土； 2. 包括各种标号、骨料、添加剂的混凝土； 3. 在剖面图上画出钢筋时，不画图例线； 4. 断面较窄，不易画出图例线时，可涂黑
12	钢筋混凝土		
13	焦渣、矿渣	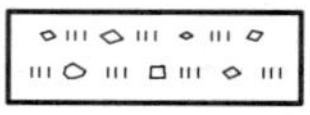	包括与水泥、石灰等混合而成的材料
14	多孔材料	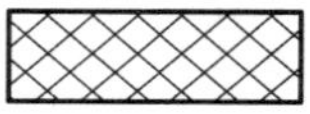	水泥珍珠岩、沥青珍珠岩、泡沫混凝土、非承重加气混凝土、泡沫塑料、软木等
15	纤维材料	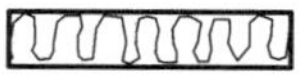	包括麻丝、玻璃棉、渣棉、木丝板、纤维板等
16	泡沫塑料材料	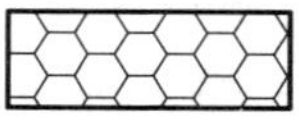	包括聚苯乙烯、聚乙烯、聚氨酯等多孔聚合物类材料
17	木材	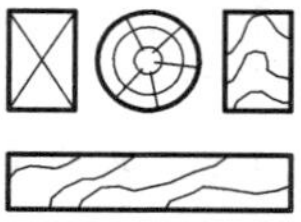	1. 上图为横断面，左上图为垫土、木柱、木龙骨； 2. 下图为纵断面
18	胶合板	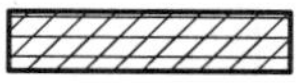	应注明×层胶合板
19	石膏板	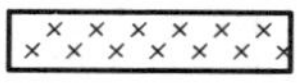	
20	金属	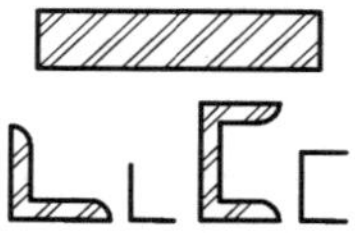	1. 包括各种金属； 2. 图形小时，可涂黑
21	网状材料		1. 包括金属、塑料等网状材料； 2. 注明材料
22	液体		注明液体名称

2. 装饰材料图例（表1.9）

表1.9 装饰材料图例

材质填充图例	材质类型	材质填充图例	材质类型
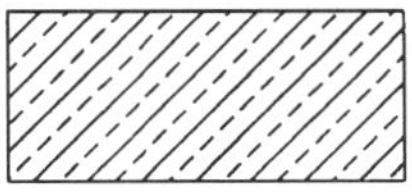	石材、瓷砖	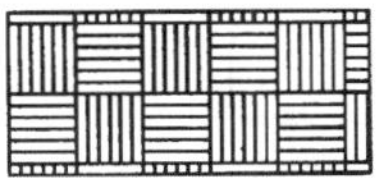	细木工板（大芯板）
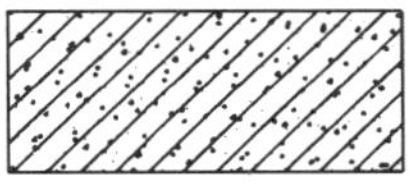	钢筋混凝土	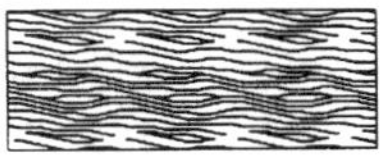	木材
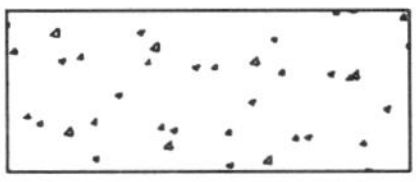	混凝土		夹板
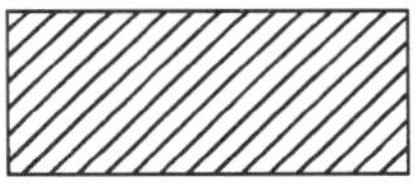	黏土砖		镜面/玻璃
			软质吸声层
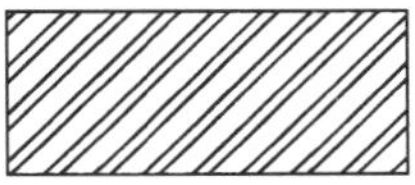	钢/金属	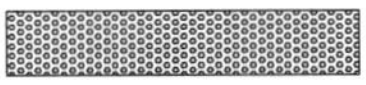	硬质吸声层
		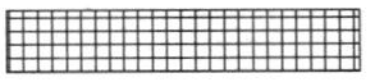	硬隔层
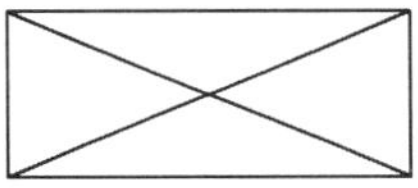	基层龙骨		陶质类
		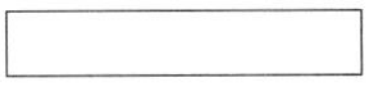	涂料粉刷层
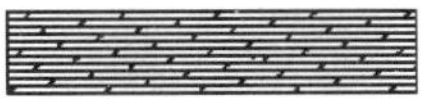	层积塑材		防潮层
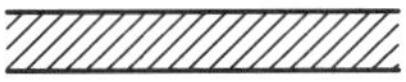	建筑原墙体/非承重墙		镜面
	建筑承重墙	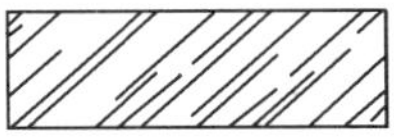	清玻璃
	装饰加建隔墙	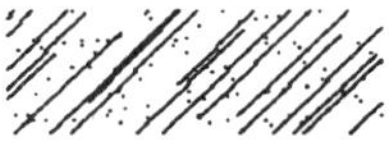	磨砂玻璃
	地毯		自然土壤
	钢丝网板		素土夯实
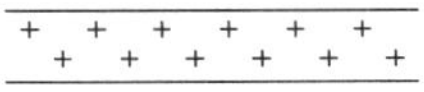	石膏板	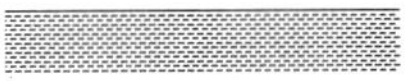	纤维板

3. 家具、植物图例（表 1.10）

表 1.10　家具、植物图例

名称	图例	名称	图例
双人床	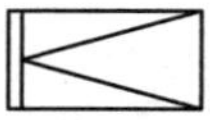	装饰隔断	
单人床	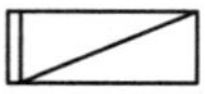	玻璃栏板	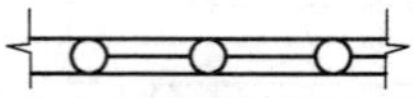
沙发	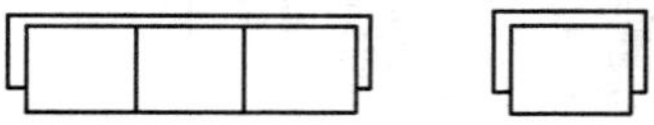	钢琴	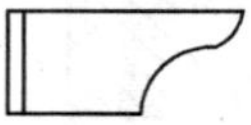
座椅、坐凳		电视	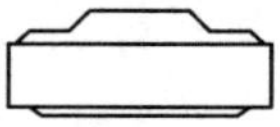
桌	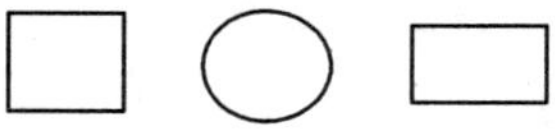	洗衣机	
柜		微波炉	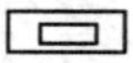
吊柜	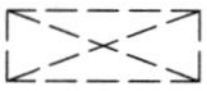	热水器	
壁橱	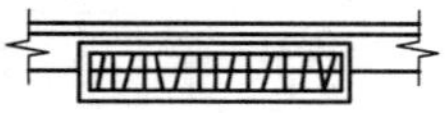	灶具	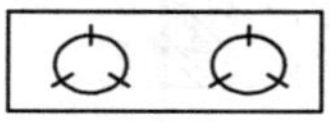
蹲式大便器	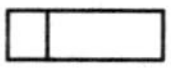	地毯	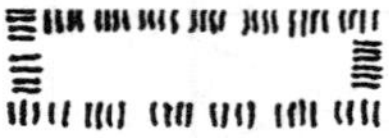
坐式大便器		盆景	
小便池	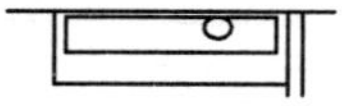	阔叶灌木	
饮水器		洋槐	
淋浴喷头	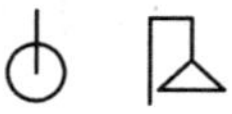	垂柳	
水表		苗圃	
地漏		果园	
厕所小间		树丛	
淋浴小间	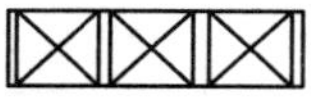	圆形喷水池	

4. 卫浴、水电、建材图例（表 1.11～表 1.15）

表 1.11　卫浴、水电、建材图例

名称	图例	名称	图例
水龙头		毛石	
阀门		浆砌块石	
消火栓		水刷石	
水池、水盆		空心砖	
洗脸盆		饰面砖	
立式洗脸盆		混凝土	
浴盆		钢筋混凝土	
化验盆、洗涤盆		焦渣、矿渣	
带篦子洗涤盆		石膏	
盥洗槽		纤维材料	
污水池		松散材料	
妇女卫生盆		木材	
立式小便器		胶合板	
挂式小便器		金属	
台阶		亭台	
自然土壤		园椅	
夯实土壤		草木花卉	
砂、灰土		修剪的树篱	
砂砾石、碎砖三合土		草地	
天然石材		花坛	

表 1.12 给排水图例

序号	名称	图例	序号	名称	图例
1	生活给水管	—— J ——	9	方形地漏	
2	热水给水管	—— RJ ——	10	带洗衣机插口地漏	
3	热水加水管	—— RH ——	11	毛发聚集器	平面 系统
4	中水给水管	—— ZJ ——	12	存水湾	
5	排水明沟	坡向 →	13	闸阀	
6	排水暗沟	坡向 →	14	角阀	
7	通气帽	成品 铅丝球	15	截止阀	
8	圆形地漏				

表 1.13 开关、插座图例

序号	名称	图例	序号	名称	图例
1	插座面板（正立面）		15	带开关防溅二三极插座	
2	电话接口（正立面）		16	三相四极插座	
3	电视接口（正立面）		17	单联单控翘板开关	
4	单联开关（正立面）		18	双联单控翘板开关	
5	双联开关（正立面）		19	三联单控翘板开关	
6	三联开关（正立面）		20	四联单控翘板开关	
7	四联开关（正立面）		21	声控开关	
8	地插座（平面）		22	单联双控翘板开关	
9	二极扁圆插座		23	双联双控翘板开关	
10	二三极扁圆插座		24	三联双控翘板开关	
11	二三极扁圆地插座		25	四联双控翘板开关	
12	带开关二三极插座		26	配电箱	
13	普通型三极插座		27	弱电综合分线箱	
14	防溅二三极插座		28	电话分线箱	

表 1.14 消防、空调、弱电图例

序号	名　称	图例	序号	名　称	图例
1	条形风口	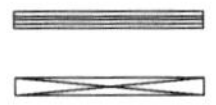 ▭	15	电视器件箱	 ⌂
2	回风口	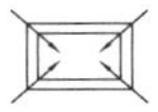 ⊠	16	电视接口	TV
3	出风口	 ▬	17	卫星电视出线座	SV
4	排气扇	 ⊠	18	音响出线盒	M
5	消防出口	EXIT	19	音响系统分线盒	M
6	消火栓	HR	20	电脑分线箱	HUB
7	喷淋	⊙	21	红外双鉴探头	 △

表 1.15 建筑构造、装饰构造、配件图例

序号	名　称	图例	备　注
1	检查孔	☐ ⊠	左图为明装检查孔 右图为暗藏式检查孔
2	孔洞	▱ ○	—
3	门洞	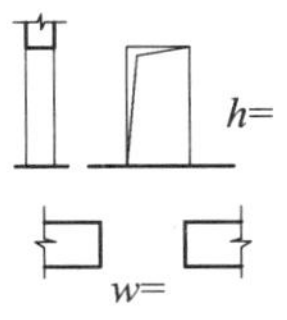 (图示)	h 为门洞高度 w 为门洞宽度

1.2.7 建筑室内装饰装修设计工程中的各类符号

1. 剖切符号

建筑室内装饰装修设计工程中的剖切符号与房屋建筑工程相同，在此不再重复。

2. 索引符号

（1）表示室内立面在平面上的位置及立面图所在页码，应在平面图上使用立面索引符号，如图 1.16 所示。

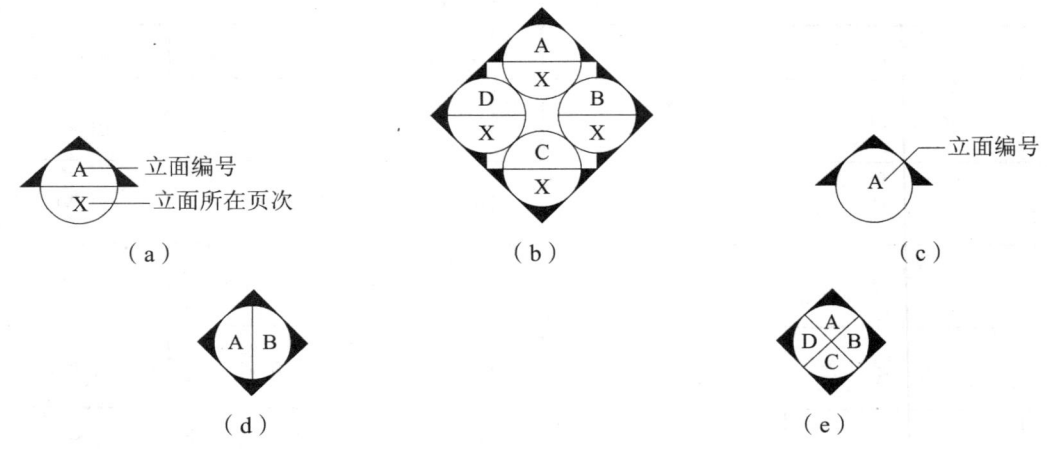

图 1.16　立面索引符号

（2）表示剖切面在各界面上的位置及图样所在页码，应在被索引的界面图样上使用剖切索引符号，如图 1.17 所示。

图 1.17　剖切索引符号

（3）表示局部放大图样在原图上的位置及本图样所在页码，应在被索引图样上使用详图索引符号，如图 1.18 所示。

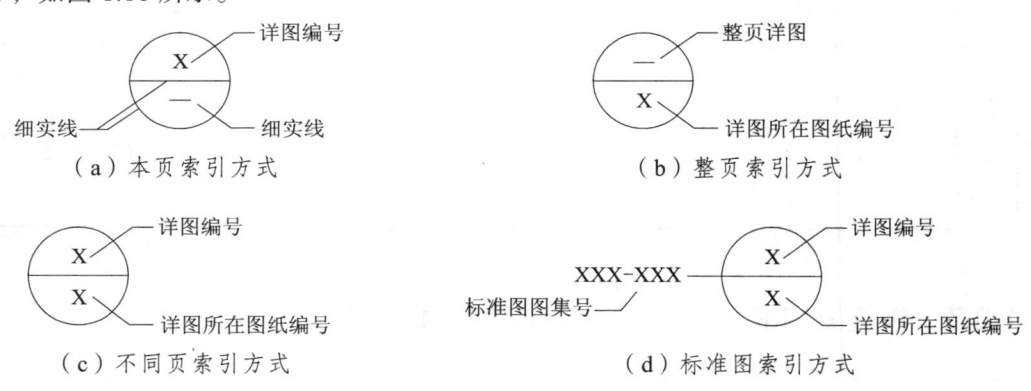

图 1.18　详图索引符号

（4）表示各类设备（含设备、设施、家具、灯具等）的品种及对应的编号，应在图样上使用设备索引符号，如图 1.19 所示。

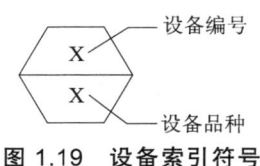

图 1.19　设备索引符号

3. 引出线

引出线起止符号可采用圆点绘制，也可采用箭头绘制（图 1.20）。起止符号的大小应与本图样尺寸的比例相一致。

图 1.20　引出线起止符号

多层构造或多个部位共用引出线，应通过被引出的各层或各部分，并以引出线起止符号指出相应位置。引出线上的文字说明应符合现行国家标准《房屋建筑制图统一标准》GB/T 50 001 的规定（图 1.21）。

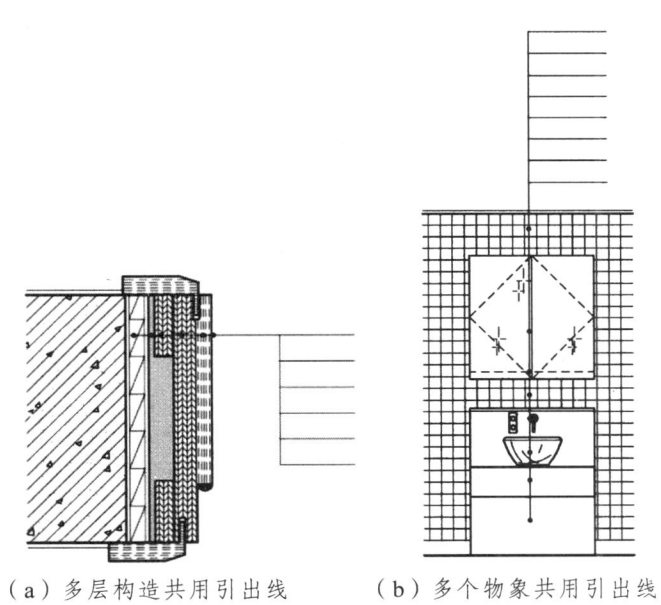

（a）多层构造共用引出线　　（b）多个物象共用引出线

图 1.21　共用引出线示意

4. 其他符号

（1）对称符号。

对称符号由对称线和分中符号组成。对称线用细单点长画线绘制；分中符号用细实线绘制。分中符号的表示可采用两对平行线、上端为三角形的十字交叉线或英文缩写。采用平行线为分中符号时，应符合现行国家标准《房屋建筑制图统一标准》GB/T 50001 的规定；采用十字交叉线为分中符号时，交叉线长度宜为 25~35 mm，对称线一端穿过交叉点，其端点与交叉线三角形上端平齐；采用英文缩写为分中符号时，大写英文 CL 置于对称线一端。

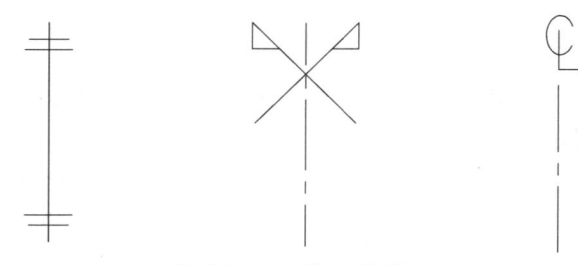

图 1.22 三类对称符号

（2）连接符号。

连接符号应以折断线或波浪线表示需连接的位。两部位相距过远时，连接符号两端靠图样一侧宜标注大写拉丁字母表示连接编号。两个被连接的图样必须用相同的字母编号。

图 1.23 连接符号

（3）转角符号。

转角符号以垂直线连接两端交叉线并加注角度符号表示。转角符号用于表示立面的转折。

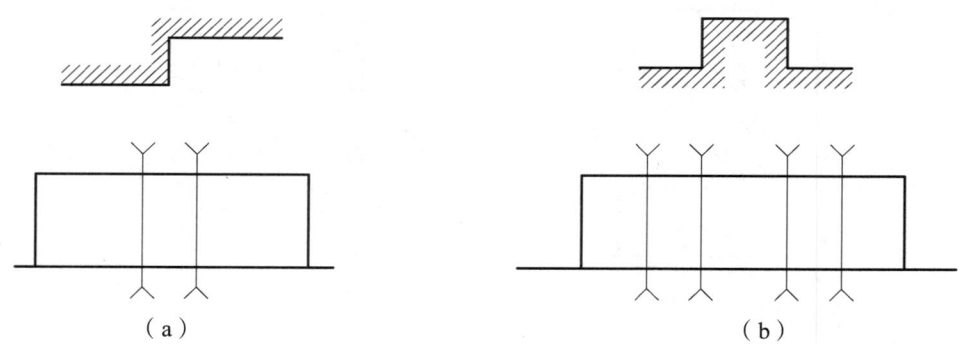

图 1.24 转角符号

5. 标　高

建筑室内装饰装修设计的标高应标注该设计空间的相对标高，以楼地面装饰完成面为 ±0.00。标高符号可采用直角等腰三角形表示，也可采用涂黑的三角形或 90°对顶角的圆（图 1.25）。

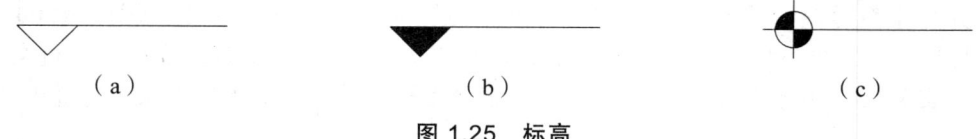

图 1.25 标高

任务1 建筑装饰施工图概述 | 25

实训 1

（1）建筑装饰平面图认知：根据相关知识，识别图 1.26～1.29 中对应的房间功能、墙体、门窗、家具、卫浴、材料、水电等相关情况。

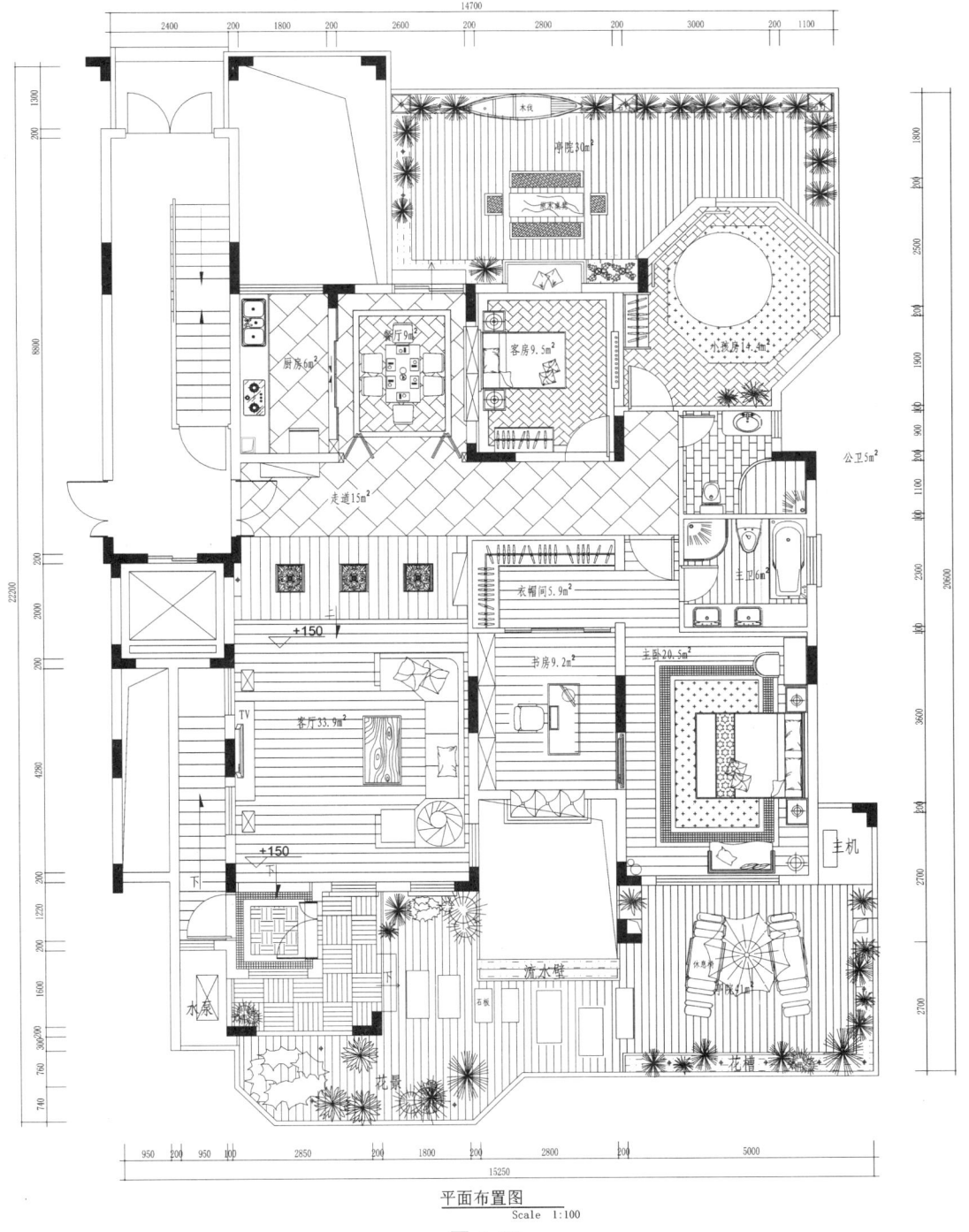

平面布置图
Scale 1:100

图 1.26

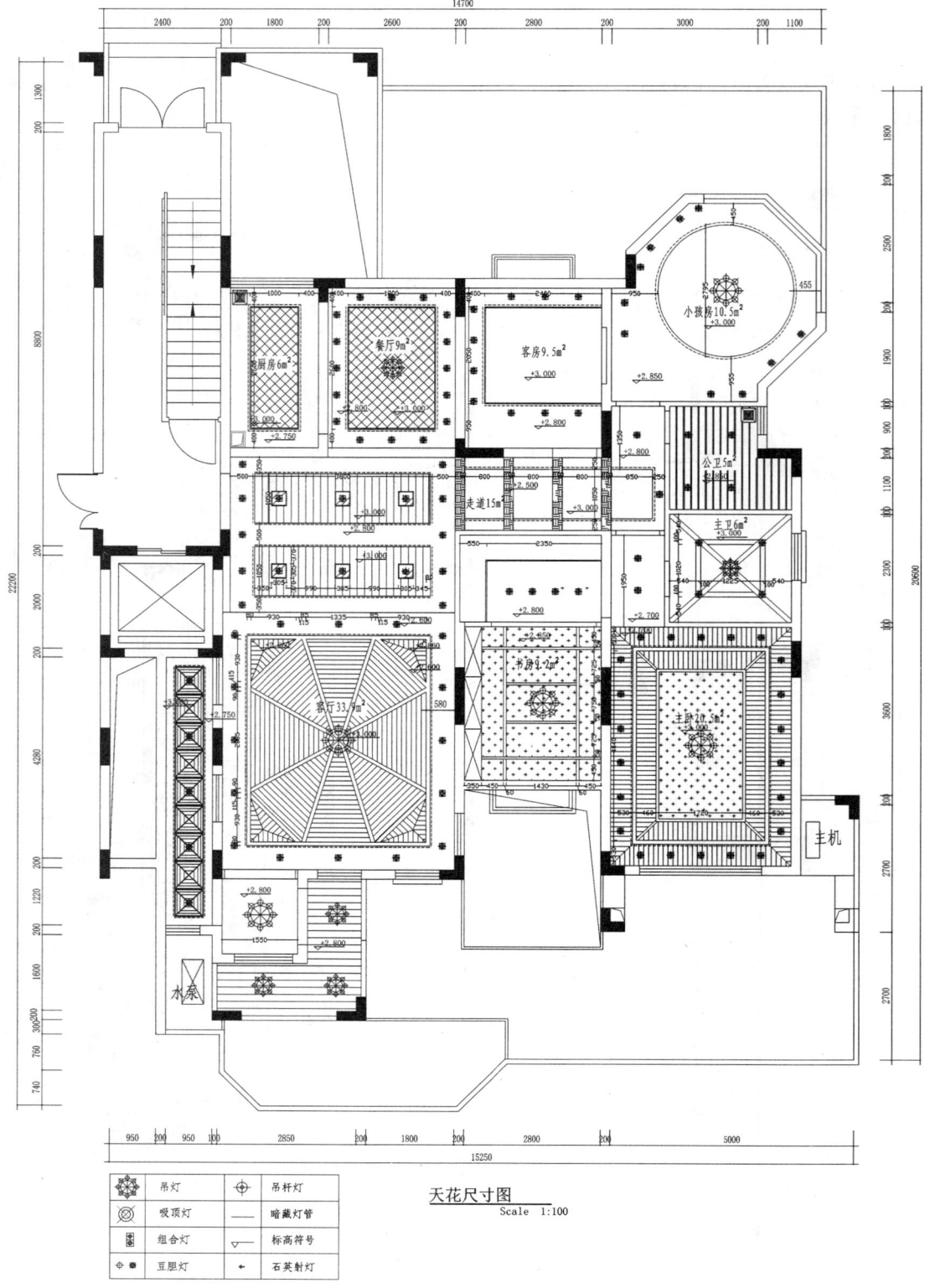

图 1.27

任务1 建筑装饰施工图概述 | 27

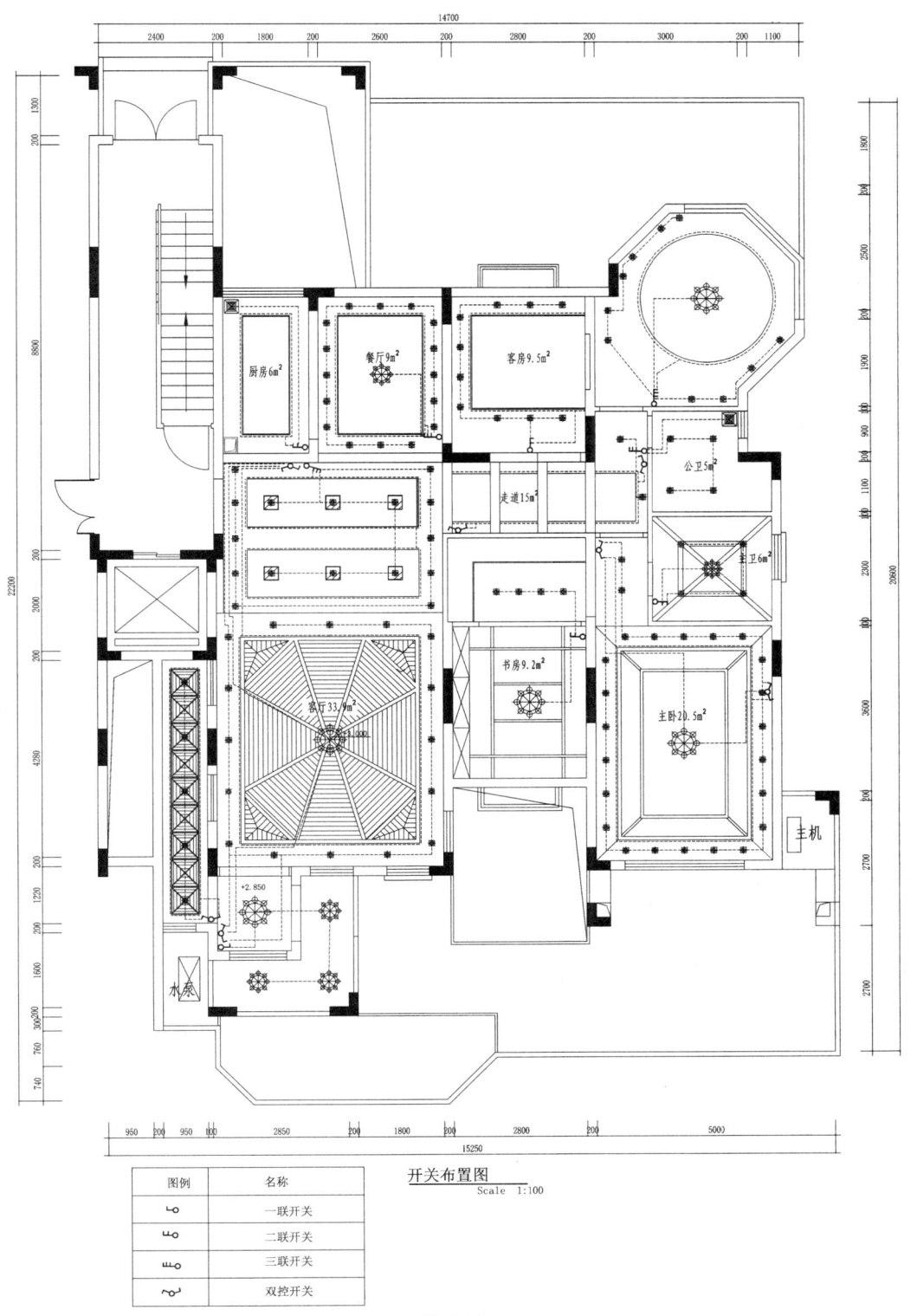

图 1.28

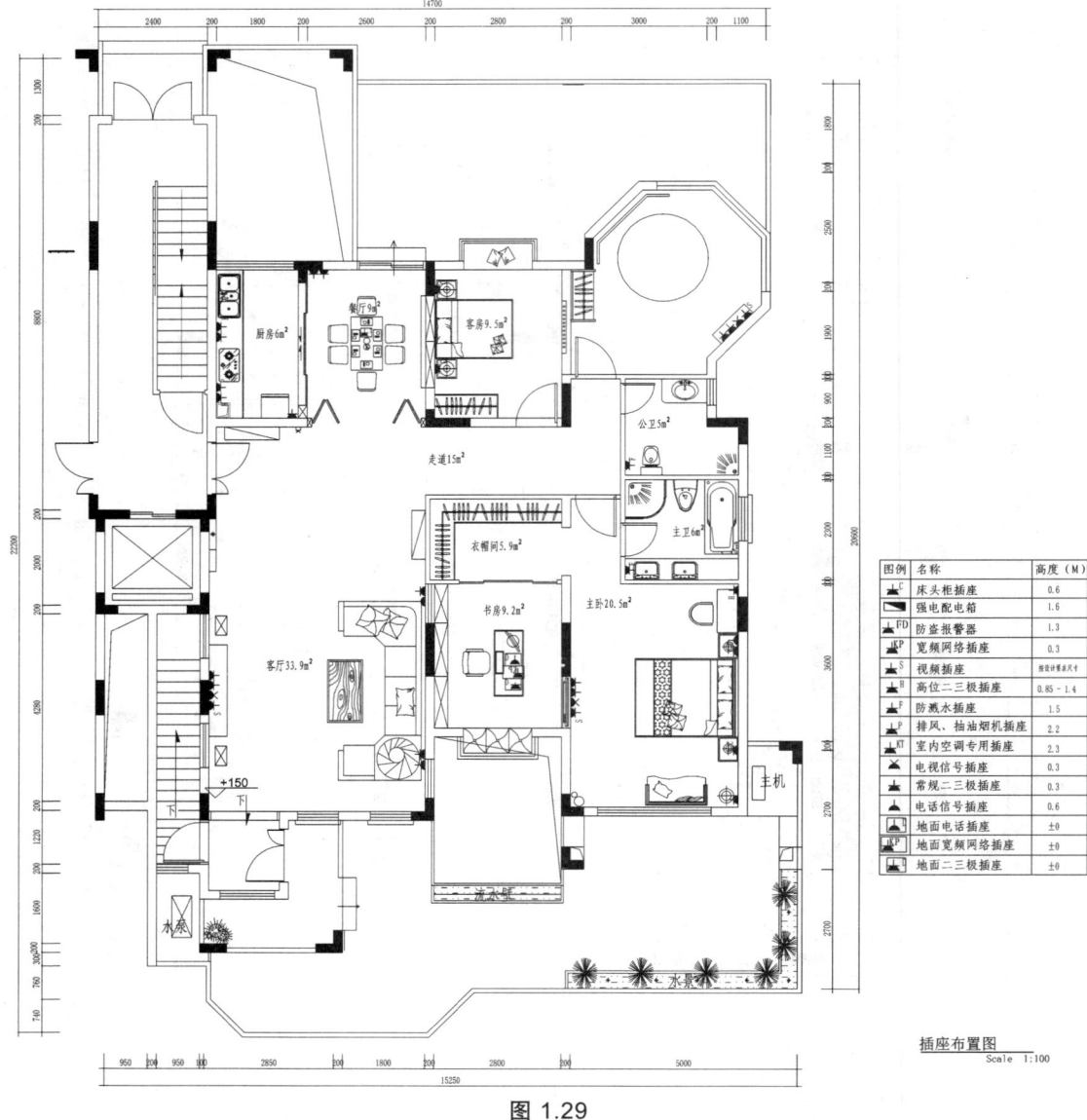

图 1.29

（2）建筑装饰立面图、剖面图认知：根据相关知识，识别图 1.30～1.32 对应的标高、定位尺寸、层高、立面装饰材料、构造形式、各部位的联系、材料及高度情况等信息。

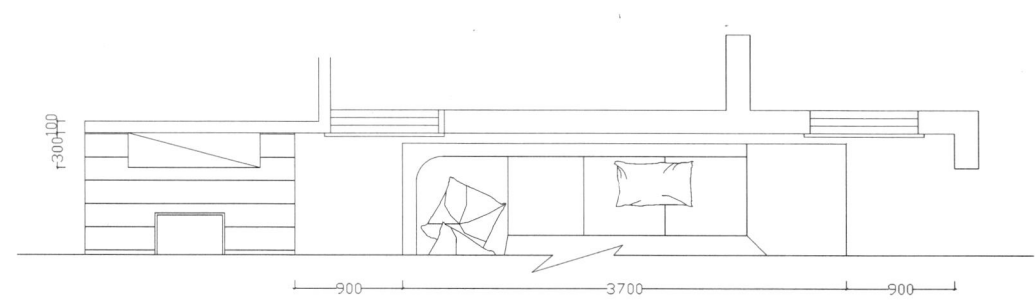

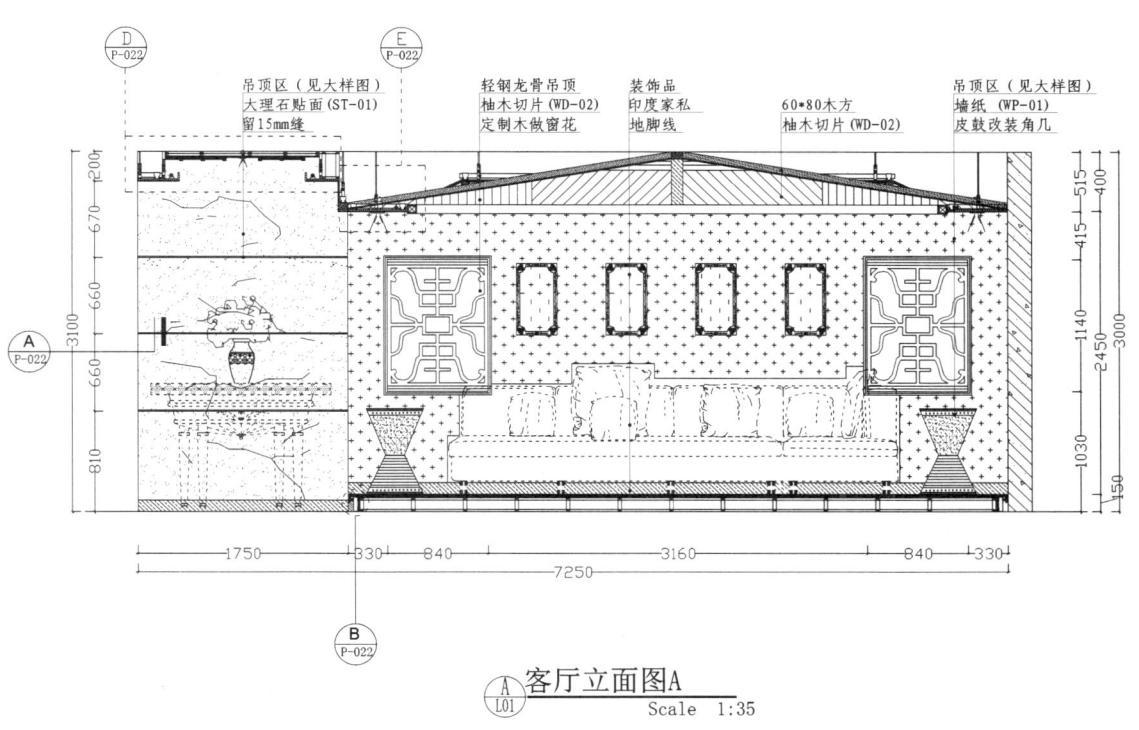

图 1.30

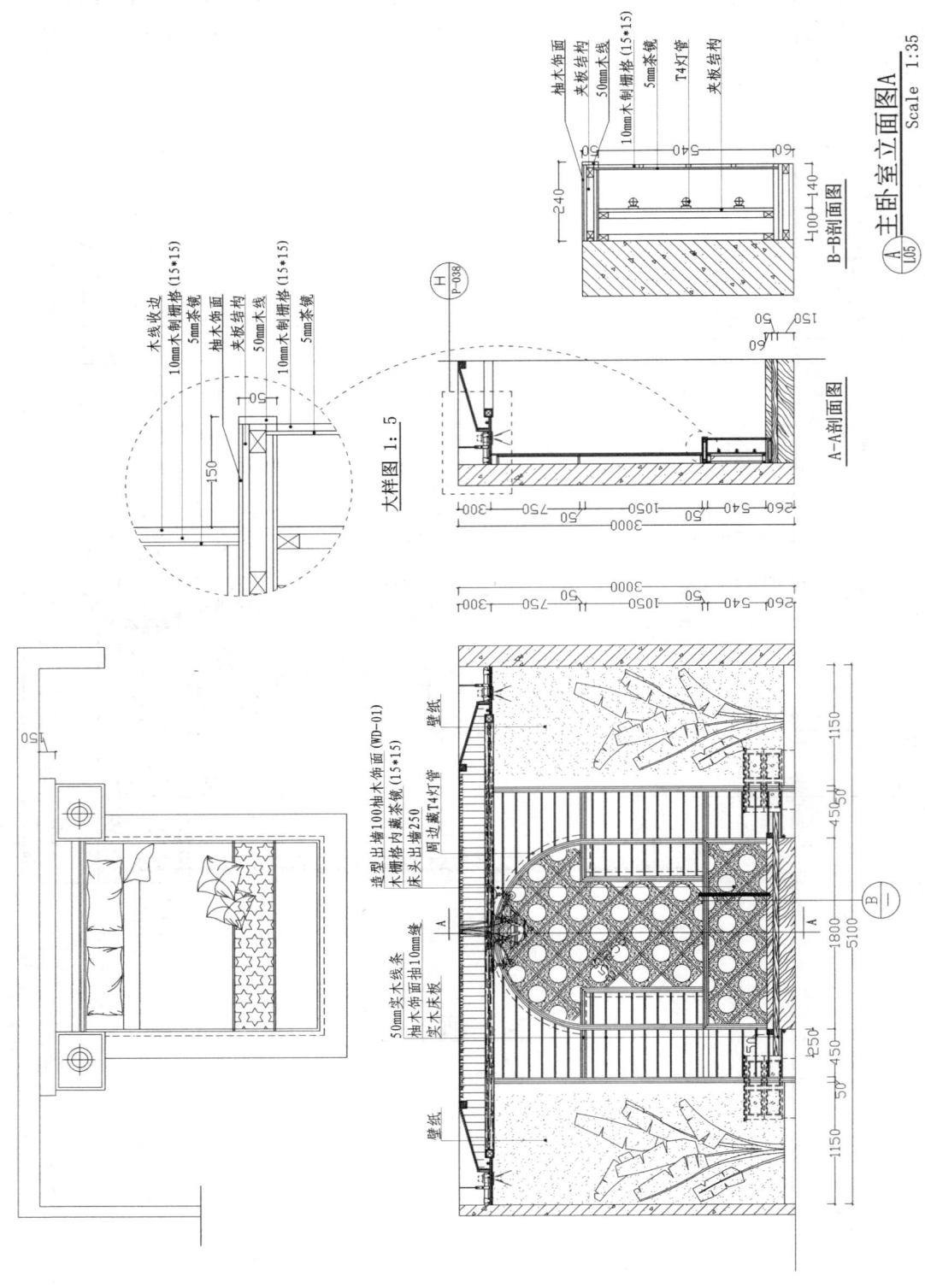

图 1.31

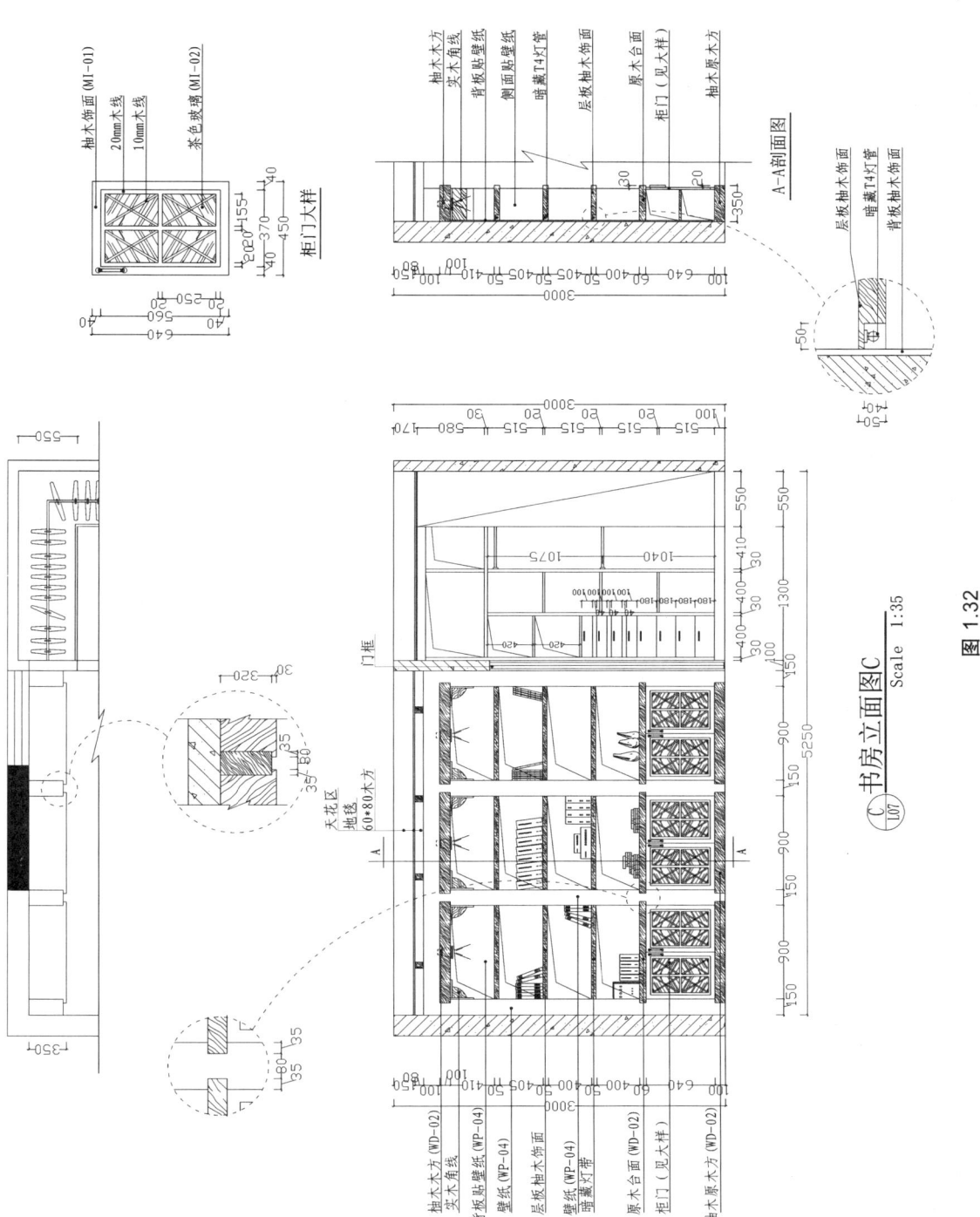

图 1.32

任务 2　AutoCAD 2016 概述

2.1　AutoCAD 2016 软件简介

AutoCAD（Auto Computer Aided Design）是 Autodesk（欧特克）公司于 1982 年开发的自动计算机辅助设计软件，用于二维绘图、详细绘制、设计文档和基本三维设计。现已经成为国际上广为流行的绘图工具。AutoCAD 具有良好的用户界面，通过交互菜单或命令行方式便可以进行各种操作。它的多文档设计环境，让非计算机专业人员也能很快地学会使用。在不断实践的过程中更好地掌握它的各种应用和开发技巧，从而不断提高工作效率。AutoCAD 具有广泛的适应性，它可以在各种操作系统支持的微型计算机和工作站上运行。

从 1982 年 11 月发布 AutoCAD 1.0 至今，已发行 33 个版本，最新版 AutoCAD 2016 操作平台为 Windows 7/8/8.1/10 操作系统。

2.2　AutoCAD 2016 安装及卸载

2.2.1　AutoCAD 2016 安装

双击安装程序，打开程序后注意选择安装说明语言，随后点击安装键（图 2.1）。

选择接受安装许可协议，点击下一步（图 2.2）。

确定产品语言，选择许可类型（单机版）产品信息中填写对应序列号与产品密钥，单击下一步（图 2.3）。

配置安装中选择你所需要安装的组建，一般可只选择 AutoCAD 2016。选择安装路径，默认在 C 盘，可根据用户自己磁盘分区装在所需磁盘内，点击安装，如图 2.4 所示。

等待安装完成，如图 2.5 所示。

图 2.1

图 2.2

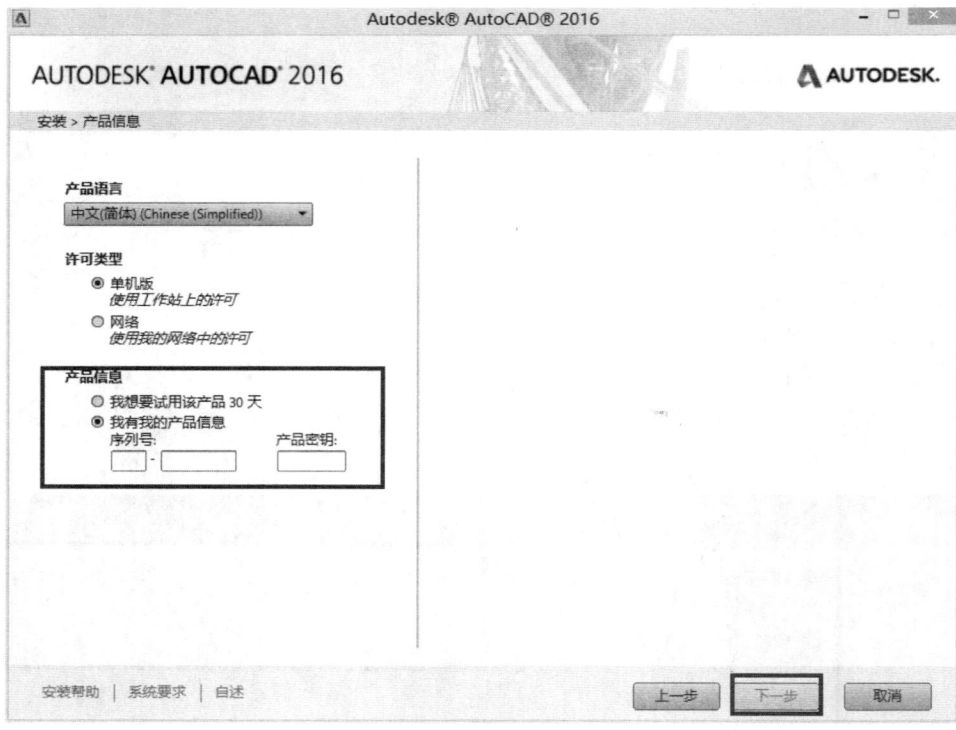

图 2.3

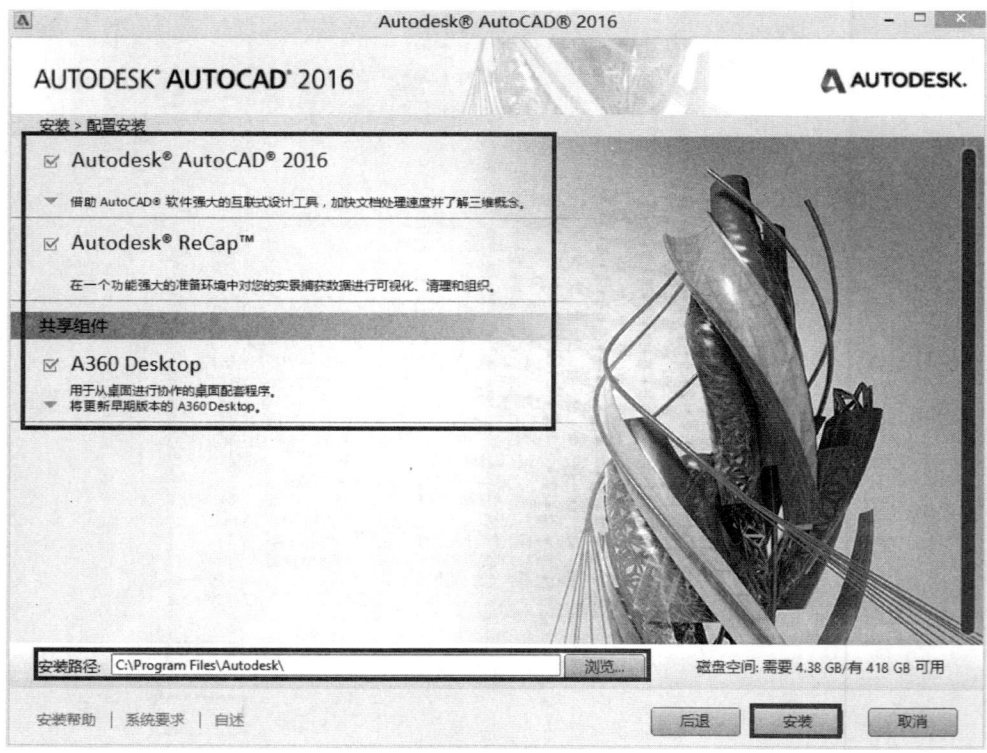

图 2.4

图 2.5

2.2.2 AutoCAD 2016 卸载

卸载软件时可找到软件卸载程序,若是 Windows 8 系统,可直接进入控制面板→程序和功能中进行卸载。对话框弹出选择"卸载",如图 2.6 所示。

图 2.6

确认卸载，单击"卸载"按钮，如图 2.7 所示。

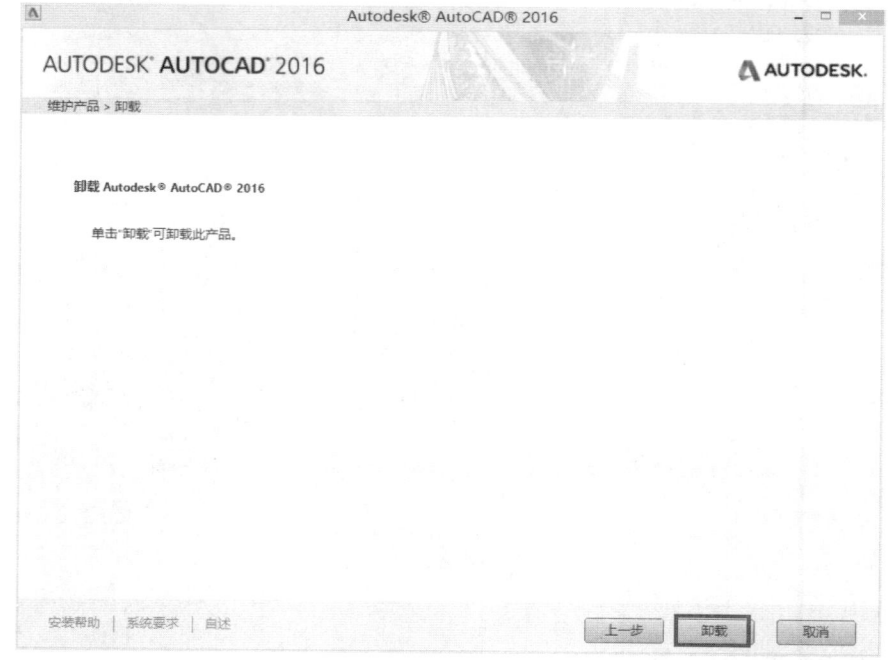

图 2.7

等待卸载结束，单击"完成"，结束卸载工作，如图 2.8 所示。

图 2.8

2.3 AutoCAD 2016 操作界面

1. 标题栏

标题栏能够清楚地反映所打开程序为 AutoCAD 2016，新建图纸的名称等基本情况，如图 2.9 所示。

图 2.9

2. 绘图区

（1）绘图区域是 AutoCAD 的主要工作空间，是用户进行图形绘制的位置，如图 2.10 所示。

图 2.10

（2）设置十字光标大小和颜色。

在菜单区选择"工具>选项"或命令栏输入"op"→OPTIONS，打开"选项"对话框，如图 2.11 所示。

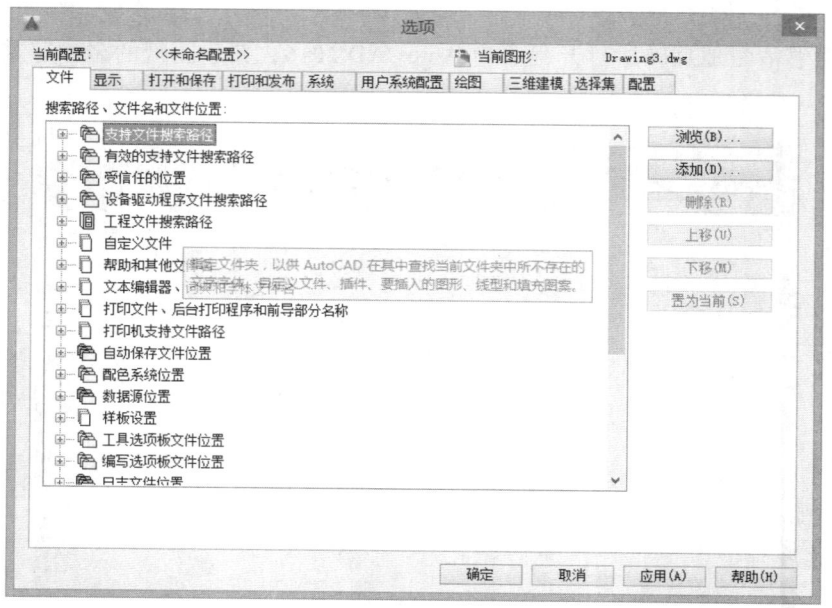

图 2.11 "选项"对话框

在"选项"对话框中，选择"显示"选项卡，将"十字光标大小"设为 40，如图 2.12 所示。

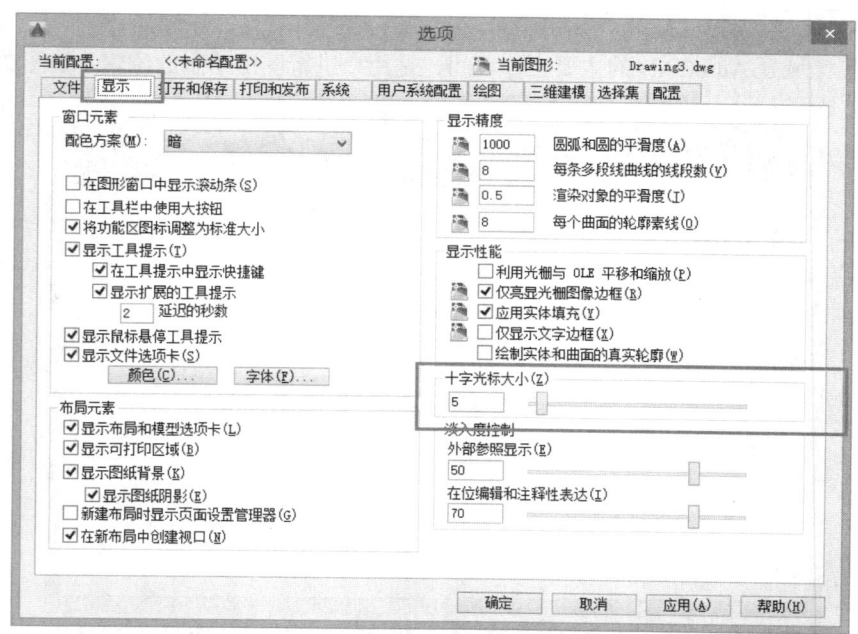

图 2.12 选择"显示"选项卡

在如图 2.12 所示对话框中,单击"颜色"按钮,打开"图形窗口颜色"对话框,如图 2.13 所示。

图 2.13 选择"显示"选项卡

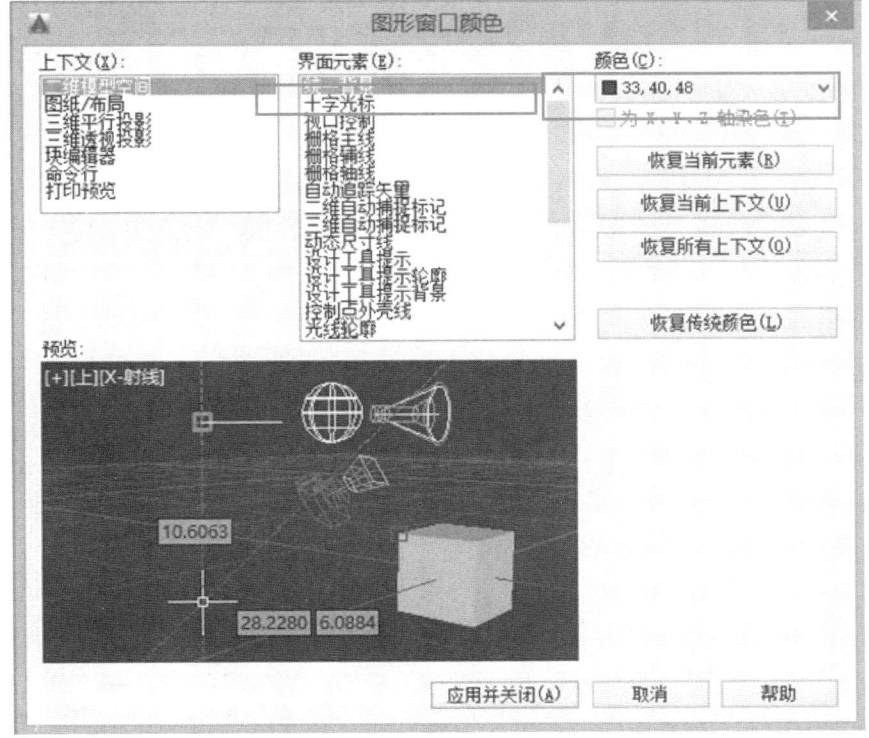

图 2.14 "图形窗口颜色"对话框

在如图 2.14 所示对话框中的"界面元素"列表框中选中"十字光标",在"颜色"列表框中选中"红色"。(此处还可修改绘图区域背景颜色,选择"统一背景颜色"→选取所需颜色即可)

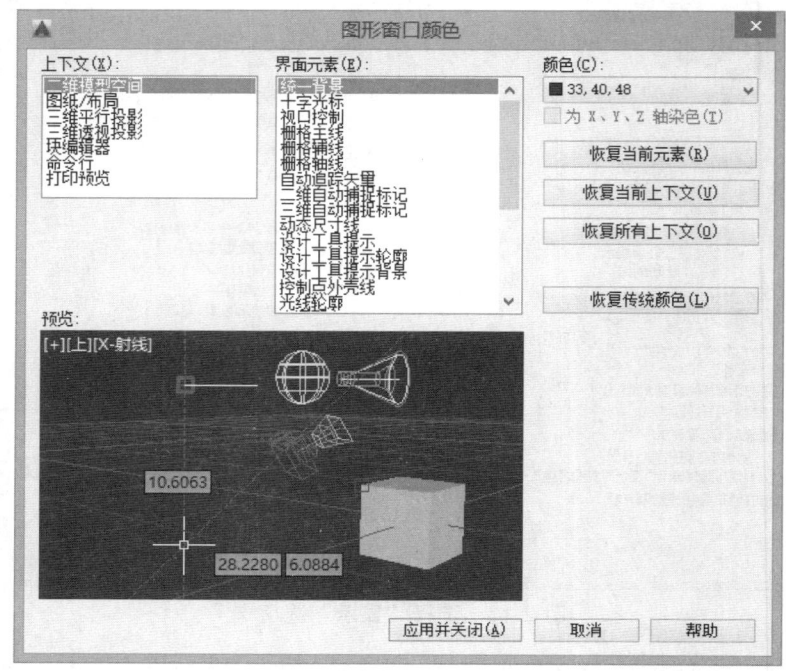

图 2.15 "图形窗口颜色"对话框

在如图 2.15 所示对话框中,单击"应用并关闭"按钮,关闭对话框,进入绘图环境,在绘图环境中显示所设定的光标,如图 2.16 所示。

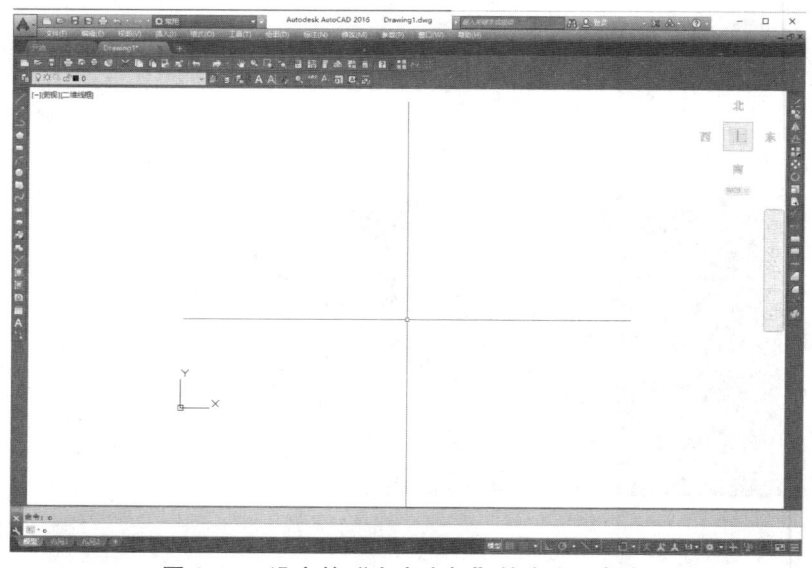

图 2.16 设定的"十字光标"的大小及颜色

3. 坐标系转换

坐标系的使用：在 CAD 中使用的是世界坐标，X 为水平，Y 为垂直，Z 为垂直于 X 和 Y 的轴向，这些都是固定不变的，因此称为世界坐标。世界坐标分为绝对坐标和相对坐标。

（1）绝对坐标（针对于原点）。

绝对直角坐标：点到 X，Y 方向（有正，负之分）的距离。输入方法：X，Y 的值，在英文状态下输入。

绝对极坐标：点到坐标原点之间的距离是极半径，该连线与 X 轴正向之间的夹角度数为极角度数，正值为逆时针，负值为顺时针。输入方法：极半径<极角度数，输入时一定要在英文状态下。

（2）相对坐标（针对于上一点来说，把上一点看作原点）。

相对直角坐标：是指该点与上一输入点之间的坐标差（有正、负之分）相对的符号@。输入方法：值，输入时一定要在英文状态下。

相对极坐标：是指该点与上一输入点之间的距离。该连线与 X 轴正向之间的夹角度数为极角度数，相对符号为@，正值为逆时针，负值为顺时针，输入一定要在英文状态下。

4. 菜单栏

菜单栏中包含 AutoCAD 2016 中主要绘图命令及各种功能选项，单击任意主菜单即可弹出相应的子菜单，选择相应选项即可执行该命令，如图 2.17 所示。

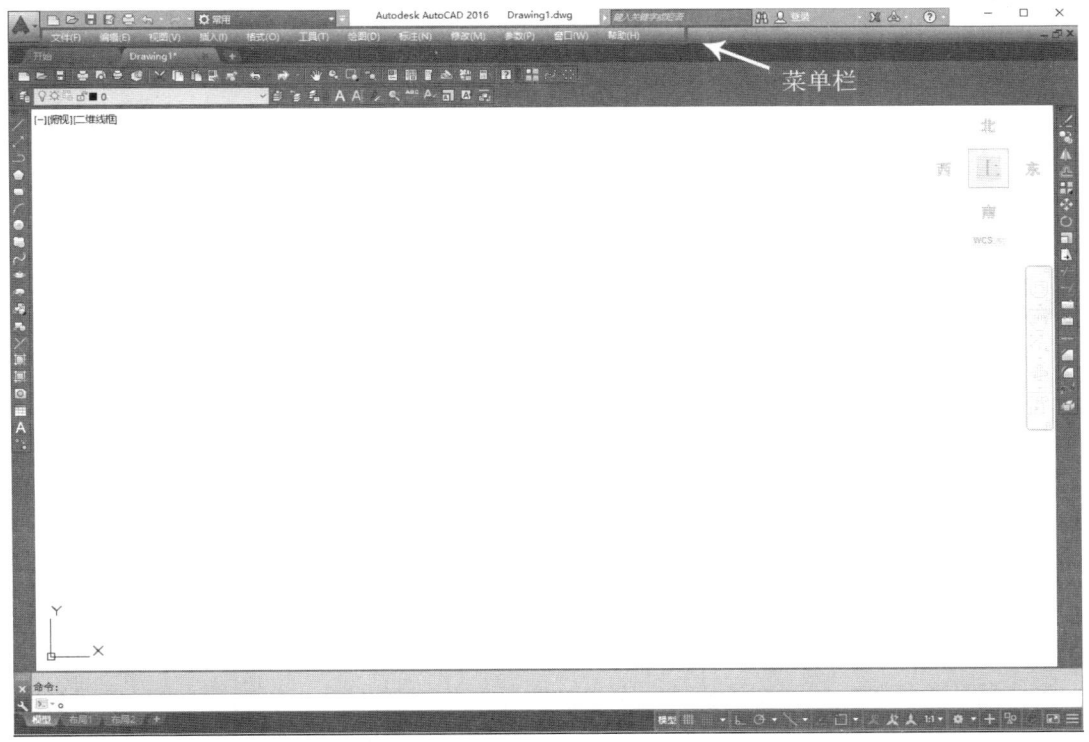

图 2.17

5. 工具栏

工具栏能直观快捷地找到经常使用的命令与功能选项。
（1）标准类工具栏：文件的存取、复制粘贴、视图控制等。
（2）绘图类工具栏：与绘图相关的各种工具栏，如绘图、修改、注释等。
（3）对象特性类工具栏：图层属性、图层管理等。

根据不同的使用习惯与需求还可在菜单栏中点击"工具"进入下拉菜单选择"工具栏"→AutoCAD 中进行选择。如长期使用工具类型相同可进入菜单栏点击"工具"进入下拉菜单选择"工作空间"→将当前工作空间另存为→出现"保存工作空间"对话框填写该空间名字→点击"保存"，下次使用只需切换工作空间即可，如图 2.18 所示。

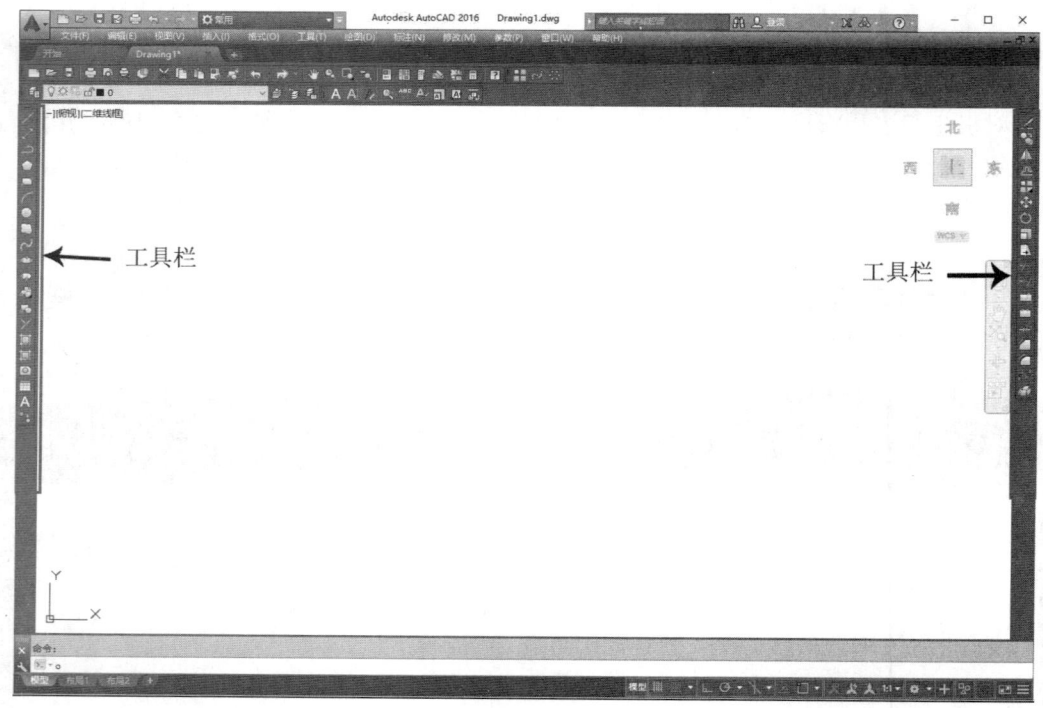

图 2.18

6. 命令栏窗口

命令栏窗口位于工作界面的最底部，主要显示当前命令的工作状态，提示用户进行相应命令，如图 2.19 所示。

7. 布局与模型

在绘图区有 2 种工作环境：模型空间与布局空间。
系统默认为模型空间，在该模式下可以按实际尺寸绘制图形。若切换到布局空间模式，则可将模型空间中的图形按不同比例缩放布置在图纸上，如图 2.20 所示。

图 2.19

图 2.20

8. 状态栏

状态栏包括绘图辅助工具，如捕捉、栅格、正交、对象捕捉、对象追踪、极轴等，如图 2.21 所示。

图 2.21

2.4　AutoCAD 2016 操作入门

2.4.1　命令操作

1. 命令输入方式

（1）在命令行输入命令，以回车键或空格键执行命令。（输入过程中直接键入，无需以鼠标点击命令栏，Auto CAD 命令不区分大小写）

（2）AutoCAD 2016 自带命令检索功能，在命令输入后出现多种与输入相关的命令可供选择。

2. 命令的重复、撤销与重做

重复上一命令：一个命令完成后再次以回车或空格结束命令。如需重复上一命令，可直接以空格键或回车键进入。

撤销命令：
- 命令栏输入→U→空格键或回车键确认。
- 单击鼠标右键选择"放弃"，如图 2.22 所示。
- 工具栏单击撤销图标 ⇦ 。

图 2.22

2.4.2 文件管理

1. 新建文件

执行方式：
- 工具栏：单击→新建 。
- 菜单栏：文件→新建，如图 2.23 所示。
- 命令栏：输入 NEW 或 Ctrl + N。

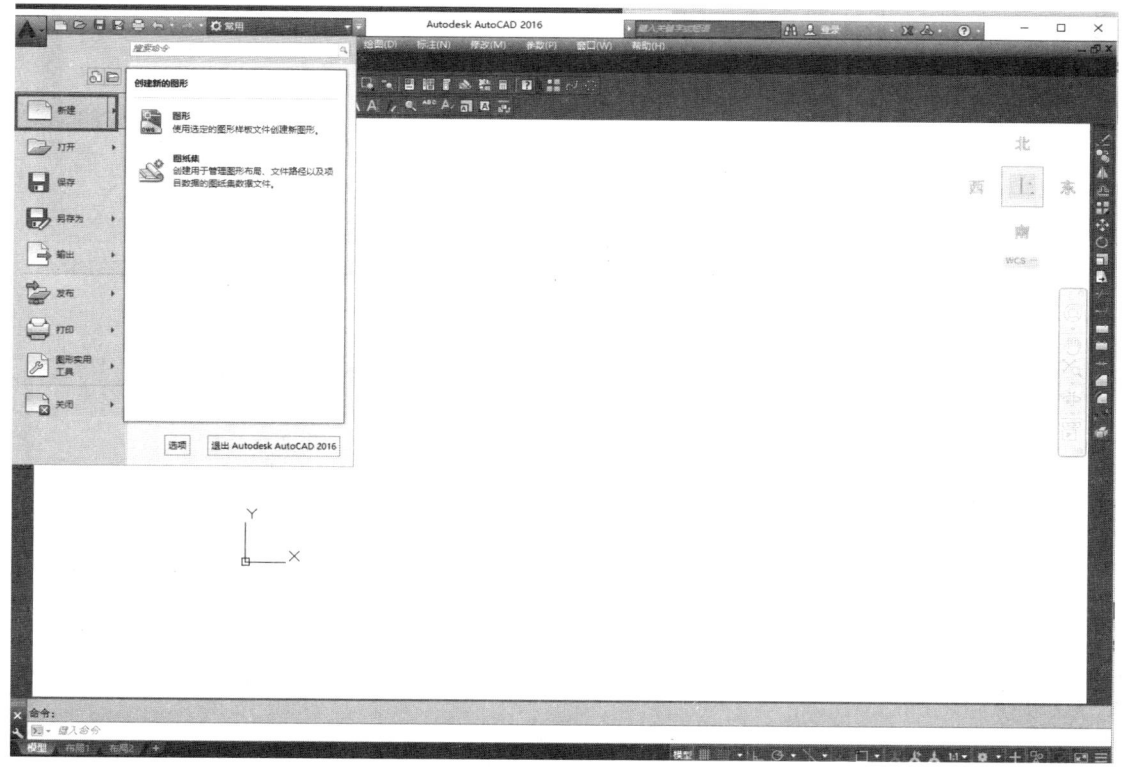

图 2.23

2. 打开文件

打开现有的 AutoCAD 文件方式：

■ 工具栏：单击→ 📂 →选择需要打开的图形文件。
■ 菜单栏：文件→打开→选择需要打开的图形文件，如图 2.24 所示。
■ 命令栏：输入 OPEN 或 Ctrl + O→选择需要打开的图形文件，如图 2.25 所示。

图 2.24

图 2.25

3. 保存文件

执行方式：
- 菜单栏：单击→"文件"→保存，如图 2.26 所示。
- 工具栏：单击→"保存" 。
- 命令栏：输入"QSAVE"（Ctrl+S）。

若是第一次保存，会弹出"保存对话框"确定保存位置与图纸版本。（高版本 AutoCAD 软件兼容低版本图纸，反之不可。）

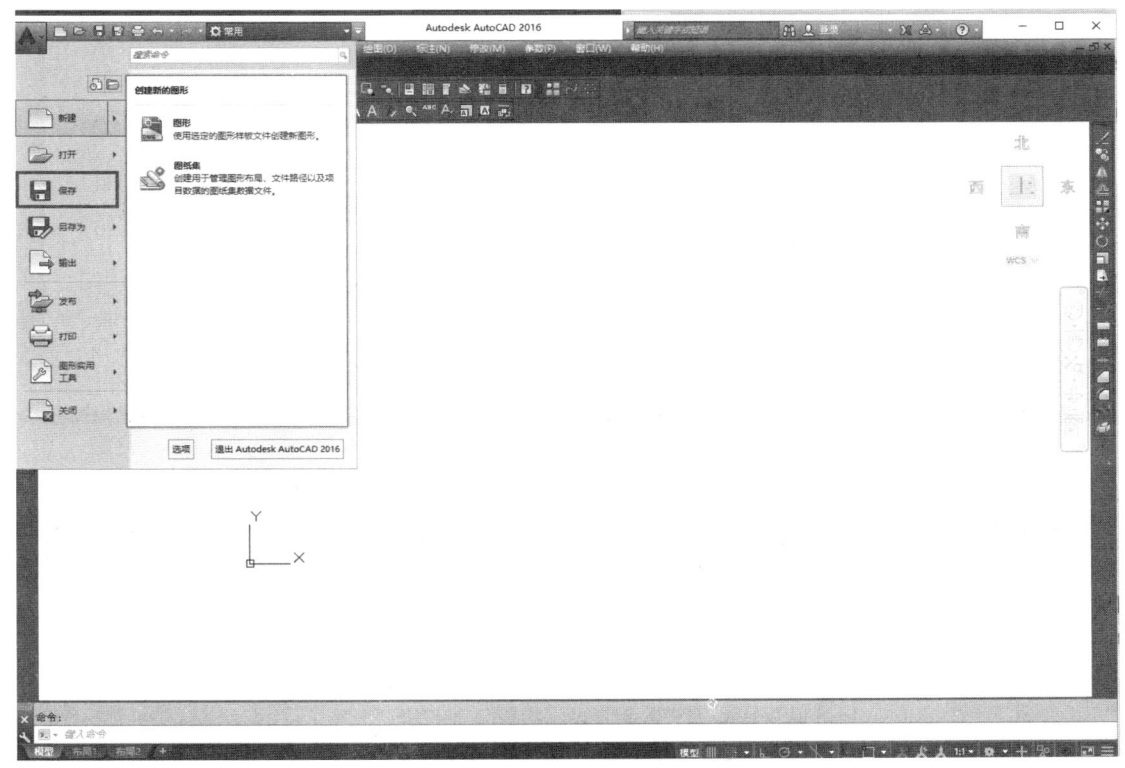

图 2.26

4. 另存为文件

"另存为文件"与"保存文件"的区别：每一次保存文件均覆盖之前所保存的文件，而每一次另存为文件都是建立一个新的文件。（在不确定同一张图纸的两阶段绘图时建议采用另存为文件。）

执行方式：
- 菜单栏：点击"文件"→"另存为"→确定保存位置与保存版本，如图 2.27 所示。
- 工具栏：单击→"另存为" 。
- 快捷键：Ctrl+Shift+S→确定保存位置与保存版本。

（a）

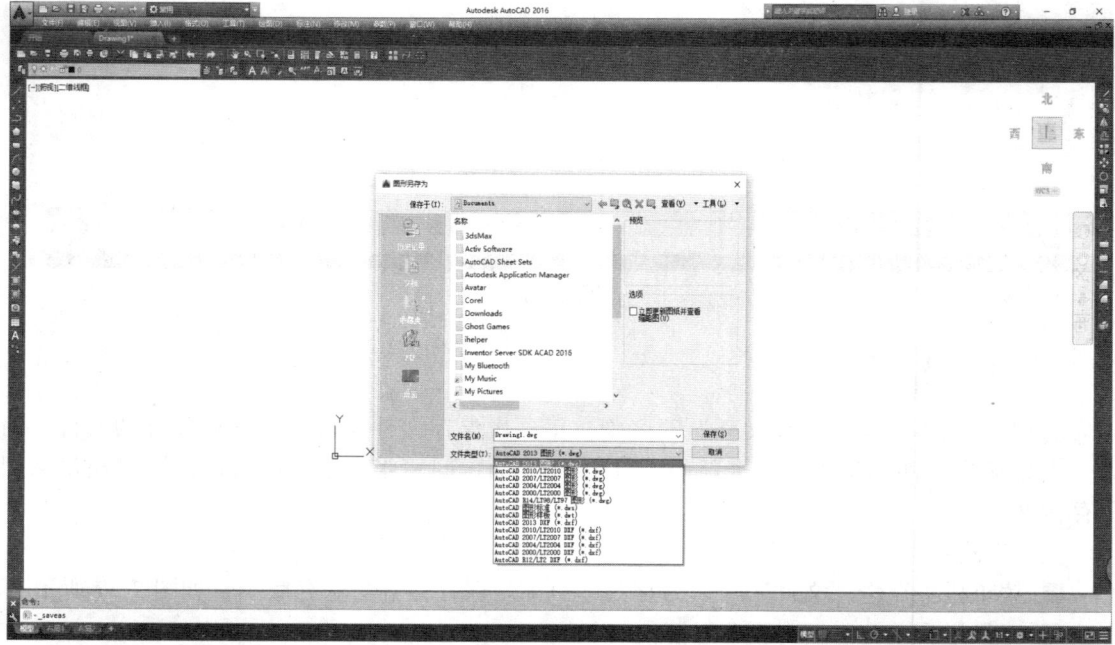

（b）

图 2.27

2.4.3 图层的创建和管理

1. 图层创建

执行方式：
- 菜单→格式→图层。
- 命令行：输入 LAYER（LA）。
- 工具栏中选择图层特性管理器，如图 2.28 所示。

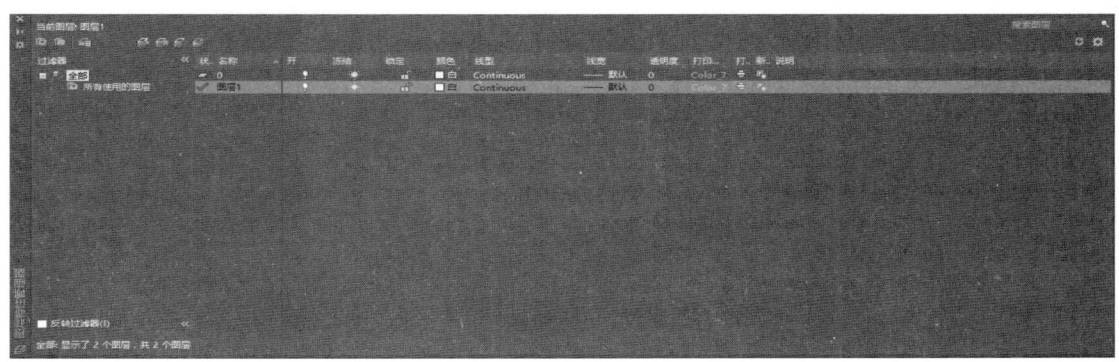

图 2.28

2. 图层管理

- 新建：建立新图层。单击→新建按钮，AutoCAD 自动建立新图层，可以修改图层名和其他属性。
- 删除：删除图层。有 4 种图层不可删除：① 图层 0 和定义点；② 当前图层；③ 依赖外部参照的图层；④ 包含对象的图层。
- 开：图层处于打开状态时，灯泡为黄色，该图层上的图形可以在显示器上显示，也可以打印；图层处于关闭状态时，灯泡为灰色，该图层上的图形不能显示，也不能打印。
- 冻结：图层被冻结，该图层上的图形对象不能被显示出来，也不能打印输出，而且也不能编辑或修改；图层处于解冻状态时，该图层上的图形对象能够显示出来，也能够打印，并且可以在该图层上编辑图形对象。
- 锁定/解锁：锁定状态并不影响该图层上图形对象的显示，用户不能编辑锁定图层上的对象，但还可以在锁定的图层中绘制新图形对象。此外，还可以在锁定的图层上使用查询命令和对象捕捉功能。
- 透明度：用于设置该图层对象的显示透明度，数值越大越透明，数值越小越不透明。
- 打印样式：用来确定图层输出样式。
- 打印：在打印栏中列出了图层输出状态，用来确定图层是否打印输出。还可单击某图层中对应打印机图标，控制该图层是否进行打印。
- 图层切换：
① 图层特性管理器中选择"置为当前"。

② 工具栏中点击图层管理器下拉菜单，选择所需图层进行切换。

3. 颜色管理

图层特性管理器中颜色项对应列显示各图层的颜色。改变该图层下对应颜色→单击对应颜色图标弹出"选择颜色"对话框，根据需求选择所需颜色，如图 2.29 所示。

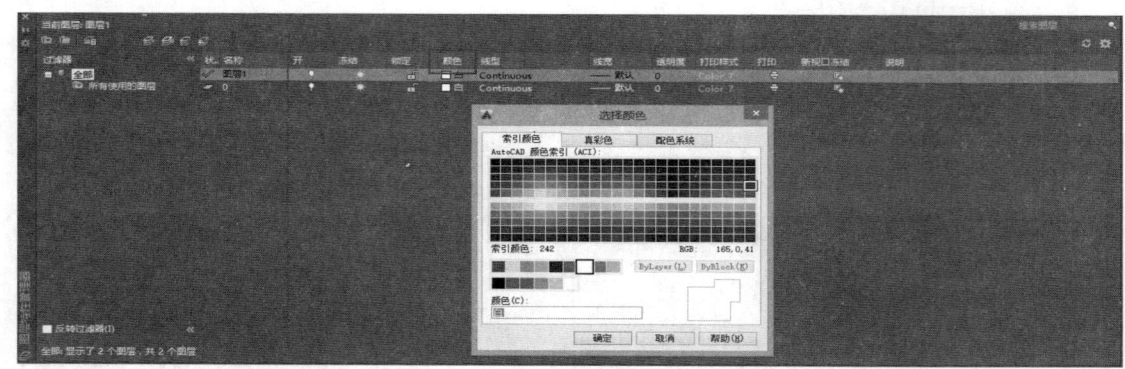

图 2.29

4. 线型管理

图层特性管理器中线型项对应列显示各图层线型。改变该图层下对应线型→单击对应线型名称弹出"选择线型"对话框，一般默认打开只有实线 Continous，单击"加载"选择更多线型如"虚线""点画线"等，如图 2.30 所示。

- 实线：可见轮廓线→墙体（粗）、门（中）、窗（细）、楼梯（细）、尺寸标注（细）等。
- 虚线：不可见轮廓线、图例线等。
- 点画线：中心线、对称线等。

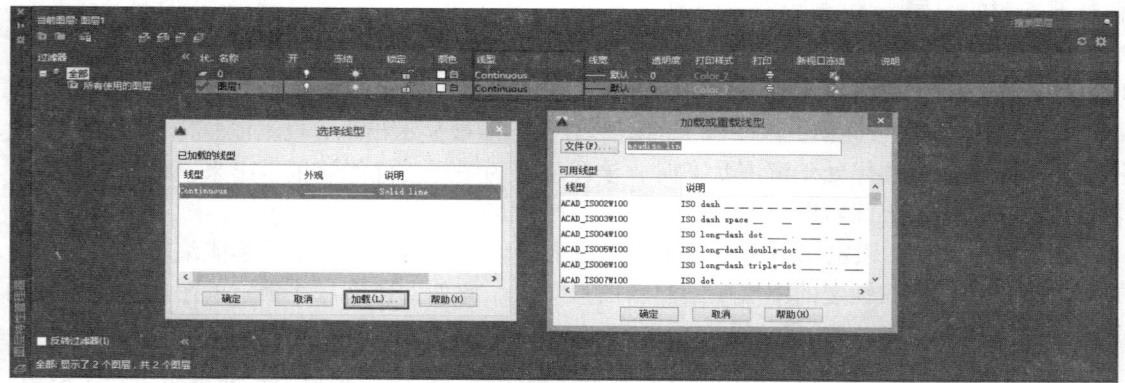

图 2.30

5. 线宽管理

图层特性管理器中线宽项对应列显示各图层线宽。改变该图层下对应线宽→单击对应线宽弹出"线宽"对话框→选择所需线宽。在绘图中一般使用粗线（b）、中粗线（$0.7b$）、中线

（0.5b）、细线（0.25b），如图 2.31 所示。

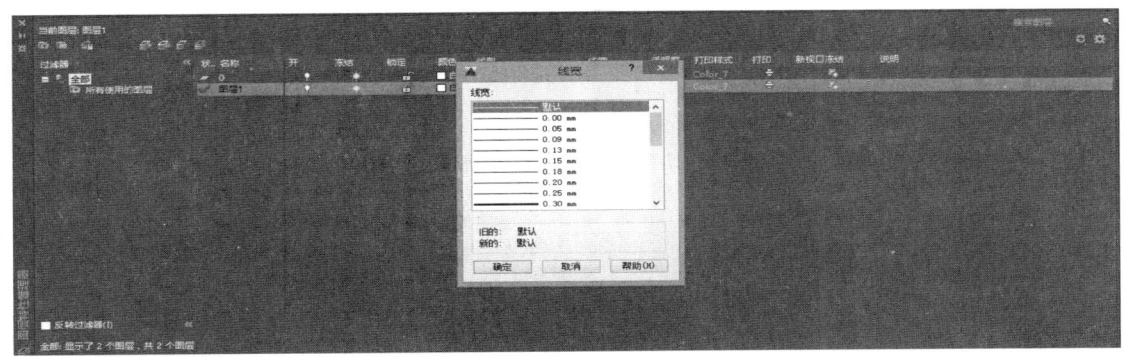

图 2.31

2.4.4 栅格、捕捉和正交

1. 设置栅格捕捉功能

栅格是图框内使用的用于定位参照、对齐、估算长度的工具，打开栅格即可使用。可按用户指定的 X、Y 方向间距在绘图界限内显示一个栅格点阵。栅格显示模式的设置可让用户在绘图时有一个直观的定位参照。当栅格点阵的间距与光标捕捉点阵的间距相同时，栅格点阵就形象地反映出光标捕捉点阵的形状，栅格点阵同时直观地反映出绘图界限。

执行方式：

■ 命令栏→GRID→按命令提示键入 X、Y 的指定栅格间距。
■ 菜单栏→工具→草图设置，从弹出的草图设置对话框完成。
■ 状态栏→右键单击栅格▦→弹出草图设置对话框，如图 2.32 所示。

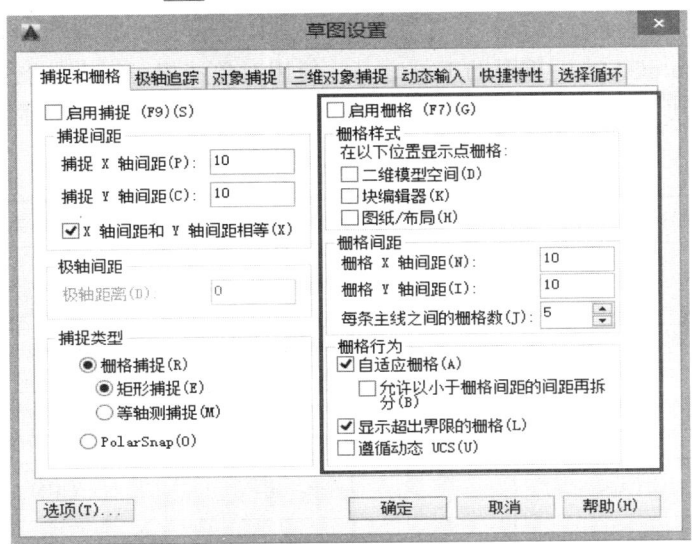

图 2.32

2. 栅格显示功能

栅格显示后绘图区根据设定形成网格状，用户可根据栅格网络进行绘图。
执行方式：
- 状态栏：单击→栅格 ⊞→图标点亮为开启。
- 快捷键：F7 开启或关闭栅格功能，如图 2.33 所示。

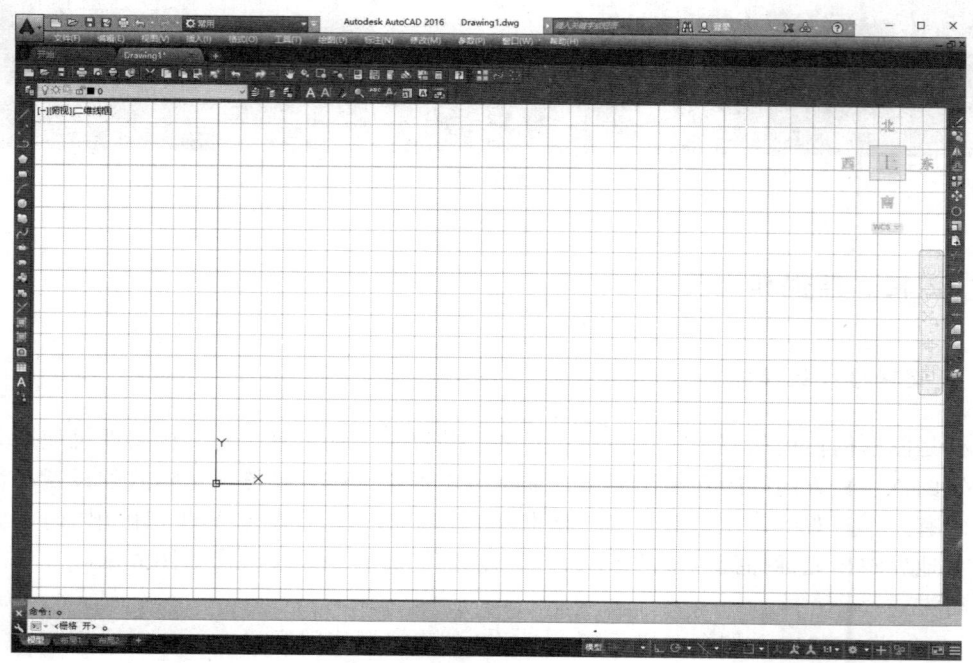

图 2.33

3. 对象捕捉的类型

对象捕捉是 AutoCAD 中重要的工具之一。使用对象捕捉可以在绘图中精确定位，用户通过"对象捕捉"可使用鼠标指针精确地确定目标点，如端点、圆心、垂足等（表 2.1）。

表 2.1

对象捕捉的类型			对象捕捉的类型		
对象捕捉目标点	快捷命令（绘图命令使用中）	图标	对象捕捉目标点	快捷命令（绘图命令使用中）	图标
端点	END	□	交点	INT	×
象限点	QUA	◇	最近点	NEA	⋈
切点	TAN	⌒	圆心	CEN	○
中点	MID	△	延长线	EXT	---

续表 2.1

对象捕捉目标点	快捷命令（绘图命令使用中）	图标	对象捕捉目标点	快捷命令（绘图命令使用中）	图标
外观交点	APP	⊠	节点	NOD	⊗
插入点	INS	⌐	垂足	PER	⌐
平行线	PAR	∥			

4. 对象捕捉方式的设置

■ 对象捕捉 F3：在绘制图形时可随时捕捉已绘图形上的关键点。右击，单击设置，在对象捕捉选项卡中勾选捕捉点的类型，如图 2.34 所示。

■ 对象追踪 F11：配合对象捕捉使用，在鼠标指针下方显示捕捉点的提示（长度，角度）。

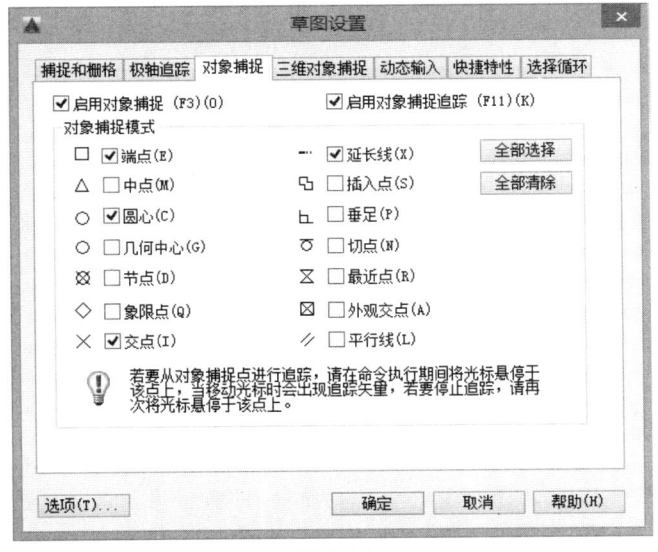

图 2.34

5. 正交方式

执行方式：

快捷键 F8 或单击→⌐，用于控制绘制直线的种类。打开此命令只可以绘制垂直和水平直线。

实训 2

（1）文件的新建与存储：根据相关知识，完成一个文件新建、保存与另存为的操作。

（2）图层的设置与管理：根据相关知识，完成如图 2.35 所示的图层设置与管理，包含图层的命名、颜色、线型、线宽等。

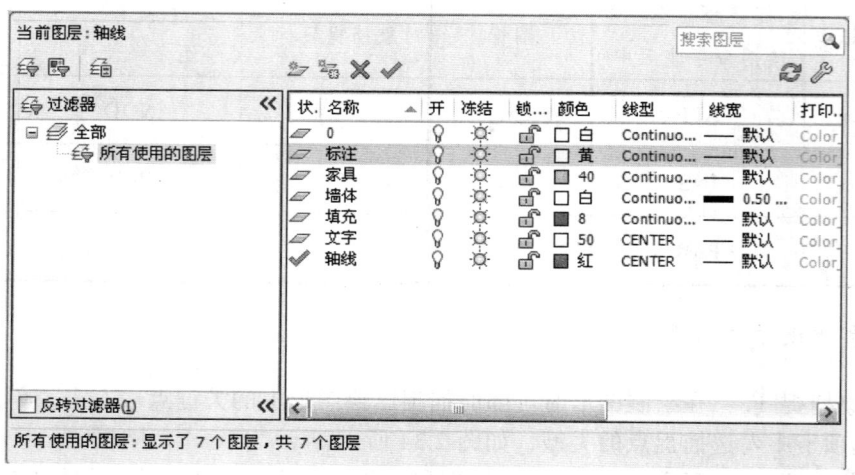

图 3.35

任务 3　绘图类命令

任务要点：本章主要学习基本的绘图命令，通过本章的学习，读者应该掌握 AutoCAD 2016 中绘制二维图形对象的基本方法，绘制点的对象，直线、多段线、构造线和射线，矩形和正多边形，以及圆、圆弧和椭圆的绘制方法和技巧。掌握 AutoCAD 中基本的绘图方法与技巧。

3.1　点类命令及应用

点、线、面作为图形构成的三大要素，点是最基本的组成元素。在 AutoCAD 中点可以作为捕捉对象的节点，也可以作为定距等分和定数等分的标记，还可以用于对象的定位。

3.1.1　绘制点

执行方式：
- 菜单栏中"绘图"→"点"
- 绘图工具栏→"点"。
- 命令输入：POINT 或 PO。

操作方式：
- 输入 PO，在窗口内绘制点。
- 输入点样式 DDPTYPE 调整点的样式，如图 3.1 所示。

图 3.1

注意事项：

（1）默认状态下绘制的点为小点，为方便绘图时的观察和捕捉，需要改变点的样式，如图 3.2 所示。

① 菜单栏："格式"→"点样式"。
② 命令输入：DDPTYPE 或 ALT+OP。
③ 软件将弹出"点样式"的修改对话框，在对话框中选择所需点样式，按确定即可改变默认点样式。

（2）在以点作为标记需要捕捉时：

① 将鼠标放于状态栏的"对象捕捉"上点击右键。
② 弹出"设置"对话框，选择对象捕捉，勾选"节点"。
③ 点击确定完成操作，即要对点进行捕捉。

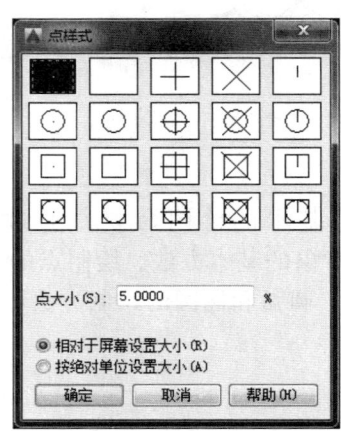

图 3.2

3.1.2 定距等分

作用：将线段按照一定距离平均分配。
执行方式：
- 菜单栏中"绘图"→"点"→"定距等分"。
- 命令输入：MEASURE 或 ME。

操作方法：
- 输入 DDPTYPE 或 ALT+OP，修改点样式。
- 在命令窗口输入命令：ME。
- 鼠标选择要定距等分的对象。
- 在命令窗口输入指定线段长度。
- 完成定距等分命令。

实例操作：
- 输入 L 直线命令，按空格键执行操作。
- 指定第一点：在绘图区选择绘制范围，鼠标在空白位置点击左键。
- 指定下一点：输入直线的长度 50。
- 输入 ALT+OP 点样式命令（三类执行方式可任选其一），修改点样式，按确认键完成操作。
- 输入 ME 定距等分命令，选择要定距等分的对象，鼠标点击绘图区直线，输入指定点线段长度 25，按下 Enter 键。
- 输入 L 直线命令，按空格键执行操作。
- 按 F3 键打开对象捕捉开关。

■ 指定第一点，捕捉线段中点，输入 20，按 Enter 键完成操作，如图 3.3 所示。

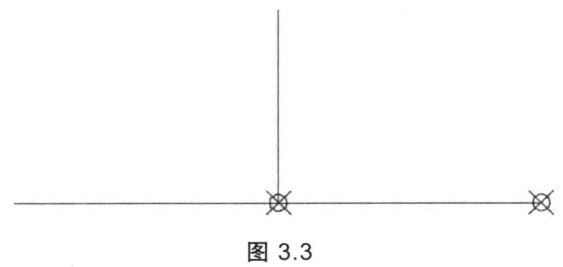

图 3.3

注意事项：
（1）通常情况下，点命令的应用，需要结合对象捕捉来完成操作。
（2）当使用定距等分时，鼠标点击固定距离左侧时多余距离显示在左侧，点击右侧时多余距离现实在右侧，如图 3.4 所示。
（3）定距等分和定数等分都可以用"块"来代替点进行分段。

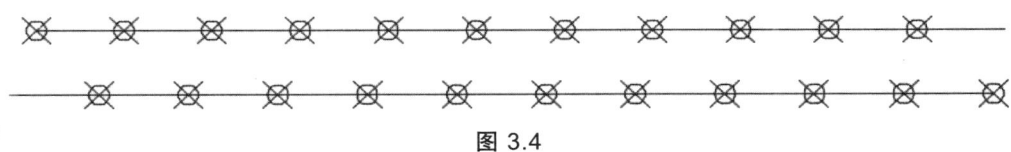

图 3.4

3.1.3 定数等分

作用：将线段按照一定数量平均分配。
执行方式：
■ 菜单栏"绘图"→"点"→"定数等分"。
■ 命令输入：DIVIDS 或 DIV。
操作方法：
■ 输入 AIT+OP，修改点样式。
■ 输入 DIV 定数等分命令，按空格键确认操作。
■ 鼠标选择要定数等分的对象。
■ 在命令窗口输入线段数目。
■ 完成定数等分命令。
实例操作：
■ 输入 L 直线命令，按 Enter 键执行命令。
■ 指定第一点：在绘图区选择绘制范围，鼠标在空白位置点击左键。
■ 指定下一点：输入直线的长度 80。
■ 输入 ALT+OP（三类执行方式可任选其一）修改点样式，按确认键完成操作。
■ 输入 DIV 定数等分命令，选择要定数等距的对象，鼠标点击绘图区直线，输入线段数目 3，按 Enter 键完成命令，如图 3.5 所示。

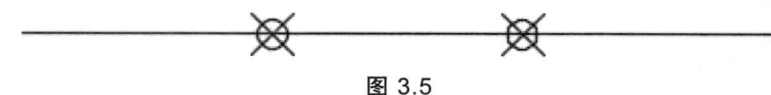

图 3.5

3.1.4 实例——齿轮

本实例用点类命令、圆命令、修剪工具完成图形的连续绘制，通过绘制齿轮，熟练掌握点类工具的基本操作。

操作步骤：
- 输入 C 圆命令，按空格键执行操作。
- 指定圆的圆心，输入圆的半径为 100，如图 3.6（a）所示。
- 输入 C 圆命令，指定半径为 230 的圆，如图 3.6（b）所示。
- 输入 AIT+OP，修改点样式。
- 输入 DIV，鼠标选择要定数等分的对象，即半径为 230 的大圆，并输入线段数目 20，如图 3.6（c）所示。
- 输入 C 圆命令，指定圆的圆心并输入半径为 22 的圆。
- 输入 CO 复制命令，选择半径为 22 的圆，选择圆的中心点作为复制对象的基点，依次完成 20 个节点的复制工作，如图 3.6（d）所示。
- 输入 AIT+OP，修改点样式，选择空白，隐藏所有。
- 输入 TR 修剪命令，按空格两次执行修剪命令，对圆多余部分进行修剪，如图 3.6（e）所示。

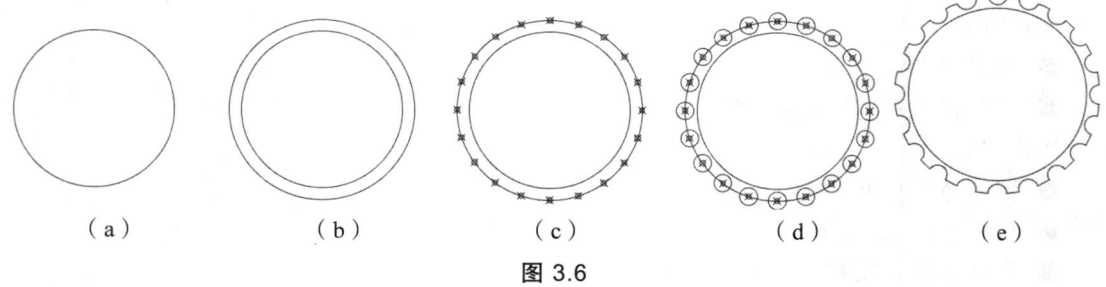

（a）　　　（b）　　　（c）　　　（d）　　　（e）

图 3.6

3.2 线类命令及应用

线类命令主要包括直线、多段线、构造线、射线、多线、样条曲线和修订云线。线类命令是 CAD 完成绘图操作必不可少的工具，对线类命令、操作方式和使用特点的掌握是绘图环节中至关重要的一步。

3.2.1 直线命令

作用：绘制二维和三维线段。
执行方式：
- 菜单栏中"绘图"→"直线"。
- "绘图工具栏"→"直线"按钮 。
- 命令输入：<u>LINE</u> 或 <u>L</u>。

操作方式：
- 输入 <u>L</u> 直线命令，按空格键确认命令。
- 指定第一个基点。
- 或指定下一点或<u>放弃（U）</u>，或输入线段的长度和角度。
- 完成缩放操作。

主要选项：
- 输入命令 <u>L</u>（三类执行方式可任选其一），按 Enter 键执行命令。
- <u>指定第一点</u>，即用鼠标任意指定直线段的起点，或输入定点的坐标。定点坐标的输入方式为：命令输入完成后，输入坐标的点 X 轴 100，Y 轴 100。
- <u>指定下一点</u>可以用鼠标指定线段的长度，也可输入直线的长度。同时，还可以输入线段所需要的角度，长度与角度按 Tab 键切换，如图 3.7 所示。
- 输入 <u>U</u> 选项，表示放弃之前的操作。可连续放弃多步的操作。
- 输入 <u>C</u> 选项，表示闭合当前图形。需要两条或以上直线段，才可以执行此命令。

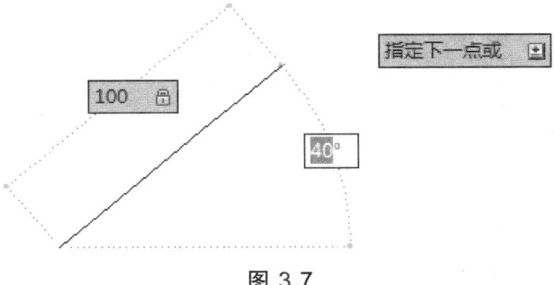

图 3.7

注意事项：
- 正交命令 ：按 F8 键或单击状态栏上的按钮，打开正交模式，在正交模式下绘制的直线只能沿水平或竖直方向移动，关闭正交模式，便可绘制任一角度的直线段。
- 动态输入 ：可以直接在光标附近显示信息、输入值，画直线时会显示其坐标、长度、角度等，数值会随鼠标的移动而变化。直线绘制时，打开动态输入可辅助定位、定角度和定长度。关闭动态输入可通过命令栏看命令执行中的相关参数。
- 按空格键或 Enter 一次，重复上一次的命令操作。

3.2.2 实例——等边三角形的绘制

本实例用直线工具完成图形的连续绘制，通过绘制等边三角形，熟练直线工具的基本操作，如图 3.8 所示。
操作步骤：

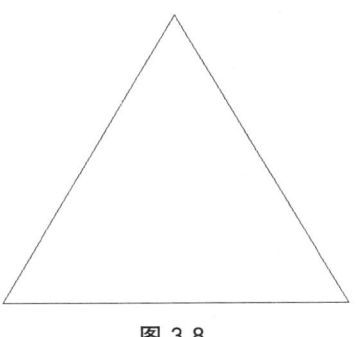

图 3.8

- 打开动态输入，关闭正交模式。
- 输入 L 命令，按空格键执行命令。
- 指定第一个点或输入第一个点的坐标。
- 命令行提示指定下一点或[放弃 U]，输入线段长度 1000，角度 60，完成"指定下一个点"的操作
- 命令行提示指定下一点或[放弃 U]，输入线段长度 1000，角度 60，完成等边三角行第二段线的操作
- 命令行提示指定下一点或[闭合[C]/放弃 U]，输入 C 完成等边三角形的操作。

提示：
- ❖ 长度与角度的切换，按【Tab】键完成操作。
- ❖ 角度的输入，需要打开"动态输入"按钮才可以输入。

3.2.3 多段线

多段线是由几段线段或圆弧构成的连续线条，可整体绘制长度或宽度不等的直线及圆弧组合。在 AutoCAD 中绘制的多线段，无论有多少个点（段），均为一个整体，不能对其中的某一段进行单独编辑（除非把它分解后再编辑）。

执行方式：
- 菜单栏"绘图"→"多段线"。
- 绘图工具栏→"多线段"。
- 命令输入：PLINE 或 PL。

操作方法：
- 输入 PL 命令，按空格键执行命令。
- 在绘图区指定起点，直接用鼠标指定长度或输入具体长度数值。
- 指定下一个点。
- 按空格键完成多段线命令。

主要选项：
- 指定基点：设置多段线的起点。
- 指定下一个点：可以创建多段线，也可以对多段线进行设置。
- 输入圆弧（A）选项：表示可以创建圆弧线段。
  ① 输入角度（A）选项：表示圆弧段的角度；
  ② 输入中心（CE）选项：以圆心作为圆弧的基点；
  ③ 输入方向（D）选项：指定圆弧的切线；
  ④ 输入半径（R）选项：指定圆弧的半径；
  ⑤ 输入直线（L）选项：将圆弧转换为直线。
- 输入半宽（H 选项：表示线段中心到一条边的宽度。
- 输入长度（L）选项：指定线段的长度。
- 输入放弃（U）选项：删除最近绘制的多段线。

■ 输入宽度（W）选项：指定线段的宽度。
注意事项：
（1）多段线与直线的区别：多段线绘制的线段自始至终都是一个整体，如图 3.9（a）所示；直线绘制的线段，两个点之间的部分是整体，而第一个点与最后一个点不是一个整体，如图 3.9（b）所示。

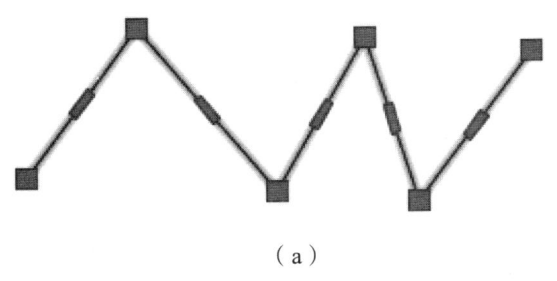
（a）

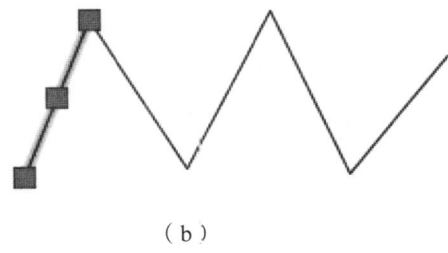
（b）

图 3.9

（2）多条线段合并为多段线：
■ 菜单栏中"修改"→"对象"→"多段线"选择合并对象，按 Enter 键完成命令。
■ 输入 PE 命令，合并直线为多线段。
■ 在绘图工具栏中点击"合并"按钮 ，选择对象合并为多段线。
（3）当用多段线绘制圆弧时，在 DYN（动态输入：随鼠标位置提供的数据输入框）打开时，点击确认键可能无法结束命令，需要拖出一段后再次点击确认键。

3.2.4 实例——平面窗帘

■ 输入 PL 命令，绘制一根长为 800 的辅助线。
■ 输入 DIV 命令，将辅助线等分为 11 份。
■ 输入 DDPTYPE 命令，显示点样式，如图 3.10（a）所示。
■ 输入 PL 命令下：
① 先输入圆弧（A），再输入半径（R），指定半径值为 53，按住 Ctrl 键以切换方向；
② 输入直线（L），将圆弧转换为直线，绘制长为 200 的线段；
③ 输入宽度（W），指定起点宽度为 50、端点宽度为 0，绘制最后的箭头。
■ 输入 DDPTYPE 命令，隐藏点样式，删除辅助线，完成操作，如图 3.10（b）所示。

（a）　　　　　　　　　（b）

图 3.10

3.2.5 构造线

构造线主要做辅助线使用，可以作为角平分线、垂直平分线，还可以快速地做出很多平行线；同时，构造是无限延长的线。

执行方式：

① 菜单栏"绘图"→"构造线"。

② "绘图工具栏"→"构造线"。

③ 命令输入：XLINE 或 XL。

操作方式：

- 输入 XL 命令，按空格键确认命令。
- 指定点，通过一点绘制构造线。
- 或指定通过点，点击需要通过的位置，点击确认键。

主要选项：

- 输入水平（H）命令：创建一条平行于 X 轴的水平线构造线。
- 输入垂直（V）命令：创建一条平行于 Y 轴的垂直构造线。
- 输入角度（A）命令：创建一条具有角度的构造线。
- 输入二等分（B）命令：创建角平分线，在一个绘制完成的角度中，指定角的顶点、起点、端点完成等分命令。
- 输入偏移（O）命令：

① 直接输入偏移的距离，选择需要偏移的直线对象，选择需要偏移的方向，按确定键完成偏移命令；

② "或通过 T"，选择需要通过点的对象，将对象放到需要的通过点上，点击确定键。

注意事项：

- 构造线可绘制以起点为中心可 360°旋转的直线，结束命令点击确认键。
- 无论视图怎么缩小，构造线是看不见端点的。

3.2.6 实例——不规则几何图形

- 输入 L 命令，开启正交模式，从图形左下角点向右绘制长度为 40 的线段。
- 输入 L 命令，关闭正交模式，输入线段长度为 60、角度为 53 的值。
- 输入 XL 命令，再输入角度 A 命令，绘制角度为 78 的左侧线段。
- 空格重复上一次命令，输入角度 A 命令，执行参照 R（参照右侧长度为 60 的线段），绘制角度为 115 的构造线。
- 执行 TR 命令，完成图形的修剪，如图 3.11 所示。

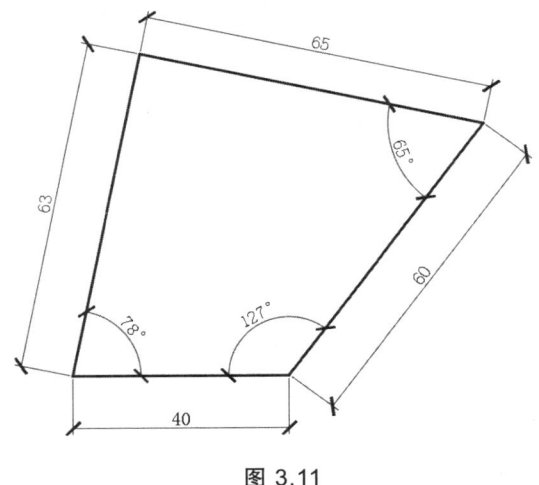

图 3.11

3.2.7 多 线

多线是一个运用率高,且绘图效率较高的命令。主要用于建筑墙体、窗的绘制,可根据墙体、窗的不同要求设置多线样式,具有灵动性。

执行方式:
- ■ 菜单栏"绘图"→"多线"。
- ■ 绘图工具栏→"多线" 。
- ■ 命令输入:<u>MLLINE</u> 或 <u>ML</u>。

操作方式:
- ■ 菜单栏中的"格式"→"多线样式",弹出对话框,如图 3.12 所示。

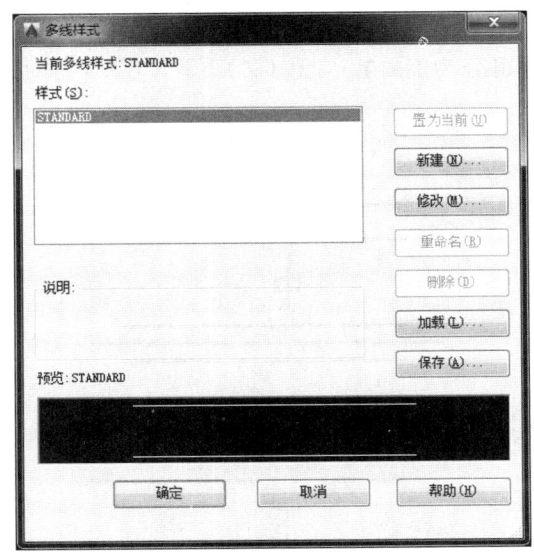

图 3.12

■ 弹出"多线样式"对话框,选择新建或修改多线样式,根据要求修改多线样式,如图 3.13 所示。

(a)

(b)

图 3.13

■ 输入 ML 命令,按空格键确认命令。
■ 当前设置:对正=上,比例=20.00,样式=STANDARD。
■ 指定起点或[对正(J)/比例(S)/样式(ST)]。
■ 指定下一点:指定端点。
■ 指定下一点或[放弃(U)]:点击确认键。

主要选项:
■ 对正 J:根据对象可分为上(T)、无(Z)、下(B)3 种对正方法,如图 3.14 所示。

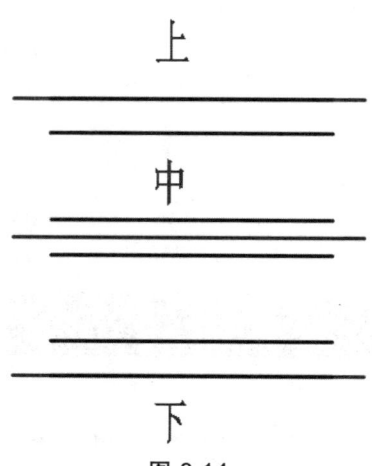

图 3.14

① 上（T）：以水平线为参照物，多线上方对正。
② 无（Z）：以水平线为参照物，多线中心对称。
③ 下（B）：以水平线为参照物，多线下方对正。
■ 比例 S：表示多线的宽度比例。
■ 样式 ST：输入样式名称，选择多线样式。
注意事项：
■ 多线样式的创建：
① 格式→"多线样式"。
② 单击"新建"创建多线样式，并命名。创建的名字即执行多线工具时"样式"的名称。
③ 相关参数设置，单击"确定"完成多线样式的创建。
■ 在多线样式中图元的意义：如图 3.15 所示，图元为"0.5，-0.5"，0.5 到-0.5 的单位值为 1，说明图元中偏移的单位值为 1 个单位。
■ 如何运用多线计算墙体宽度：比例×图元中的单位=宽度。

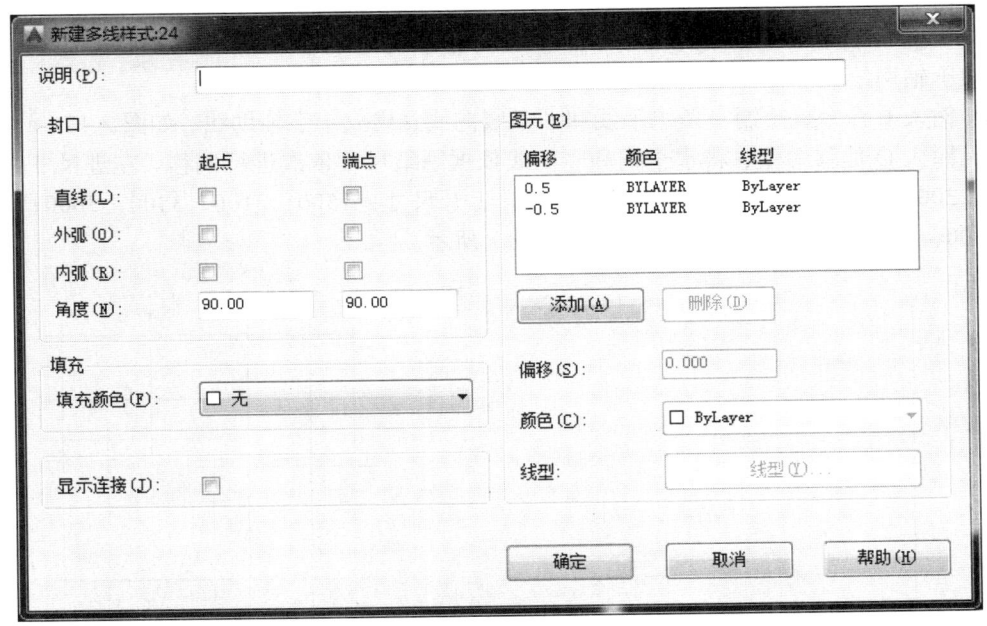

图 3.15

3.2.8 实例——墙

（1）新建多线样式。"格式"→"多线样式"，创建新的多线样式，命名为"240"，单击确定，具体参数设置如图 3.16（a）。以同样的方法再创建名为"120"的多线样式，如图 3.16（b）所示。

图 3.16

（2）轴网绘制。

■ 输入 L 命令，绘制一条水平线和一条竖向线，构成十字辅助线，如图 3.17（a）所示。

■ 输入 O 偏移命令，将水平线和竖向线依据图纸尺寸依次进行偏移。左进尺寸：3900，2400，2200；右进尺寸：4900，1400，2200；上开尺寸：1500，2100，3300，3000；下开尺寸：1500，3300，3600，1500。如图 3.17（b）所示。

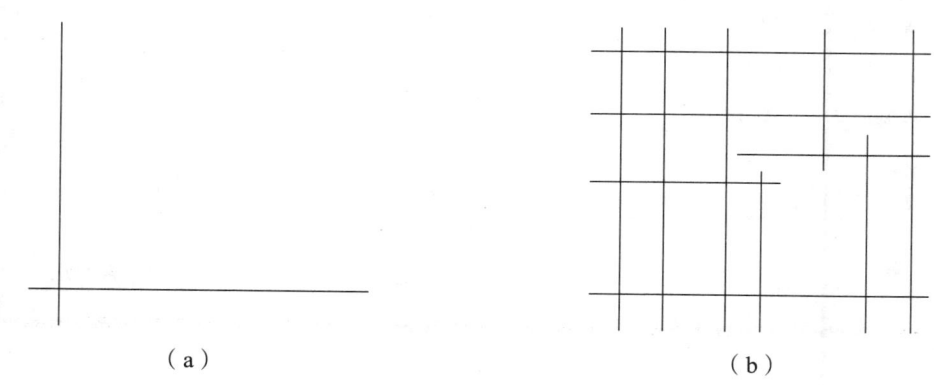

图 3.17

（3）墙体绘制。

■ 输入 ML 命令，命令行提示"指定起点或[对正（J）/比例（S）/样式（ST）]："。

■ 输入"样式[ST]"，将样式名更改为"240"。

■ 输入"对正[J]"，将对正方式改为中心对称，即"对正=无"，绘制外墙。

■ 同上述方法，将样式名更改为"120"，完成内墙的绘制，如图 3.18 所示。

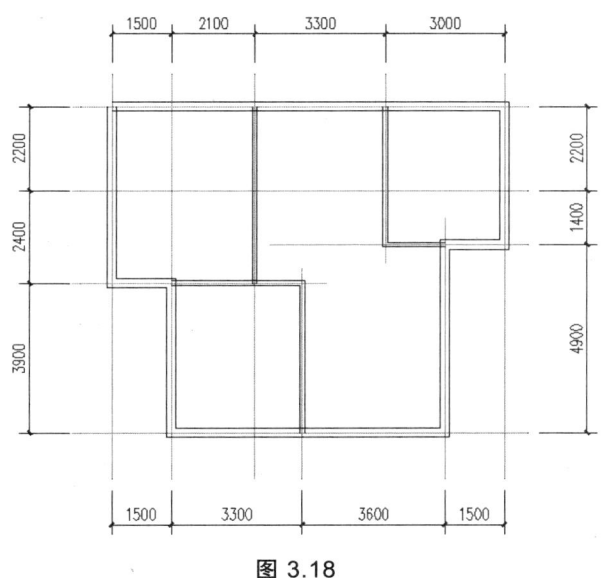

图 3.18

■ 双击多线段，调出"多线编辑工具"，如图 3.19 所示；双击多线段，找到对应的编辑工具，完成多线的编辑，如图 3.20 所示。

图 3.19

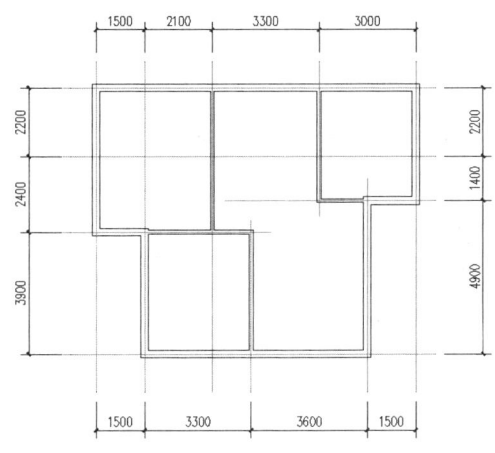

图 3.20

注意事项：进行多线编辑中的"T 形打开"时，需先点击纵向多线，再点击横向多线。

3.2.9 样条曲线

样条曲线是通过多个曲线和设定的点来拟合曲线，其形状可通过点改变。它不仅能绘制自由曲线与曲面，还适用于不规律的变化线，即机械图纸的绘制、地形外貌轮廓线等。

执行方式：

■ 菜单栏"绘图"→"样条曲线"。

- 绘图工具栏→"线条曲线"。
- 命令输入：SPLINE 或 SPL。

操作方式：
- 输入 SPL 命令，按空格键确认命令。
- 指定第一个点或[方式（M）/节点（K）/对象（O）]：鼠标点击指定绘制的起始点。
- 输入下一个点或[起点切向（T）/公差（L）]：鼠标点击输入第 2 个点。
- 输入下一个点或[端点相切（T）/公差（L）/放弃（U）]：鼠标点击输入第 3 个点。
- 连续点击 3 次空格确认键完成操作。

主要选项：
- 方式（M）：控制是使用拟合点还是使用控制点来创建样条曲线。选项会因选择的是用拟合点或控制点创建样条曲线的选项而异。
- 节点（K）：指定节点参数化，它会影响曲线在通过拟合点时的形状。
- 闭合（C）：会将绘制的样条曲线在起始端和结束端用曲线闭合，但不能立刻结束命令，会在闭合点的位置调整切线方向。
- 拟合公差（F）：指定实际的样条曲线与输入的控制点之间所允许偏移距离的最大值。
- 对象（O）：指用样条拟合的多段线。

注意事项：
- 绘制好样条曲线后，点击鼠标左键可以调整绘制点。如果想进行微小调整，需要关闭对象捕捉 F3。

3.2.10 案例——装饰摆件

- 输入 PL 命令，绘制尺寸为 400、20 的装饰摆件的底座，如图 3.21 所示。
- 输入 SPL 命令，完成装饰物鹅的绘制，如图 3.22 所示。

图 3.21　　　　　　　　　图 3.22

3.2.11 修订云线

执行方式：

- 菜单栏中"绘图"→"修订云线"
- 绘图工具栏→"修订云线"按钮。
- 命令输入：REVCLOUD。

操作方式：
- 输入 REVCLOUD 命令，按空格键确认命令。
- 弧长（A）/对象（O）/矩形（R）/多边形（P）/徒手画（F）/样式（S）/修改（M）]<对象>：鼠标点击指定绘制的起始点。
- 完成修订云线绘制后，按确定键。
- 反转方向[是（Y）/否（N）]<否>：N。
- 修订云线完成。

主要选项：
- 弧长（A）：设定修订云线的最小弧长和最大弧长。
- 对象（O）：选择对象可将多段线修改为修订云线。
- 矩形（R）：运用修订云线绘制矩形。
- 多边形（P）：运用修订云线绘制多边形。
- 样式（S）：选择"普通"或"手绘"命令，选择圆弧样式。
- 修改（M）：可在多段线上修改修订云线。

注意事项：
- 在绘制修订云线时，先设置弧长，再绘制需要运用的对象。
- 在绘制修订云线时，如果需要圆弧反转方向，在"反转方向[是（Y）/否（N）]<否>：修改默认选项否，选择是"。

3.2.12 射　线

执行方式：
- 菜单栏中"绘图"→"射线"。
- 命令输入：RAY。

操作方式：
- 输入 RAY 命令。
- 指定起点：并以此射线为圆心。
- 指定通过点：选择通过点。
- 点击空格键完成操作。

注意事项：
- 射线与构造线一样，无论视图怎么缩小，线段都无限延伸。
- 射线通过相对极坐标直接输入角度。
- 鼠标左键点击射线，射线会显示 2 个蓝色小点，第一点为起点，第二点为通过点，可以调整射线的位置和角度。

3.3 圆、圆弧类命令

圆、圆弧命令主要包括圆、圆弧、圆环、椭圆、椭圆弧命令。这类命令是 CAD 绘图操作中重要的工具，同时又起到辅助绘图的作用，学习此类命令的操作是掌握 CAD 不可或缺的一部分。

3.3.1 圆

在 CAD 中可以根据不同的要求选择不同的方式绘制圆。
执行方式：
- 菜单栏"绘图"→圆。
- 绘图工具栏→圆 。
- 命令输入：<u>CIRCLE</u> 或 <u>C</u>。

操作方式：
- 输入 <u>C</u> 命令，按空格键确认命令。
- 指定圆的圆心。
- <u>指定圆的半径或直径</u>：输入直径或半径数值。
- 连续点击确认键完成操作。

主要选项：
- 三点（3P）：利用三点绘制圆。等边三角形中，确定三角形三个顶点能绘制圆，如图 3.23 所示。
- 两点（2P）：利用两点绘制圆。等边三角形中，确定底边水平线上两个端点，绘制圆。两点绘制有一定的局限性，点间的距离一定要保持直径时才能使用，如图 3.23 所示。
- 切点、切点、半径（T）：通过两个切点和指定的半径绘制圆，且半径值不能小于两个相切对象距离的一半。常用于绘制高架桥、立交桥、机械图等，如图 3.24 所示。

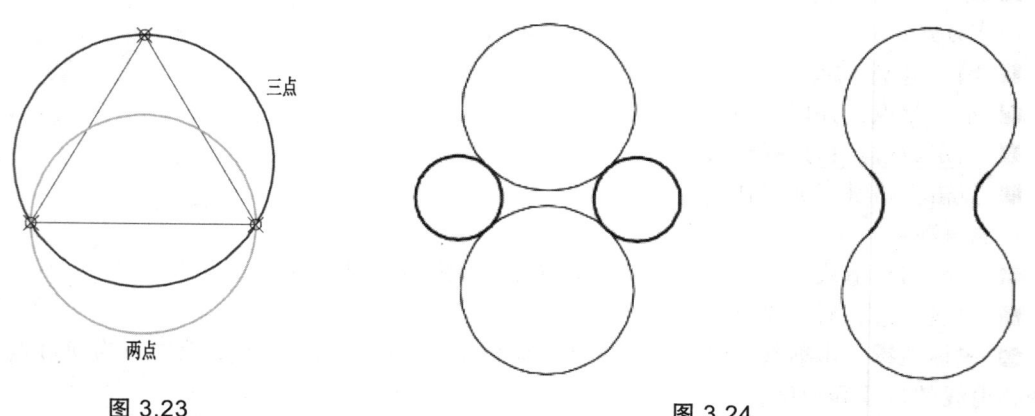

图 3.23 　　　　　　　　　　　图 3.24

注意事项：
- 在使用三点绘制圆时，三点不能在同一水平线上。
- 相切、相切、半径时，切点位置是在大概位置上点击，再输入半径值。
- 可以用除号"/"，取半径值绘制圆。

提示：
❖ 找不到圆心时，首先确认对象捕捉的圆心选项是否勾选。若再找不到圆心，则将鼠标放在圆的边线上，就会显示圆心。
❖ 绘制的圆显示不圆，输入"RE"重生成模型选项，就会显示出圆。

3.3.2 实例——吧凳

- 输入 C 命令，绘制尺寸为 250、300、350 的圆，如图 3.25 所示。
- 输入 XL 命令，绘制角度为 30、-30 的构造线。
- 输入 TR 命令，修剪出吧凳的形状，如图 3.26 所示。

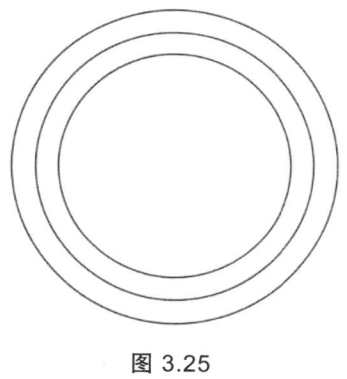

图 3.25

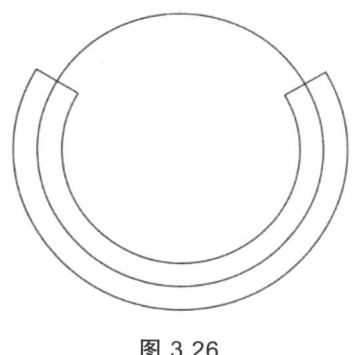

图 3.26

3.3.3 圆　弧

在建筑装饰设计中，圆弧的使用频率比圆要高，流畅、圆润的造型都需要圆弧工具的应用。

执行方式：
- 菜单栏中"绘图"→"圆弧"。
- 绘图工具栏→ 。
- 命令输入：ARC 或 A。

操作方式：
- 输入 A 命令，按空格键确认命令。
- 指定圆弧的起点或[圆心（C）]。

- 指定圆弧的第二个点。
- 指定圆弧的端点。
- 确定键结束操作命令。

主要选项：

起点：绘制圆弧的第一个点。

第二点：指圆弧周线上的一个点。

端点（E）：绘制圆弧的最后一个点。

圆心（C）：指示绘制圆弧时第二个点为圆心。

角度（A）：根据指定角度绘制圆弧。

注意事项：

- 在绘图工具栏上的圆弧是三点确定圆弧，无法精确绘制，通常选择"菜单栏"下拉菜单中"绘图"→"圆弧"中的多种绘制命令。
- 在绘制圆弧时，可以发现圆是逆时针旋转的。
- 当绘制的圆弧大于半圆时，半径值需输入负值。

3.3.4 椭圆及椭圆弧

执行方式：

- 菜单栏"绘图"→"椭圆"/"椭圆弧"。
- 绘图工具栏→ ／ 。
- 命令输入：ELLIPSE 或 EL。

操作方式：

- 输入 EL 命令，按空格键确认命令。
- 指定椭圆的轴端点，如图 3.27 点 1 所示。
- 指定轴的另一个端点，如图 3.27 点 2 所示。
- 指定另一条半轴长度，如图 3.27 点 3 所示。
- 按确定键完成操作。

主要选项：

圆弧（A）：绘制椭圆弧。

中心点（C）：确定椭圆的中心点，中心点到轴端点的长度为半轴的长度。

旋转（R）：用长短轴线之间的比例来确定椭圆的短轴。

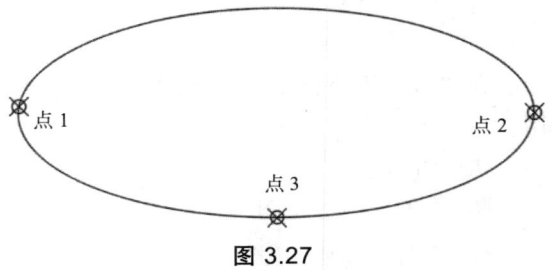

图 3.27

3.3.5 实例——马桶

- 单击"椭圆弧"工具，绘制马桶外沿，如图 3.28 所示。

- 输入 PL 命令，用多线工具绘制马桶后沿，如图 3.29 所示。
- 空格重复上一次命令，绘制矩形水箱，如图 3.30 所示。

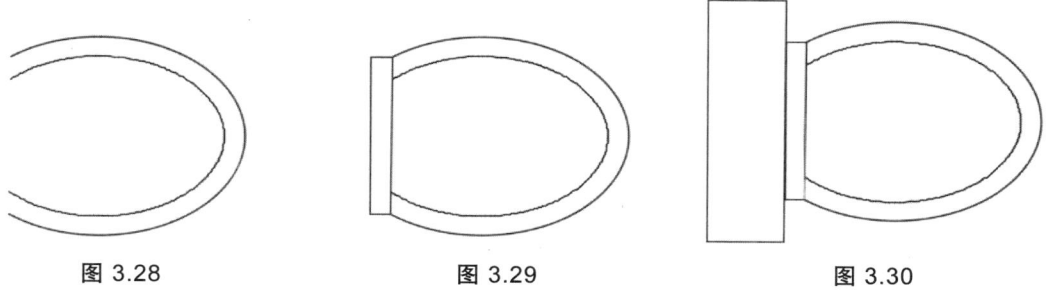

图 3.28　　　　　　图 3.29　　　　　　图 3.30

3.4　形体类命令

3.4.1　矩　形

矩形是通常说的长方形，是通过输入矩形的任意两个对角位置确定的。在 AutoCAD 中，绘制矩形可以为其设置倒角、圆角以及宽度和厚度值。

执行方式：
- 菜单栏"绘图"→"矩形"。
- 绘图工具栏→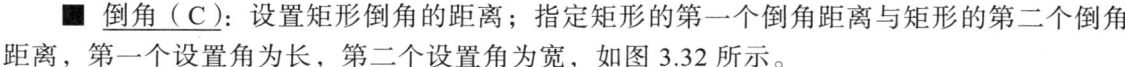。
- 命令输入：RECTANG 或 REC。

操作方式：
- 输入 REC 命令，按空格键确认命令。
- 指定第一个角点：指定第一个对角点。
- 指定另一个角点：指定第二个对角点（注意：指定第一个对角点后输入 X、Y 轴的长度，注意 XY 轴的正负方向，输入数值后直接点击确认键，形成矩形），如图 3.31 所示。
- 点击确定键完成操作。

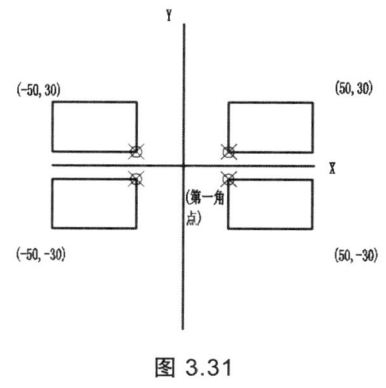

图 3.31

主要选项：
- 倒角（C）：设置矩形倒角的距离；指定矩形的第一个倒角距离与矩形的第二个倒角距离，第一个设置角为长，第二个设置角为宽，如图 3.32 所示。
- 圆角（F）：设置矩形的圆角半径绘制矩形，如图 3.33 所示。
- 宽度（W）：设置矩形的线宽数值，如图 3.34 所示。

74 | 建筑装饰 CAD 制图

图 3.32　　　　　　　　　图 3.33　　　　　　　　　图 3.34

注意事项：
■ 当在矩形命令设置相应参数数值后，再次使用矩形会默认上次操作设置，这时需要将数值修改为默认值"0"。

3.4.2　实例——浴缸

■ 输入 REC 命令，绘制尺寸为 760、1 500 的浴缸外轮廓线，如图 3.35 所示。
■ 空格重复上一次命令，绘制尺寸为 620、1 440，圆角半径为 100 的浴缸轮廓线，如图 3.36 所示。
■ 空格重复上一次命令，绘制尺寸为 540、1 200，圆角半径为 100 的浴缸轮廓线，如图 3.37 所示。
■ 输入 EL 命令，绘制水龙头位置的椭圆形，如图 3.38 所示。
■ 输入 C 命令，绘制半径为 55、35 的下水道口，如图 3.39 所示。

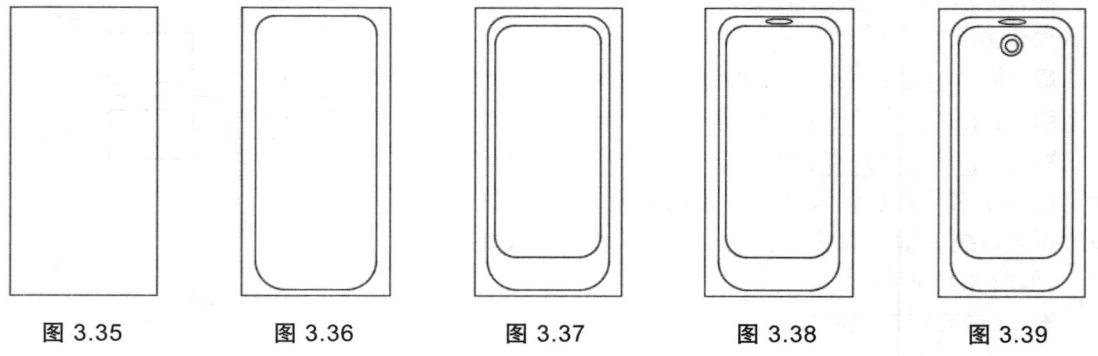

图 3.35　　　　图 3.36　　　　图 3.37　　　　图 3.38　　　　图 3.39

3.4.3　正多边形

执行方式：
■ 菜单栏"绘图"→"多边形"。

- "绘图工具栏"→ 。
- 命令输入：POLYGON 或 POL。

操作方式：
- 输入 POL 命令，按空格键确认命令
- 输入边的数目。
- 指定正多边形的中心点或选择边。
- 选择内接于圆（I）/外切于圆（C）。
- 指定圆的半径：。
- 点击确认键完成命令。

主要选项：
- 内接于圆（I）：指在圆的内部，每条边与圆相接。内接的圆心是正多边形的每个角点延伸到中心的距离，也是圆的半径，如图 3.40 所示。
- 外切于圆（C）：在圆的外部，每条边与圆相切。外切的圆心是中心点到边的距离，如图 3.40 所示。
- 指定多边形的边（E）：选择边的起点与端点绘制多边形，如图 3.40 所示。

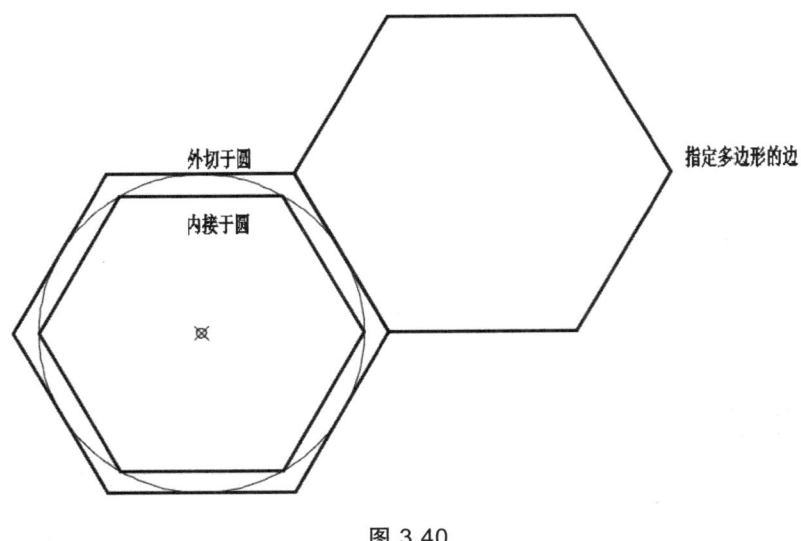

图 3.40

3.4.4 实例——装饰图案

- 输入 POL 命令，绘制半径为 5 的外接于圆的单体 8 边形。
- 空格重复上一次命令，绘制尺寸为 2.1 的内接于圆的单体 4 边形，如图 3.41 所示。
- 输入 CO 命令，按基点复制多边形，每两个 8 边形之间的距离为 2，如图 3.42 所示。
- 输入 L 命令，绘制装饰图案的外轮廓线，如图 3.43 所示。

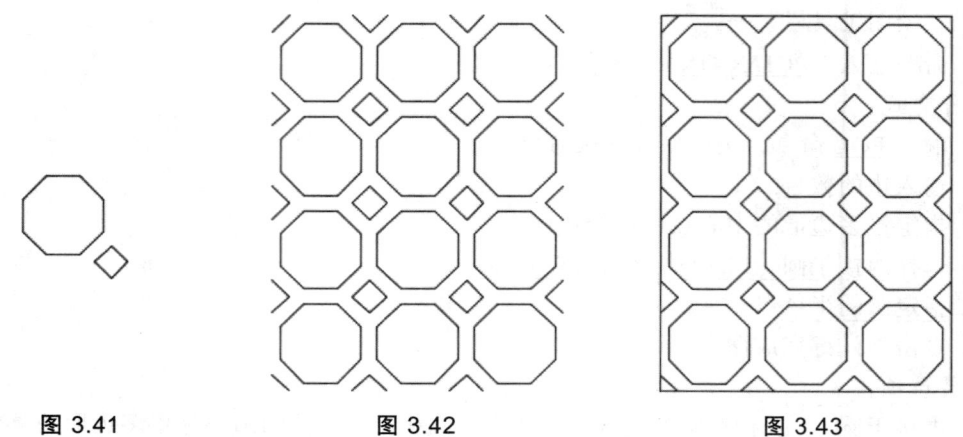

图 3.41　　　　　　图 3.42　　　　　　图 3.43

实训 3

（1）利用绘图类命令绘制如图 3.44 所示的绿植平面图。

图 3.44　绿植平面图

（2）利用绘图类命令绘制如图 3.45 所示的绿植立面图。

图 3.45　绿植立面图

（3）利用绘图类命令绘制如图 3.46 所示软装饰品平、立面图。

图 3.46　装饰摆件立面图

（4）利用绘图类命令绘制如图 3.47 所示灯具平面图。

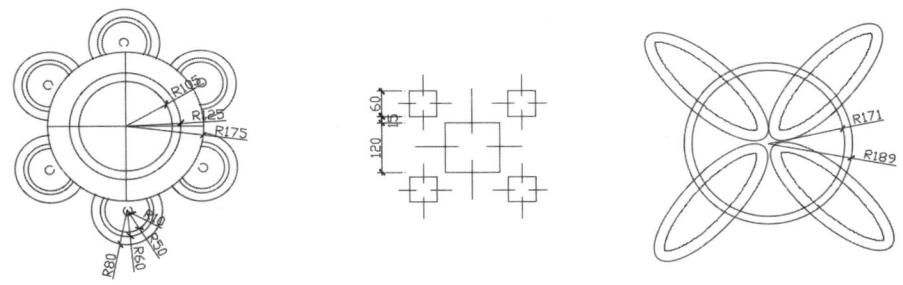

图 3.47　灯具平面图

（5）利用绘图类命令绘制如图 3.48 所示灯具立面图。

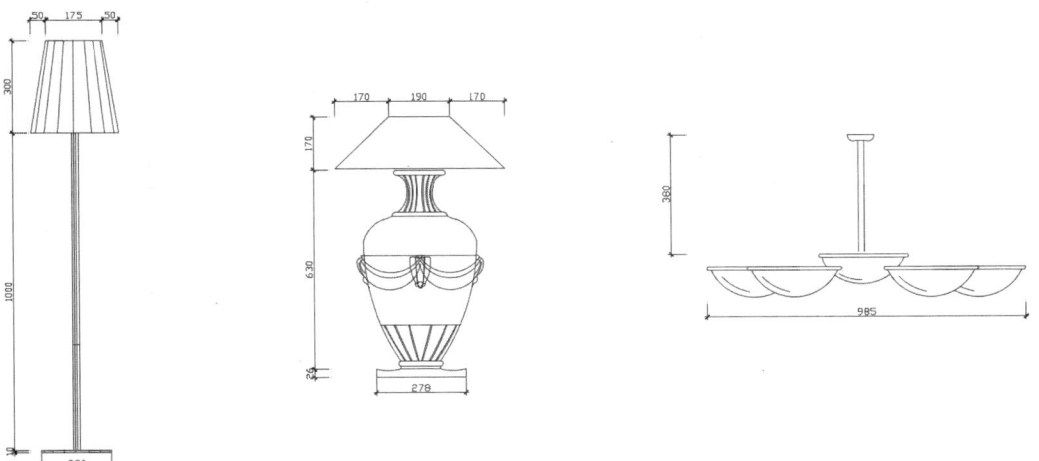

图 3.48　灯具立面图

任务 4　编辑类命令

任务要点：本章就复制、修改、改变位置、图案填充、图块等方面的讲解来完成对图形的编辑。绘图类命令与编辑类命令的综合运用，不仅可以完成对复杂图形的绘制与编辑，还可以合理安排绘图的流程，有效提高工作效率和绘图的准确率。

4.1　对象选择

4.1.1　对象选择方式

对象选择是进行图形编辑的前提，是后续工作得以顺利进行的基础，只有被选中的图形才能继续编辑。AutoCAD 提供了多种选择方式，详细介绍如下：

执行方式：

■ 点选：用鼠标在图形边缘上点一下，即可选择。默认状态下是累加（多）选择，如果想减选，按住 Shift 键，点击图形即可减选。

■ 框选：用鼠标在视图中点一下，然后移动鼠标到你想要的位置再点一下，即可出现一个框，这就是框选。

■ 全选：Ctrl+A。

提示：
从左向右框叫"窗口式框选"，选择框是实线蓝色框，图形必须全部包括在内，才能被选中。
从右向左框叫"交叉式框选"，选择框是实线绿色框，只要接触或包围在内的图形，都能被选中。

注意事项：
■ 按 Esc 键取消选择的内容。
■ 按 Enter 键结束对象选择。

提示：
需要用 Shift 键添加到选择集，可在"选项"—"选择集"中勾选对象的选项，如图 4.1 所示。

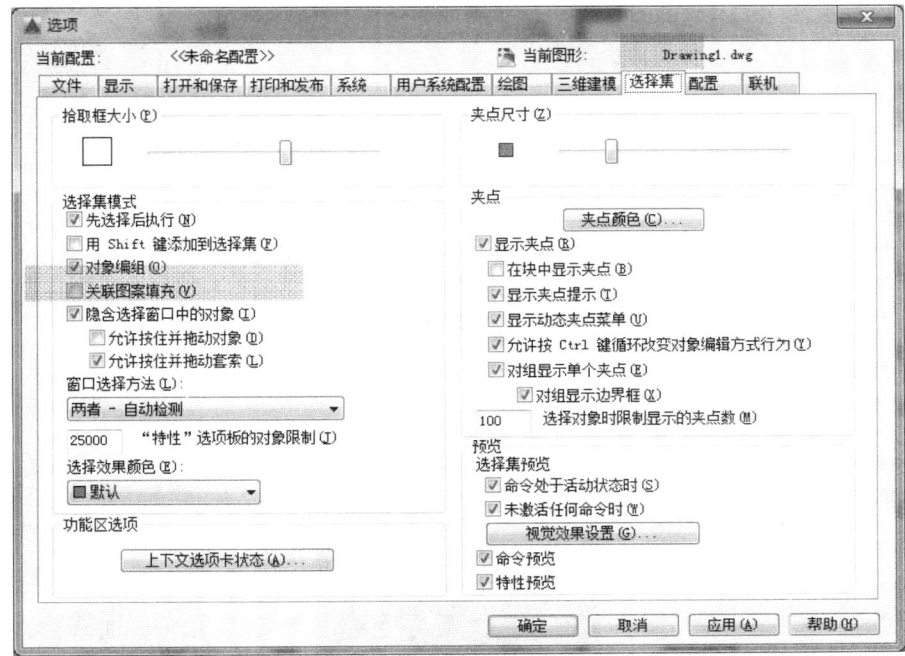

图 4.1

4.1.2 SELECT 选择

执行方式：
- 输入命令 SELECT。
- 指定对角点或 [栏选（F）/圈围（WP）/圈交（CP）]：。
- 输入[栏选（F）]命令：围线选择方式，绘制一条线段，凡是与线段相交的对象均被选中，如图 4.2 所示。
- 输入[圈围（WP）]命令：使用不规则多边形选择对象，全部被选中的对象才能被选择，如图 4.3 所示。
- 输入[圈围（CP）]命令：使用不规则多边形选择对象，被选中的或相交的对象均可被选择，如图 4.4 所示。

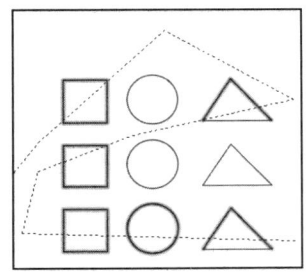

图 4.2

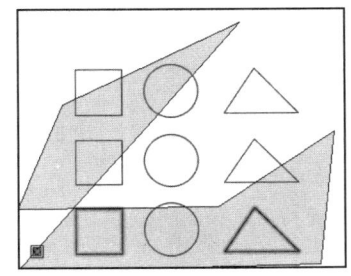

图 4.3

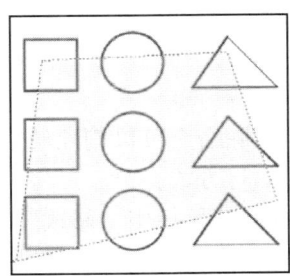

图 4.4

4.1.3 快速选择操作

作用：可以快速选择同一类型的对象元素，如圆、直线、椭圆或者多段线等，也可以快速选择同一颜色、图层、线型、材质等。

执行方式：

- 菜单栏中"工具"→"快速选择"。
- 单击鼠标右键，在弹出的菜单中选择"快速选择"，如图 4.5 所示。
- 在"特性"CTRL+1 选项板中单击"快速选择"按钮，如图 4.6 所示。
- 输入 QSELECT 命令，可快速按颜色、图层、线型、材质等方式选择对象，如图 4.7 所示。

图 4.5

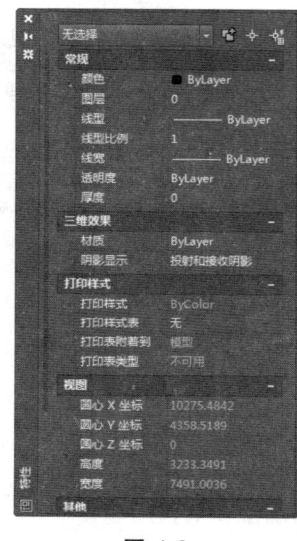

图 4.6

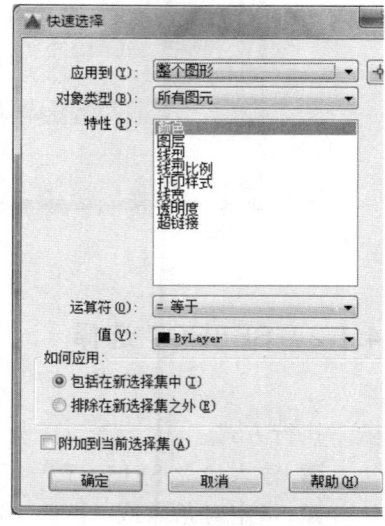

图 4.7

4.2 基本编辑类命令

4.2.1 删除命令

删除命令可以删除绘制的任何对象，若删错了，可以通过恢复命令恢复。

执行方式：

- 菜单栏中"修改"→"删除"。
- 修改工具栏→
- 命令输入：ERASE 或 E。

操作方式：
在"选择对象"下，使用一种选择方法选择要删除的对象或输入选项：
- 输入 L（上一个），删除绘制的上一个对象。
- 输入 P（上一个），删除上一个选择集。
- 输入 ALL，从图形中删除所有对象。
- 输入 ?，查看所有选择方法列表。

注意事项：
- Delete 键的功能与删除命令的功能一致，使用过程中，删除对象可以用 E，也可以用 Delete。

4.2.2 删除未显示的对象

使用删除未显示的对象命令，可以指定要删除哪些类型的命名对象，包括块、局部视图样式、标注样式、编组、图层、线型、材质等对象。通过清理图中无用的资源，减少图纸的占用空间，达到瘦身的功效，提高运行的速度。如图 4.8 所示。

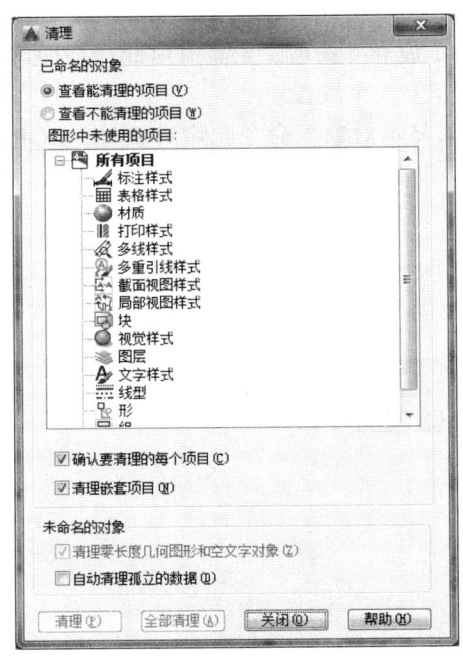

图 4.8

执行方式：
- "应用程序"按钮 → "图形实用工具" → "清理"。
- 命令输入：PURGE 或 PU。

操作方式：
- 输入命令 PU。

- 选择要清理的对象和类型。
- 单击"清理"或"全部清理"。

> 提示：
> 在命令提示下，从图形中删除未使用的命名对象。一次仅可以删除一个级别的参照。重复执行该命令，直至没有未参照的命名对象。

4.2.3 恢复命令

此命令，可将已删的、误删的对象恢复。
执行方式：
- 标准工具栏→"放弃" 。
- 命令输入：<u>OPPS</u> 或 <u>U</u>。
- 快捷键：Ctrl+Z。

操作方式：
- 快捷键 <u>Ctrl+Z</u>，即执行恢复操作。

注意事项：
- 许多命令自身包含 <u>U</u>（放弃）选项，无需退出此命令即可更正错误。例如，创建直线或多段线时，输入 <u>U</u> 即可放弃上一个线段。
- 用 <u>PU</u>（清理或删除未显示对象）命令删除对象时，<u>OOPS</u> 不能恢复对象。

4.2.4 恢复取消命令

执行方式：
- 标准工具栏→"放弃" 。
- 命令输入：<u>REDO</u> 或 <u>CTRL+Y</u>。

4.3 复制类命令

4.3.1 复制命令及应用

复制命令不仅可以对单个对象进行一次或多次的定点、定位的复制，也可以对单个对象进行一次或多次的自由复制。合理运用该命令，节约重复画图的时间，有效提高画图的速度。
执行方式：
- 菜单栏中"修改"→"复制"。

- 修改工具栏→ 。
- 命令输入：COPY 或 CO/CP。

操作方式：
- 输入"CO/CP"命令，按空格键确认命令。
- 选择需要复制的对象，按空格键确认对象。
- 指定复制对象的基点，将对象放置到需要的位置，完成操作。

主要选项：
- 位移（D）：表示使用坐标指定相对距离和方向，指示复制对象的放置位置离原位置有多远以及以哪个方向放置。
- 阵列（A）：表示指定阵列中的项目数，同时确定阵列相对于基点的距离和方向。默认情况下，阵列中的第一个副本将放置在指定的位移。其余的副本使用相同的增量位移放置在超出该点的线性阵列中。
- 模式（O）：表示控制命令是否自动重复。输入"S"选项表示本次复制只能复制一个，结束命令操作。
- M：表示本次命令可进行多个复制。

注意事项：
- CO/CP 均为复制对象，是 COPY 两个简写形式，其功能和操作方式是一样的。
- CO/CP 命令与 Ctrl+C 的异同：
① CO/CP 是带基点复制对象，基点位置可自行选择；Ctrl+C 是通用复制工具，其基点始终在左下角。
② CO/CP 只能在同一图形文件中复制粘贴，Ctrl+C 可以跨文件的复制粘贴。
③ Ctrl+C 和 CO 的最大区别在于 Ctrl+C 是将对象存于剪切板内，是系统通用命令；而 CO 是 AutoCAD 命令，只适用于 AutoCAD 单个文件使用
- Ctrl+Shift+C 即可以选择基点，也可以在 AutoCAD 的不同文件里使用。

4.3.2 实例——文件夹组

本案利用矩形和圆形绘制文件的单元形，再利用复制工具对文件夹进行复制工作。

操作步骤：

（1）文件夹单元图形绘制：
- 输入 REC 命令，绘制尺寸为 50，250 的文件夹边框，如图 4.9（a）所示。
- 输入 REC 命令或按空格键一次，绘制尺寸为 28，13 的底部矩形，如图 4.9（b）所示。
- 输入 REC 命令或按空格键一次，绘制尺寸为 8，10 的小矩形，如图 4.9（c）所示。
- 输入 CO/CP 命令，按空格键确认命令，如图 4.9（d）所示。
- 命令行提示指定基点或 [位移（D）/模式（O）] <位移>：，指定小矩形左下角的点。
- 命令行提示指定第二个点或 [阵列（A）] <使用第一个点作为位移>：a。
- 输入要进行阵列的项目数：4。
- 指定第二个点或 [布满（F）]：<正交开> 4。

■ 输入 C 命令,绘制半径为 13 的圆形,完成图形绘制,如图 4.9(e)所示。

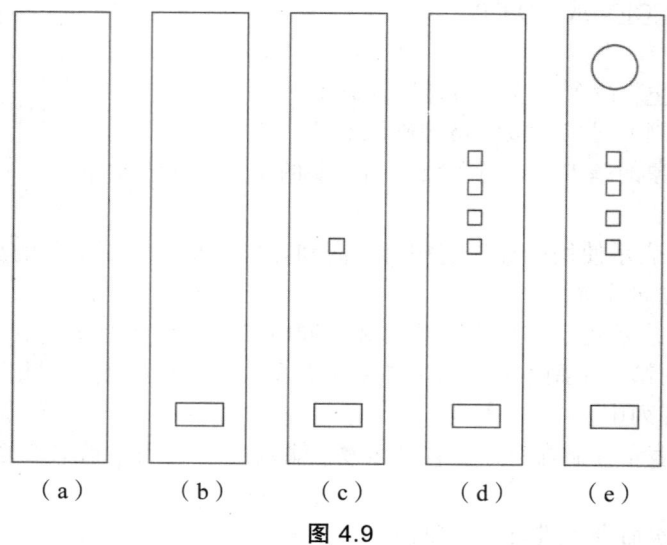

图 4.9

(2)绘制文件夹组,如图 4.10 所示。

■ 输入 CO/CP 命令,按空格键确认命令。
■ 选择对象:
■ 指定基点或 [位移(D)/模式(O)] <位移>: o
  输入复制模式选项 [单个(S)/多个(M)] <多个>: m。
■ 命令行提示"指定基点或 [位移(D)/模式(O)] <位移>:",指定左下角的点为第一个基点,在右下角点第二个基点,重复操作完成文件夹组的绘制。

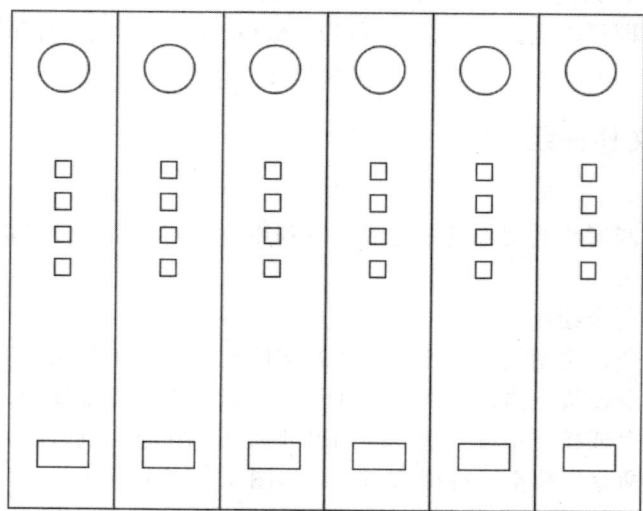

图 4.10

4.3.3 镜像命令及应用

镜像命令常用于对称图形的编辑，通过对称轴完成对称图像的创建。

执行方式：

- 菜单栏中"修改"→"镜像"。
- 修改工具栏→▲。 
- 命令输入：<u>MIRROR</u> 或 <u>MI</u>。

操作方式：

- 输入命令 <u>MI</u>，选择对象，按 Enter 键完成操作。
- <u>指定镜像线的第一点：</u>
- <u>指定镜像线的第二点：</u>
- <u>要删除源对象吗？[是（Y）/否（N）]<否>：n</u>。

注意事项：

- 镜像线的第一点和第二点，即图形创建对称轴，这个对称轴可以是线段，可以是图形中的某两个参照点，也可以是窗口中任意的两个点，可根据具体需要灵活运用。
- 删除源对象可根据需求选择，如若要保留原对象，输入 Y；若不保留原对象，输入 N。

> 提示：
> 默认情况下，镜像文字、图案填充、属性和属性定义时，它们在镜像图像中不会反转或倒置。文字的对齐和对正方式在镜像对象前后相同，如果确实要反转文字，请将 MIRRTEXT 系统变量设置为 1；如果要恢复到默认情况，请将 MIRRTEXT 系统变量设置为 0。如图 4.11 所示。

图 4.11

4.3.4 实例——餐桌

本案例利用矩形、复制和镜像工具完成餐桌的绘制。

操作步骤：

（1）文件夹单元图形绘制。

- 输入 <u>REC</u> 命令，绘制尺寸为 1200、800 的餐桌，如图 4.12（a）所示。

- 输入 REC 命令或按空格一次,绘制尺寸为 450、450 的椅子,如图 4.12(b)所示。
- 输入 L/PL 命令绘制椅背,如图 4.12(c)所示。

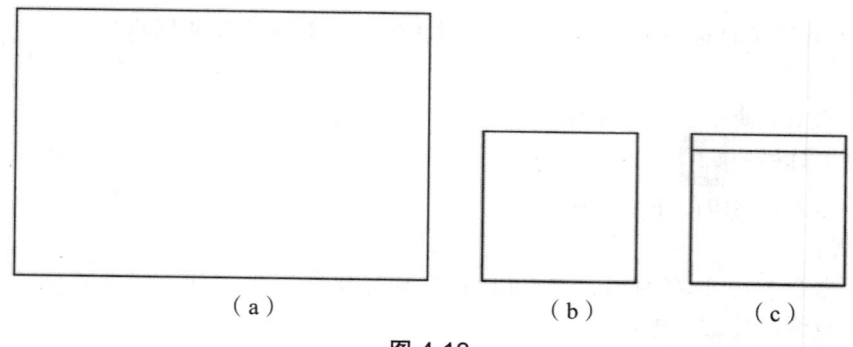

图 4.12

(2)绘制餐桌组,如图 4.13 所示。
- 输入 MI 命令,按空格键确认命令,进行左右镜像。
- 选择对象:选择镜像参照点(可选择餐桌的中点作为参照点)。

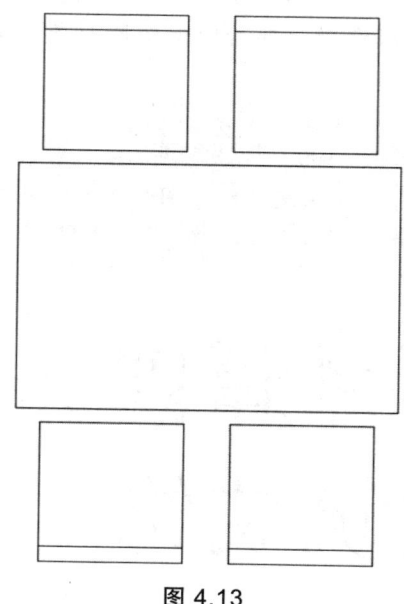

图 4.13

4.3.5 阵列命令及应用

AutoCAD 中阵列主要有三种:矩形阵列、环形阵列和路径阵列。阵列命令是非常基本的指令,运用好这个指令可省略繁琐的绘制步骤,明显减少画图时间。

执行方式:
- 菜单栏中"修改"→"阵列"。

- 修改工具栏→ ▦ ◡ ⋮⋮。
- 命令输入：ARRAYRECT 或 AR。

操作方式：
- 输入命令 AR。
- 选择要阵列的对象。
- 设置阵列的相关参数。
- 完成阵列。

主要选项：

（1）矩形阵列，如图 4.14 所示。
- 关联（AS）：表示对矩形阵列对象是否进行关联。创建关联阵列 [是（Y）/否（N）]，输入"是"，创建的关联阵列对象相当于一个"块"，即一个整体；输入"否"，创建的关联阵列对象是独立的个体，可对其进行单独编辑。
- 基点（B）：表示阵列对象的基点，即参照点。
- 计数（COU）：表示阵列对象的行数与列数。
- 间距（S）：表示阵列对象的行与行、列与列之间的距离。
- 列数（COL）：表示阵列对象的列数、列距。
- 行数（R）：表示阵列对象的行数、行行和标高增量。
- 层数（L）：表示阵列对象的层数和层间距。
- 退出（X）：退出命令。

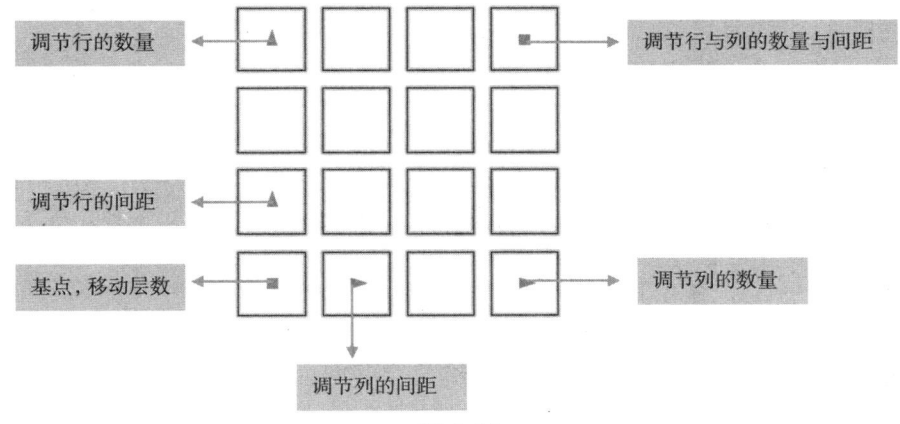

图 4.14

（2）环形阵列。
- 基点（B）：表示进行阵列的旋转点。
- 项目（I）：表示阵列对象的项目数。
- 项目间角度（A）：表示设置阵列对象的旋转角度。
- 填充角度（F）：表示旋转对象的总角度。
- 行（ROW）：表示阵列对象的行数。
- 旋转项目（ROT）：表示阵列对象是否进行旋转阵列。

提示：
输入 ARRAYCLASSIC 命令选项，便会出现传统的阵列对话框，如图 4.15 所示。

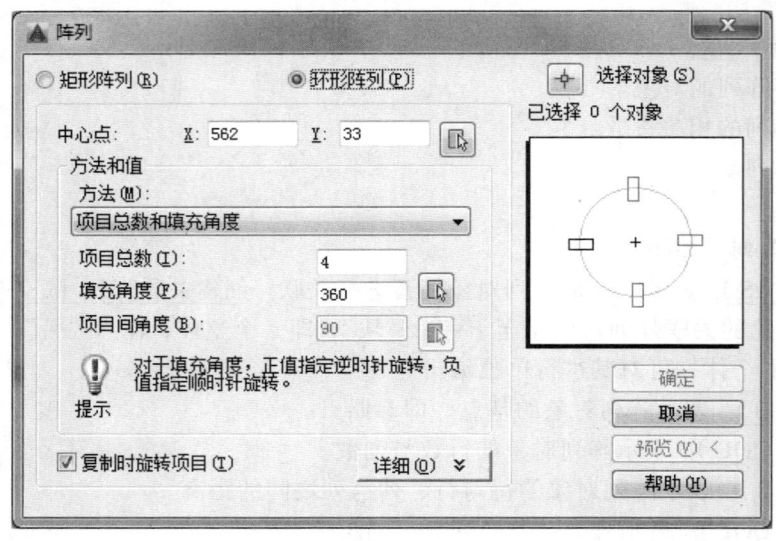

图 4.15

（3）路径阵列。

在路径阵列中，阵列的对象均匀地沿路径或部分路径分布。路径可以是直线、多段线、三维多段线、样条曲线、螺旋、圆弧、圆或椭圆等。

主要选项：

■ 方法（M）：包含[定数等分（D）和定距等分（M）]，使用方法如前文点的定数等分与定距等分。

■ 切向（T）：表示阵列对象与路径的切点。

■ 项目（I）：表示阵列对象之间的距离。

■ 对齐项目（A）：表示阵列对象与路径是否对齐。

■ 方向（Z）：主要用于三维模式中。

4.3.6　实例——圆形图案

操作步骤：

■ 输入 C 命令，绘制圆形轮廓，如图 4.16（a）所示。

■ 输入 L 命令，绘制一条与圆的半径相同的直线。若找不到圆的中心点，可将鼠标置于圆以外的区域移动几下，再将鼠标移至圆的边线上，便可找到圆心，如图 4.16（b）所示。

■ 输入 A/PL 命令绘制弧形图案。PL 使用中，需要结合圆弧 A→方向 D 来定圆弧，如图 4.16（c）所示。

■ 输入 MI 命令，将弧形图案进行镜像，形成单元形，如图 4.16（d）所示。

- 输入 AR 命令，选择对象。
- 输入 PO 命令，选择中心点或基点。
- 输入 I 命令，更改阵列对象的数目，也可以调出阵列对话框（图 4.15），进行相关参数的设置。完成图案的绘制，如图 4.16（e）所示。

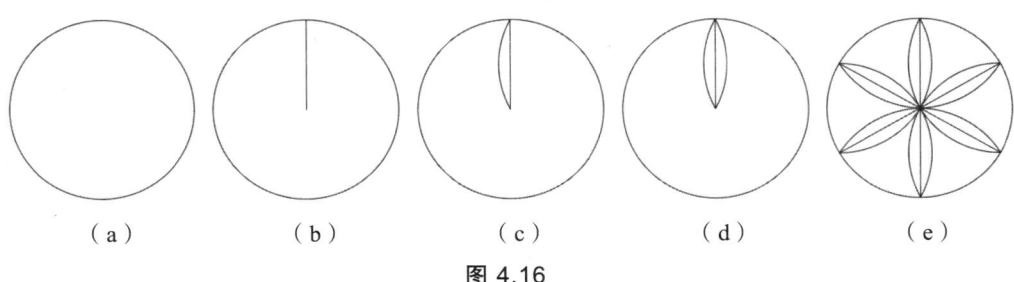

（a）　　　　（b）　　　　（c）　　　　（d）　　　　（e）

图 4.16

4.3.7　偏移命令及应用

偏移命令主要用于创建形状与原始对象平行的新对象，适用于直线、圆弧、圆、椭圆和椭圆弧、多段线、构造线、样条曲线等对象。该命令的基本组成包括：偏移对象、偏移方向和偏移距离。

执行方式：
- 菜单栏中"修改"→"偏移"。
- 修改工具栏→ 。
- 命令输入：OFFSET 或 O。

操作方式：
- 选择偏移的对象，输入命令 O，按 Enter 键确认命令。
- 输入偏移的距离，按 Enter 键或空格确认。
- 鼠标指定偏移的方向，完成偏移操作。

主要选项：
- 通过（T）：表示指定点的对象偏移。
- 删除（E）：表示偏移源对象后将其删除。
- 图层（L）：确定将偏移对象创建在当前图层上还是源对象所在的图层上。

4.3.8　实例——门

操作步骤：
- 输入 REC 命令，绘制尺寸为 700，2100 的门的外轮廓，如图 4.17（a）所示。
- 输入 O 命令，将门的外轮廓线分别向内偏移 60，90，如图 4.17（b）所示。
- 输入 ARC 命令，绘制门内部装饰造型。

- 输入 O 命令，将弧线偏移 30，如图 4.17（c）所示。
- 以同样的方式，完成剩余的装饰造型，完成操作，如图 4.17（d）所示。

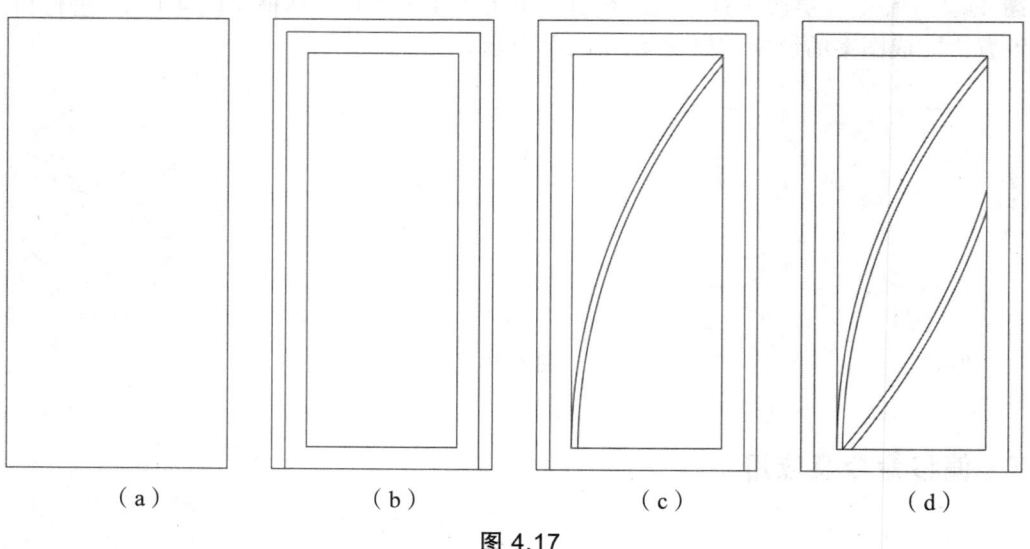

图 4.17

4.4 修改类命令

该类命令主要用于对绘制对象的整体或部分的几何属性的改变或修改，也可以改变对象的形状。

4.4.1 修剪命令及应用

修剪命令是将超出边界的多余部分修剪删除掉。修剪操作可以修改直线、圆、圆弧、多段线、样条曲线、射线和填充图案等。

执行方式：
- "菜单栏"下拉菜单中"修改"→"修剪"。
- 修改工具栏→ 。
- 命令输入：TRIM 或 TR。

操作方式：
- 直接修剪：

操作方法：输入命令后按两次空格或回车，进入修剪状态，可修改有参照的任一对象。
- 参照修剪：

操作方法：输入命令后，按一下回车，选择想要修剪的参照线，如图 4.18（a）所示。若需要把直线右边多出来的线全部一次性剪掉，可以选择这根竖线，然后再回车，框选要修剪的线条即可，如图 4.18（b）所示。

图 4.18

主要选项：
■ 按住 Shift 键进行修剪和延伸之间的切换。
■ 栏选（F）：表示与栏选线段相交的对象都能被删除。其中，栏选线段是一根临时的线段，它由两个或两个以上的点构成。
■ 窗交（C）：表示窗交对象是由两个对角点确定的矩形区域，该区域内与之相交的对象都将被删除。
■ 边（E）：表示修剪对象是在另一对象的延长边处进行修剪。该选项包含两个子选项"输入隐含边延伸模式 [延伸（E）/不延伸（N）]"，"延伸（E）"表示隐含的延长边与被修剪对象有相交，可以进行修剪；"不延伸（N）"表示不使有隐含的延长边，若修剪对象与被修剪对象没有相交点，则不能进行修剪。
■ 删除（R）：表示删除选定的对象。该选项不需要退出命令即可执行删除命令，是一种简易的操作方式。
■ 放弃（U）：取消上一次操作。

4.4.2 实例——三人沙发

本案例利用矩形工具绘制沙发轮廓，再用偏移工具对沙发的扶手、靠背进行偏移，最后利用修剪工具将多余的线段删除。
操作步骤：
■ 输入 L 命令，绘制尺寸为 850，2400 的沙发轮廓，如图 4.19（a）所示。
■ 输入 O 命令，将外轮廓线的上、下和左方向的线段往内偏移 100，将右方向的轮廓线往右偏移 50，如图 4.19（b）所示。
■ 输入 O 命令，将下方向的第一根线往上偏移 550，连续偏移 3 次，如图 4.19（c）所示。

■ 输入 TR 命令，连按空格 2 次，修剪多余的对象。按 Shift 延伸沙发的坐位线至最右侧线，如图 4.19（d）所示。

■ 输入 TR 命令，修剪多余的对象，完成操作，如图 4.19（e）所示。

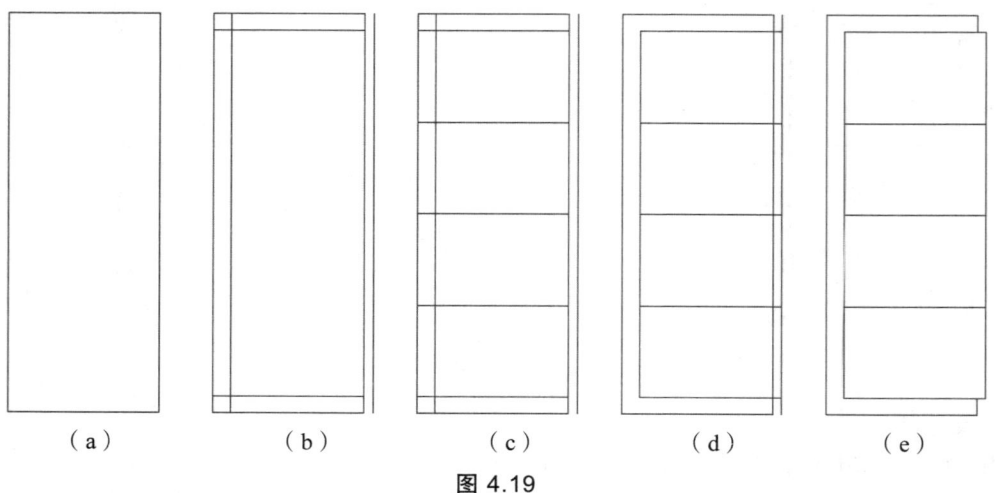

图 4.19

4.4.3 延伸命令及应用

延伸命令是将对象延伸至与另一对象相交。

执行方式：

■ 菜单栏中"修改"→"延伸"。

■ 修改工具栏→

■ 命令输入：EXTEND 或 EX。

操作方式：

■ 输入 EX 命令，按空格键确认命令。

■ 选择延伸的对象。

■ 点击被延伸的对象，完成操作。

主要选项：

■ 按住 Shift 键进行修剪和延伸之间的切换。

■ 栏选（F）：表示与栏选线段相交的对象都能被延伸。

■ 窗交（C）：表示窗交对象区域内与之相交的对象都能被延伸。

■ 边（E）：表示延长对象是在另一对象的延长边相交。该选项包含两个子选项"输入隐含边延伸模式[延伸（E）/不延伸（N）]"，"延伸（E）"表示隐含的延长边与被延伸对象有相交的点，可以进行延伸；"不延伸（N）"表示不使有隐含的延长边，若延长对象与被延长对象没有相交点，则不能进行延长。

■ 删除（R）：表示删除选定的对象。该选项不需要退出命令即可执行删除命令，是一种简易的操作方式。

- 放弃（U）：取消上一次操作。

4.4.4 实例——椅子

- 输入 C 命令，绘制半径为 350 的圆。
- 输入 O 命令，将圆往内偏移 50。
- 输入 M 命令，将内圆往上偏移 50，如图 4.20（a）所示。
- 输入 CO 命令，将内圆往上复制，复制的距离为 50。
- 输入 L/PL 命令，绘制椅子的左右轮廓线，尺寸为 280，上轮廓线为 600，如图 4.20（b）所示。
- 输入 O 命令，将左边线向右偏移 125，30，连续执行 3 次，如图 4.20（c）所示。
- 输入 EX 命令，将偏移的线延伸到下边线处，如图 4.20（d）所示。
- 输入 C 命令，利用圆相切，绘制椅子造型，如图 4.20（e）所示。
- 输入 TR 命令，对图形进行修剪，如图 4.20（f）所示。

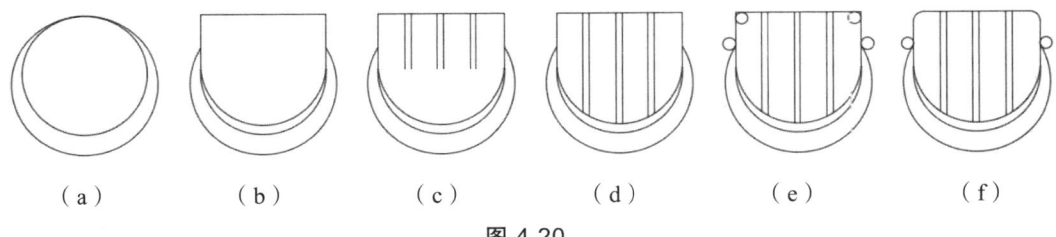

图 4.20

4.4.5 分解命令

分解命令主要针对由多条线或多个图形组成的多段线、块和面域，将其分解为可编辑的图形。

执行方式：
- 菜单栏中"修改"→"分解"。
- 修改工具栏→ 。
- 命令输入：X 或 EXPLODE。

操作方式：
- 输入 X 命令，按空格键确认命令。
- 选择分解的对象。
- 点击回车，完成操作。

提示：
PL 线可以分解，用 PL 线设置的线宽，会因为分解命令的使用而变成默认值，如图 4.21 所示。

 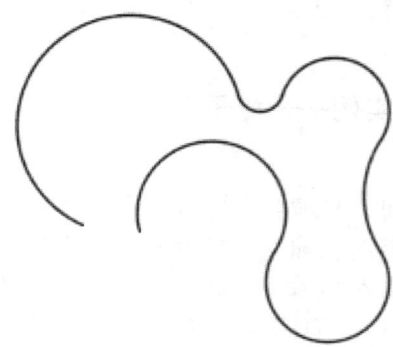

图 4.21

4.4.6 合并命令

合并是对直线、圆弧、多段线、样条曲线等通过端点合并为一个对象。将相似的对象与之合并的对象称为源对象，要合并的对象必须位于相同的平面上。

执行方式：
- "菜单栏"下拉菜单中"修改"→"合并"。
- 修改工具栏→ ▬▬。
- 命令输入：<u>JOIN</u>。

操作方式：
- 输入 <u>JOIN</u> 命令，按空格键确认命令。
- <u>选择源对象或要一次合并的多个对象：</u>
- <u>选择要合并的对象：</u>
- 点击回车，完成操作。

4.4.7 打断命令

打断是由指定的两点之间打断选定的对象，创建对象间隔，将一个对象分为两个对象。

执行方式：
- 菜单栏中"修改"→"打断"。
- 修改工具栏→ ▯。
- 命令输入：<u>BREAK</u> 或 <u>BR</u>。

操作方式：
- 输入 <u>BR</u> 命令，按空格键确认命令。
- 指定第一个打断点。
- 指定第二个打断点，完成操作。

注意事项：
■ 输入命令后，会提示选择打断对象。当选择对象后，系统会将选择的对象位置作第一个打断点。若你输入 F，系统会提示你选择第一个打断点。
■ 如果第二点不在对象上，将选择对象上与该点最接近的点。
■ 输入"@"指定第二点，可将对象一分二且不删除某一部分。
■ 对圆进行打断时，将按逆时针方向删除圆上第一个点到第二个点之间的部分，将圆转换成圆弧。

4.4.8 拉伸命令

拉伸是按指定的方向和角度拉长或缩短图形。
执行方式：
■ 菜单栏中"修改"→"拉伸"。
■ 修改工具栏→ 。
■ 命令输入：STRETCH 或 S。
操作方式：
■ 输入 S 命令，按空格键确认命令。
■ 从右往左选择要拉伸的对象。
■ 确定需要拉伸的方向和距离，完成操作。
注意事项：
■ 从左往右选择对象时，执行此命令，相当于移动工具。
■ 从右往左选择对象时，在选择窗口内的对象才能被拉伸，在选择窗口外的对象保持不动。

4.4.9 案例——衣柜

（1）图层设置。
■ 图层：轮廓，颜色为黄色，其余属性设为默认值。
■ 图层：百叶，颜色为灰色，其余属性设为默认值。
（2）操作步骤。
■ 将轮廓图层置于当前图层。
■ 输入 REC 命令，用矩形工具绘制尺寸为 400，2100 的矩形。
■ 输入 X 命令，将矩形分解成可编辑的线段。
■ 输入 O 命令，用偏移工具将上下线各往内偏移 20，如图 4.22（a）所示。
■ 输入 O 命令，将上下线段往内偏移 70，左右线段往内偏移 120。
■ 输入 TR 命令，用修剪工具修剪掉不需要的线段，如图 4.22（b）所示。

- 输入 AR 命令，用阵列工具完成衣柜百叶的制作，如图 4.22（c）所示。
- 将衣柜百叶置于颜色为灰色的百叶图层。
- 输入 CO 命令，将百叶往下复制一次。
- 输入 S 命令，用拉伸工具交矩形的右侧边线和点，往右边拉伸 800，如图 4.22（d）所示。
- 输入 O 命令，左轮廓线往右偏移 400 三次。
- 输入 CO 命令，将左侧百叶往右复制 2 次，完成图形绘制，如图 4.22（e）所示。

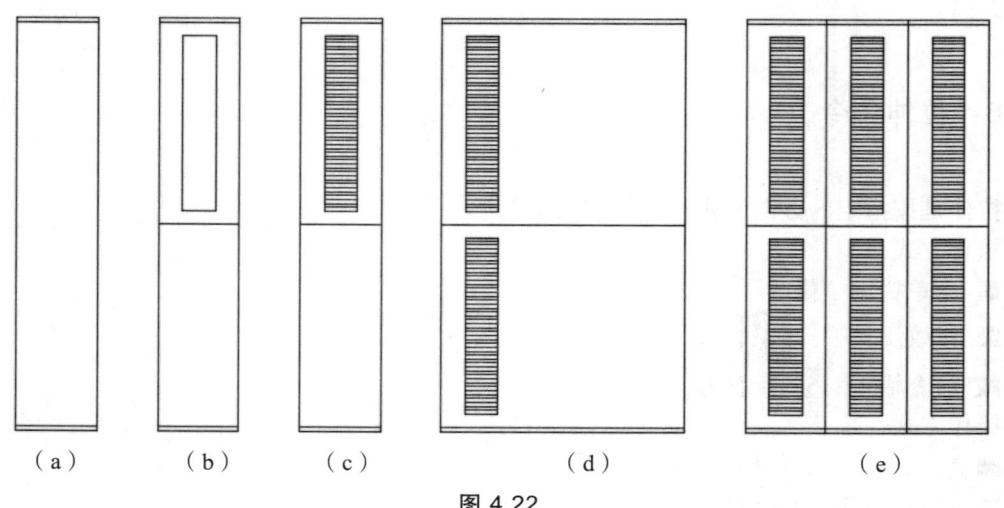

图 4.22

4.4.10 拉长命令

可以拉长或缩短线段以及改变圆弧的圆心角。拉长是在一段已知线上加长一段距离，命令 LEN 再输 D 然后输入要增加的长度值，点选要拉的一端就增加了那么长。

执行方式：
- 菜单栏中"修改"→"拉长"。
- 命令输入：LENGTHEN 或 LEN。

操作方式：
- 输入 LEN 命令，按空格键确认命令。
- 选择要拉长的对象。
- 确定需要拉长对象的方向，完成操作。

主要选项：
- 增量（DE）：表示以增量方式修改对象的长度。增量从距离选择点最近的端点处开始测量，正值扩展对象，负值修剪对象。
- 百分比（P）：通过输入百分比来改变对象的长度或圆心角大小。
- 总计（T）：通过输入对象的总长度来改变对象的长度或角度。
- 动态（DY）：用动态模式拖动对象的一个端点来改变对象的长度和角度。

拉伸、拉长和延伸的异同：
- 拉伸，选择部分就是拉伸，可以拉伸任意方向、长度，不要指定限制线。
- 拉长有方向性，可直接加长到你想要的距离，不要指定拉长的限制线。
- 延伸是延长到第二个对象并与它相交，需要指定延伸的限制线。

4.4.11 倒角命令

倒角是将两个对象相连接，使它们形成平角或倒角相接。倒角可用于直线、多段线、射线和构造线中。

执行方式：
- 菜单栏中"修改"→"倒角"。
- 修改工具栏→。
- 命令输入：CHAMFER 或 CHA。

操作方式：
- 输入 CHA 命令，按空格键确认命令。
- 选择第一个对象。
- 选择第二个对象，完成直角倒角操作。

主要选项：
- 放弃（U）：取消上一次操作。
- 多段线（P）：对整个二维多段线倒角，所有线段相交的点都会被倒角。
- 距离（D）：倒角至选定边端点的距离。
- 角度（A）：用第一条线的倒角距离和第二条线的角度设定倒角距离。
- 修剪（T）：确定倒角的修剪方式，即是否对源对象进行修剪。
- 方式（E）：即选择用[距离（D）]或[角度（A）]的方式来创建倒角。
- 多个（M）：同时对多个对象进行倒角操作。

注意事项：
- 当第一个角和第二个角的距离都为 0 时，倒的是直角。
- 修剪选项将 TRIMMODE 系统变量设置为 1；不修剪选项将 TRIMMODE 设置为 0（零）。
- 倒角时，设置的数值不宜过大，过大会出现"距离太大，无效"的提示。
- 平行线不能倒角。

4.4.12 倒圆角命令

在 AutoCAD 绘图的过程中，经常会有倒圆角的需要。圆角操作非常简单，功能也很明确，适当的技巧有事半功倍的效果。该工具可以对圆弧、圆、椭圆、椭圆弧、直线、多段线、射线、样条曲线和构造线执行圆角操作。

执行方式：
- 菜单栏中"修改"→"倒圆角"。
- 修改工具栏→ 。
- 命令输入：FILLET 或 F。

操作方式：
- 输入 F 命令，按空格键确认命令。
- 输入 R 半径选项，设置倒圆角的半径。
- 选择第一个对象。
- 选择第二个对象，完成倒圆角操作。

主要选项：
- 放弃（U）选项：撤销上一次操作。
- 多段线（P）选项：对整个二维多段线倒圆角，所有线段相交的点都会被倒圆角。
- 半径（R）选项：指定圆角、圆弧的半径。
- 修剪（T）选项：确定倒圆角的修剪方式，即是否对源对象进行修剪。
- 多个（M）选项：连续对多个对象进行倒圆角操作。

注意事项：
- 平行线不能倒圆角。
- 当两条直线相交或不相连时，可利用圆角进行修剪和延伸。

4.4.13 实例——洗菜盆

操作步骤：
- 输入 REC 命令，绘制尺寸为 650，450 的矩形轮廓线。
- 空格重复矩形工具命令，绘制尺寸为 200，300 的左侧水槽和尺寸为 350，300 的右侧水槽。
- 输入 M 命令，将水槽移到离左、右、下轮廓线 30 的距离，如图 4.23（a）所示。
- 输入 F 命令，将外轮廓线四周倒半径为 30 的圆角，将水槽倒半径为 60 的圆角，如图 4.23（b）所示。
- 输入 L 命令，绘制一条长 20 的线段。
- 输入 O 命令，将线段往上偏移 130。
- 输入 XL 命令，用角度（A）选项绘制角度为 99 的构造线。
- 输入 F 命令，将半径设置为 0，水龙头下部倒直角；将半径设为 20，水龙头上部倒圆角，如图 4.23（c）所示。
- 输入 C 命令，绘制 3 个半径为 20 的圆，置于水龙头旁边；2 个半径为 25 的圆，置于水槽内部，如图 4.23（d）所示。

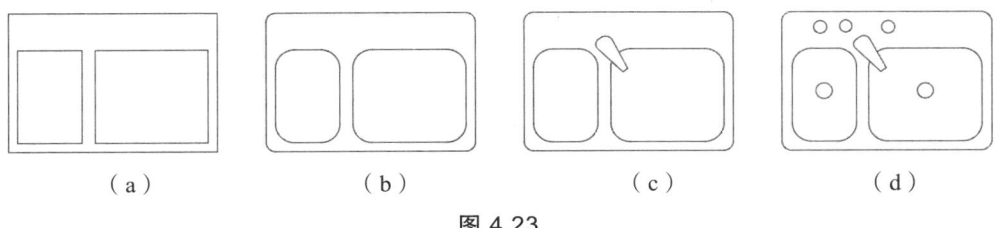

图 4.23

4.5 改变位置类命令

该类命令主要是对图形的位置、角度等进行改变，包含移动、缩放和旋转命令。

4.5.1 移动命令及应用

移动命令主要用于改变图形的位置，结合坐标、对象捕捉、栅格捕捉等工具可以精确地移动图形的位置。

执行方式：
- 菜单栏中"修改"→"移动"。
- 修改工具栏→ ![icon]。
- 命令输入：<u>MOVE</u> 或 <u>M</u>。

操作方式：
- 输入 <u>M</u> 命令，按空格键确认命令
- 选择对象。
- 指定基点（即移动的起点）。
- 指定第二个对象（即移动的终点），将对象移至需要的地方，完成移动操作。

主要选项：
- 位移（<u>D</u>）：指定相对距离和方向。指示复制对象的放置位置离原位置有多远以及按哪个方向放置。

注意事项：
- 对象移动后，源图形就没有了。
- 移动过程中，基点位置的选择至关重要。

4.5.2 实例——灶台

操作步骤：

- 输入 REC 命令，绘制尺寸为 900，450 的矩形轮廓线，如图 4.24（a）所示。
- 输入 X 命令，将矩形分解。
- 输入 O 命令，将上轮廓线向下偏移两次 30。
- 空格重复偏移命令，将上面的第 3 根线向下偏移 45，左右轮廓线往中间偏移 375，如图 4.24（b）所示。
- 灶眼绘制：
① 输入 C 命令，绘制半径为 100 的圆。
② 输入 L 命令，绘制线段。
③ 输入 AR 阵列命令，完成线的阵列，如图 4.24（c）所示。
- 输入 M 移动命令，将灶眼放到矩形中，并结合移动工具调整灶眼的位置。
- 输入 CO 复制命令，复制灶眼。
- 用移动工具来调整灶眼的位置，如图 4.24（d）所示。

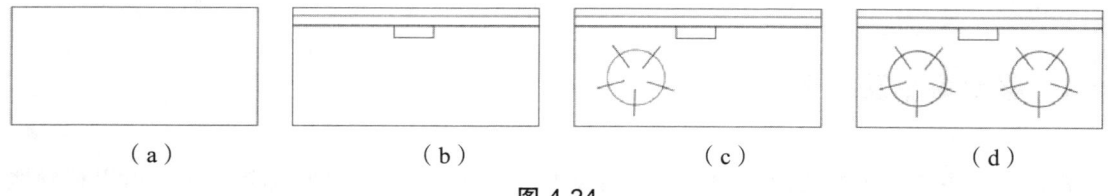

（a）　　　　　　（b）　　　　　　（c）　　　　　　（d）

图 4.24

4.5.3　缩放命令及应用

该命令用于放大和缩小图形的比例。执行命令的过程中，图形的比例不会改变。

执行方式：
- 菜单栏中"修改"→"缩放"。
- 修改工具栏→ 。
- 命令输入：SCALE 或 SC。

操作方式：
- 输入 SC 命令，按空格键确认命令。
- 选择对象。
- 指定基点。
- 输入缩放的比例因子值，完成缩放操作。

主要选项：
- 比例因子：按指定的比例放大选定对象的尺寸。大于 1 的比例因子可使对象放大；介于 0 和 1 之间的比例因子可使对象缩小；还可以拖动光标使对象变大或变小。
- 复制（C）：创建要缩放的选定对象的副本。
- 参照（R）：按参照长度和指定的新长度缩放所选对象。

4.5.4 实例——装饰画

操作步骤：
■ 导入原图，如图 4.25（a）所示。
（1）比例因子缩放。
■ 输入 SC 命令，按空格键确认命令。
■ 指定缩放对象基点，输入缩放比例 0.8，如图 4.25（b）所示。
（2）指定长度缩放。
■ 输入 SC 命令，按空格键确认命令。
■ 指定缩放对象基点。
■ 输入 R 选项，指定装饰画上边框第一根线的起点和端点，输入 700 的值，完成操作，如图 4.25（c）所示。

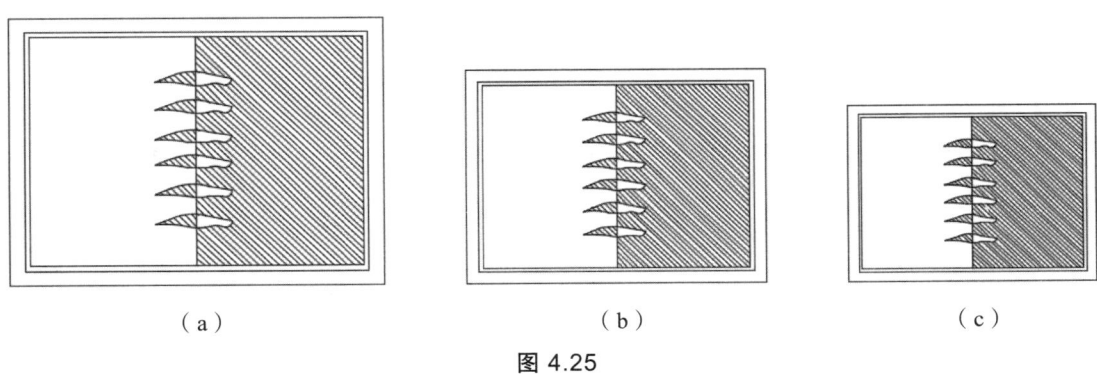

图 4.25

4.5.5 旋转命令及应用

根据指定的基点旋转图形中的对象。旋转过程中，可输入固定的角度进行精确旋转，也可进行自由旋转。精确的角度定位，可通过"正交"模式、极轴追踪和对象捕捉来完成。

执行方式：
■ 菜单栏中"修改"→"旋转"。
■ 修改工具栏→ 。
■ 命令输入：ROTATE 或 RO。

操作方式：
■ 输入 RO 命令，按空格键确认命令。
■ 选择对象：
■ 指定基点：
■ 指定旋转角度，或 [复制（C）/参照（R）] <0>：45
■ 完成缩放操作。

主要选项：
- 指定旋转角度：输入旋转角度值（0°～360°），还可以按弧度、百分度或勘测方向输入值。输入正角度值可逆时针或顺时针旋转对象，具体取决于"图形单位"对话框中的基本角度方向设置。
- 复制（C）：创建要缩放的选定对象的副本。
- 参照（R）：按参照长度和指定的新长度缩放所选对象。

4.5.6 实例——机麻桌

操作步骤：
（1）桌子绘制。
- 输入 REC 命令，绘制尺寸 800，800，角度为 45°的方桌。
- 输入 O 命令，将方桌边线向内偏移 40。
- 输入 RO 命令，将方桌旋转 45°，如图 4.26 所示。

（2）麻将绘制。
- 输入 REC 命令，绘制尺寸 400，40 的矩形。
- 输入 AR 命令，绘制麻将组。
- 输入 RO 命令，将麻将组旋转复制，重复 3 次，如图 4.27 所示。

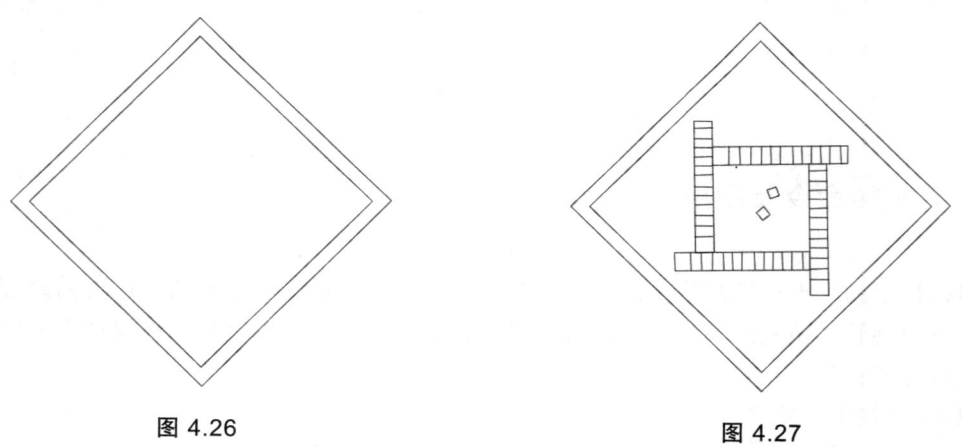

图 4.26　　　　　　　　　　图 4.27

（3）椅子绘制。
- 输入 REC 命令，绘制尺寸 500，250 的矩形，删除底部线条。
- 输入 O 命令，将左右两边的线条各往内偏移 50，如图 4.28（a）所示。
- 输入 C 命令，绘制半径为 250 的圆，与矩形的左右边线相交。
- 输入 TR 命令，修剪半圆形椅背。
- 输入 O 命令，将椅背向内偏移 50，如图 4.28（b）所示。

图 4.28

（4）组合。

■ 输入 M 命令，将椅子移动至合适的位置。

■ 输入 RO 命令，将椅子复制 3 次，完成操作，如图 4.29 所示。

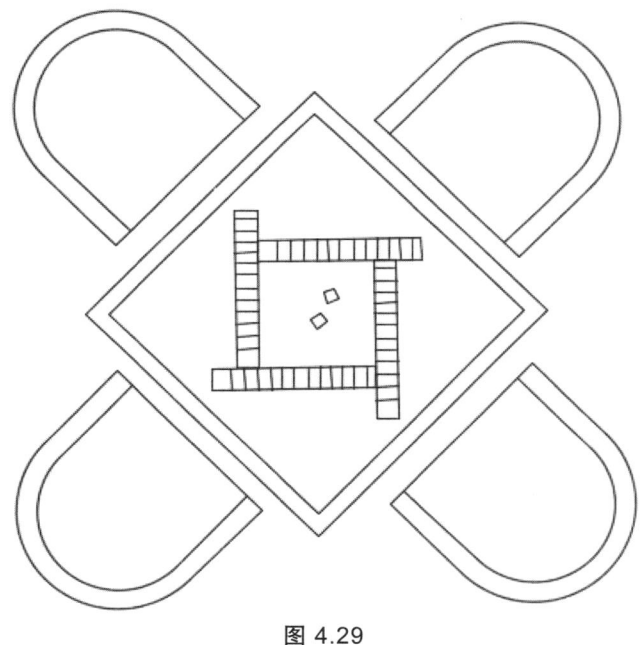

图 4.29

4.6 图案填充

在室内设计中，为了使图纸更加简洁明了，常将图案或颜色填满选定的区域，以表示该区域的特性。如地面铺装、立面材质、天棚造型、柱子、截面梁、特殊材料等填充，以不同的图案表示不同的材质。

4.6.1 基本概念

1. 边　界

确定填充的边界，是进行图案填充的基础。构成边界的只能是直线、构造线、射线、多段线、样条曲线、圆弧、圆、椭圆、椭圆弧等对象或用这些对象定义的块。作为边界的对象在屏幕上必须全部可见。作为边界的对象端点必须相交，否则会形成错误的填充或无法填充，如图 4.30 所示。

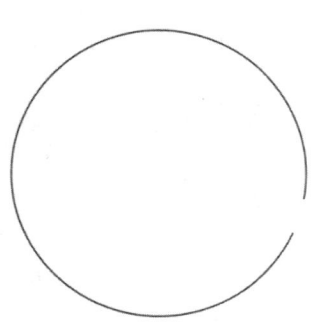
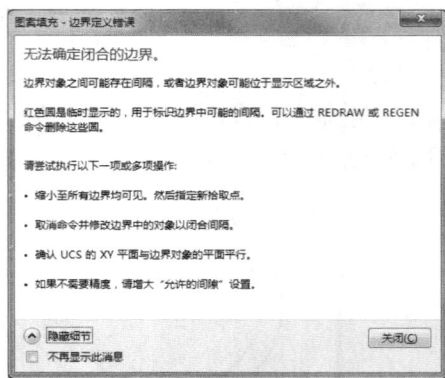

图 4.30

2. 孤岛与孤岛填充样式

在 AutoCAD 软件中，系统设置了 3 类填充方式：

■ 普通方式：间隔填充，从外部边界向内填充。遇到内部交点时，将停止填充，直到遇到下一交点为止。从填充的区域往外，由奇数个交点分隔的区域被填充，而由偶数个交点分隔的区域不填充，如图 4.31（a）所示。

■ 外部方式：由外向内探测到第二条边界时就停止，从外部边界向内填充。遇到内部交点时，将停止填充，因为这一过程从每条填充线的两端开始，所以只有结构的最外层被填充，结构内部仍然保留为空白，如图 4.31（b）所示。

■ 忽略方式：所有边界都进行填充，如图 4.31（c）所示。

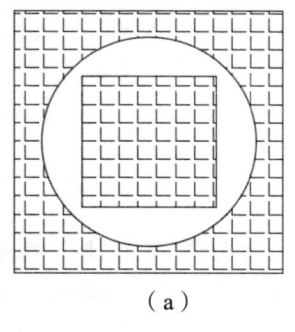
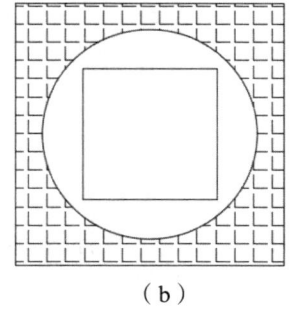
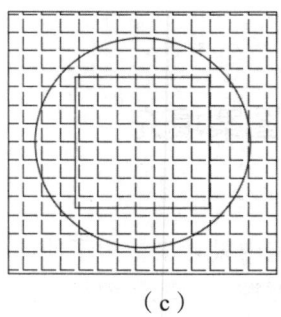

（a）　　　　　　　　　　（b）　　　　　　　　　　（c）

图 4.31

4.6.2 基本操作

执行方式：
- 菜单栏中"绘图"→"图案填充"。
- 工具栏→ 。
- 命令输入：HATCH 或 H。

操作方式：
- 输入 H 命令，按空格键确认命令。
- 拾取内部点，填充对象。
- 点确定，完成填充操作。

主要选项：

（1）类型和图案。
- 类型：用于设定图案的类型，包含预定义、用户定义和自定义 3 种。

预定义：是软件自带的、符合行业标准的填充图案，也可根据需要增加填充图案库。

用户定义：是基于当前使用对象的特性，临时定义的填充图案。

自定义：AutoCAD 自带的填充图案有限，有时不能满足需要，必须进行自定义填充。"自定义"填充图案只有将外部填充图案安装到 AutoCAD 文件目录下才可以使用，加载自定义填充图案见 4.6.4 节。

- 图案：选择需要填充的图案。用于"预定义"类型，"用户定义"和"自定义"类型下不可用，图标为灰色。
- 样例：显示出来的图案样式。

（2）角度和比例。
- 角度：图案填充的角度。可以根据需要调整角度，有效填充角度为 0°～359°。
- 比例：图案填充的疏密程度。输入值越大图案越疏，输入值越小图案越密。
- 双向：主要用于"用户定义"填充图案时，定义填充线是一线平行线，还是相互垂直的两组平行线，即平行线与网格线，如图 4.32 所示。

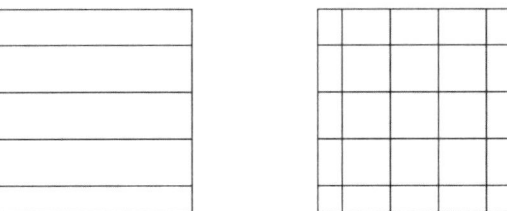

图 4.32

- 间距：主要用于用户定义填充图案时，线与线之间的距离。

（3）边界。
- 添加拾取点：选点的方式定义填充边界，用户可选择需要填充区域内的任意点，AutoCAD 会自动确定该点所属封闭的填充区域，如图 4.33 所示。单击色块区域内的任意点均可完成交叉区域的填充。

■ **添加拾取对象**：选择对象的方式定义填充边界。边界最好是封闭多段线，如果不是多段线，需要正好构成一个封闭区域。选择交叉不封闭的线时也可以填充，但结果会较难控制，如图 4.34 所示。单击方形和圆形两个对象，除交叉部分外，其他区域均被填充。

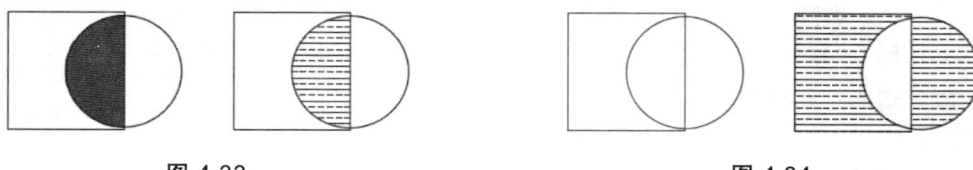

图 4.33　　　　　　　　　　　　　　　图 4.34

■ **关联**：指定图案填充或填充为关联图案填充。关联的图案填充区域会随着图形边界的变化而变化，如图 4.35 所示。

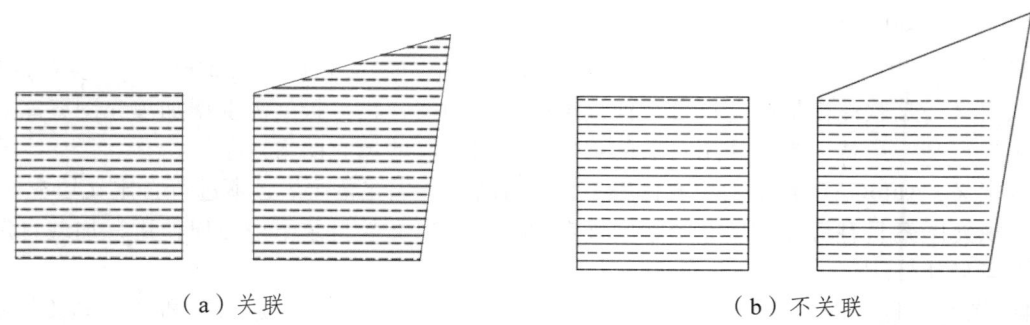

（a）关联　　　　　　　　　　　　　　（b）不关联

图 4.35

■ **允许间隙**：设定将对象用作图案填充边界时可以忽略的最大间隙。默认值为 0，此值指定对象必须封闭区域而没有间隙；输入一个值（0 到 5 000），以设定将对象用作图案填充边界时可以忽略的最大间隙，如图 4.36（a）所示；任何小于等于指定值的间隙都将被忽略，并将边界视为封闭，如图 4.36（b）所示。图形没有闭合，软件提示找不到填充边界，可通过设置"允许间隙"来完成图形的图案填充，如图 4.36（c）所示。

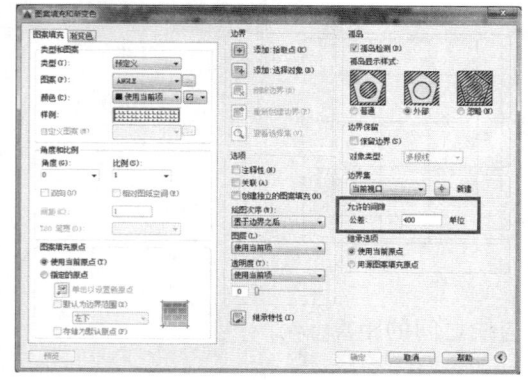
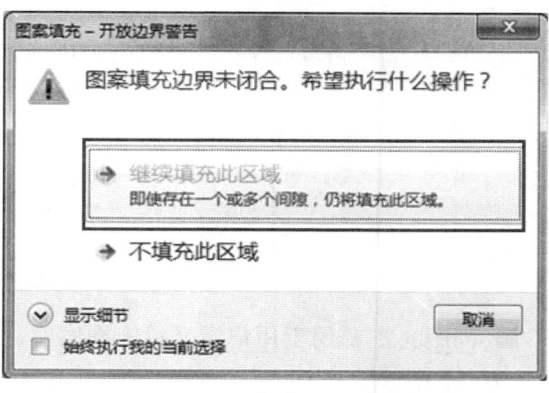

（a）　　　　　　　　　　　　　　　　（b）

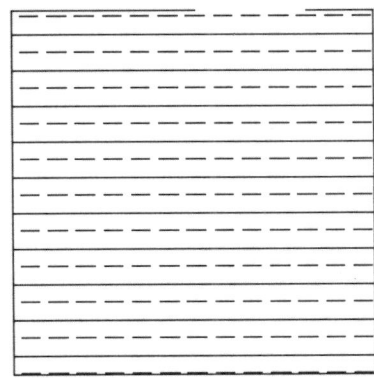

(c)

图 4.36

（4）渐变色。

- 单色：指定填充是使用一种颜色，或是滑动明、暗滚动条，进行单色渐变。单色渐变是指定颜色与白色、黑色的混合。
- 渐变色：指定在两种颜色之间平滑过渡的双色渐变填充。渐变填充可显示为明（一种与白色混合的颜色）、暗（一种与黑色混合的颜色）或两种颜色之间的平滑过渡。
- 居中：指定对称渐变色配置。如果没有选定此选项，渐变填充将朝左上方变化，创建光源在对象左边的图案。
- 角度：指定渐变填充的角度。相对当前 UCS 指定角度，此选项与指定给图案填充的角度互不影响。

4.6.3 编辑填充图案

执行方式：

- 命令输入：HATCHEDIT。
- 右键点击编辑填充图案。

操作方式：

- 输入 HATCHEDIT 命令，按空格键确认命令。
- 选取需要编辑的填充对象。
- 更改参数，单击确定完成操作。

注：调出"编辑填充图案"，如图 4.37 所示。

- 输入 CUI 命令。
- 在"双击动作"中找到"填充图案"，选择"快捷特性"。
- 在右边特性选项中，将宏改为 ^C^C_hatchedit。

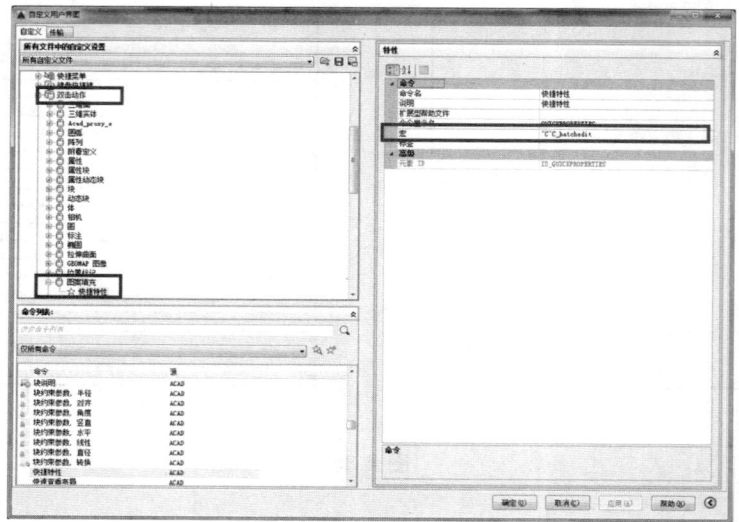

图 4.37

4.6.4 加载图案

操作方式：
- 在网上下载 AutoCAD 填充图案图例并解压。
- 找到 AutoCAD 软件的安装位置。
- 在 AutoCAD 软件安装文件夹中，找到 Support 文件夹，如图 4.38 所示。
- 将解压好的填充图案图例复制到 Support 文件夹中。
- 完成后可直接点击"自定义"，便可找到外部填充图案，如图 4.39 所示。

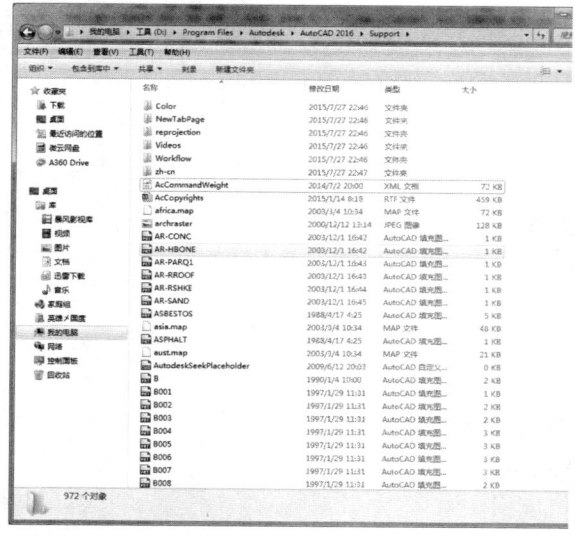

图 4.38

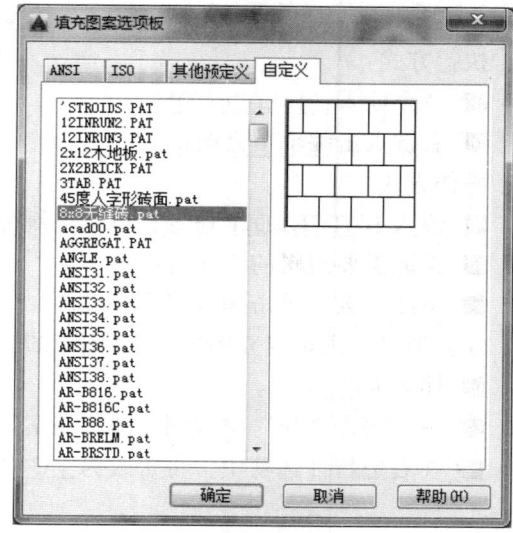

图 4.39

4.6.5 实例——地面拼花

操作步骤:
(1)地面拼花轮廓。
- 输入 REC 命令,绘制尺寸为 2700,2700 的外形轮廓。
- 输入 O 命令,将外形轮廓向内偏移 450,如图 4.40(a)所示。
- 输入 C 命令,以内部矩形的 4 个角点为圆心,绘制 4 个半径为 900 的圆。
- 输入 TR 命令,修剪不需要的圆弧,如图 4.40(b)所示。
- 输入 REC 命令,绘制尺寸为 300,300 的内部矩形,如图 4.40(c)所示。

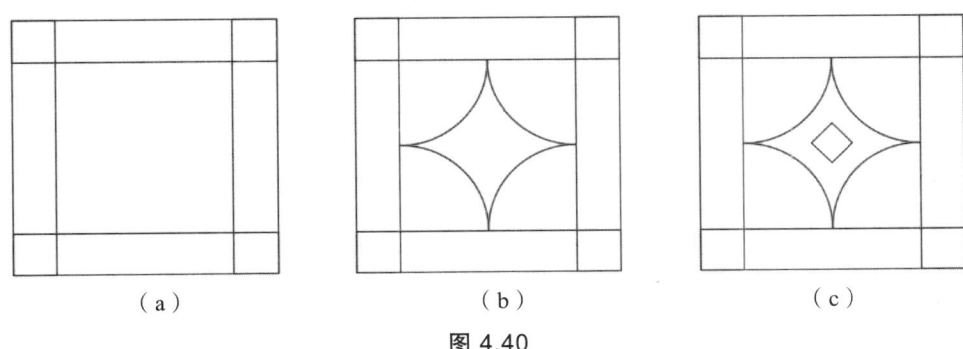

图 4.40

(2)材质填充。
- 输入 H 命令,找到相应的材质进行填充,如图 4.41 所示。

注:若电脑中没有相应的材质,可上网下载图案填充安装包,依据 4.6.4 节的讲解,加载外部图案。

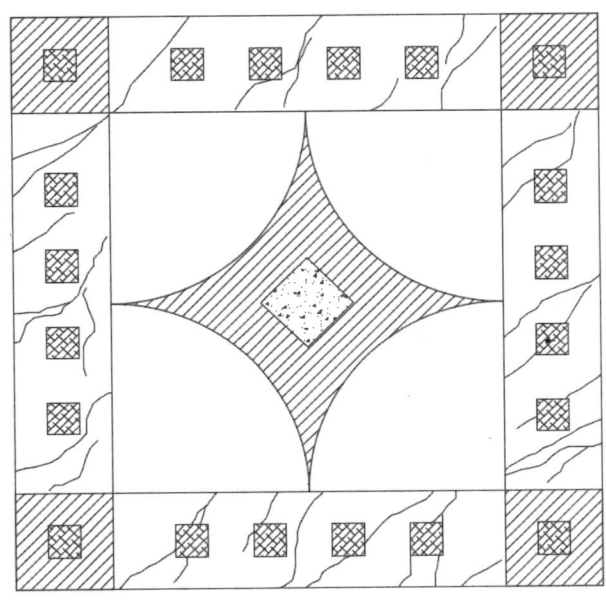

图 4.41

4.7 图　块

图块是将多个实体组合成一个整体，并给这个整体命名保存，在以后的图形编辑中图块就被视为一个实体。一个图块包括可见的实体如线、圆、圆弧，以及可见或不可见的属性数据。图块的运用可以帮助用户更好地组织工作，快速创建与修改图形，减少图形文件的大小。

如需重复使用同一图形，可先做成块，然后在指定点插入块，不必重复绘图。另外，同一个块重复使用，只要改变块的属性，图形中的所有这个块都跟着修改，方便批量操作。同时，一个块中可以包含另外一个或几个块。

4.7.1 内部图块定义

内部图块只能在定义图块的图形中调用，而不能跨文件或图形调用，但可以采用复制的方法复制过去，如图 4.42 所示。

执行方式：
- 菜单栏中"绘图"→"块"→"创建"。
- 绘图工具栏→ 。
- 命令输入：<u>BLOCK</u> 或 <u>B</u>。

操作方式：
- 输入 <u>B</u> 命令，按空格键确认命令。
- 创建图块名称。
- 指定图块基点。
- 单击"拾取点"按钮，指定图块的基点。
- 选择图形对象。
- 按确定，完成图块定义操作。

主要选项：
- <u>名称</u>：是引用图块的依据，犹如"身份证"。
- <u>基点</u>：基点是图块插入点，是图块定义的唯一参照。默认情况下，世界坐标（WCS）原点（0，0）是图块插入图形文件的基点，使用中，单击"拾取点"按钮，可根据需要指定不同的基点。
- <u>对象</u>：组成块的图形文件。
- <u>选择对象</u>：选取作为图块的对象文件。
- <u>保留</u>：定义图块后，原文件不转换成块，保留其原有属性。
- <u>转换成块</u>：定义图块后，将原文件转换成块。
- <u>删除</u>：定义图块后，将原文件删除。
- <u>块单位</u>：默认情况下，公制绘制为 mm。
- <u>按统一比例缩放</u>：表示缩放时，等比例缩放。

- <u>允许分解</u>：若不勾选此项，创建的图块不能分解。
- <u>说明</u>：对图块作说明的文字。

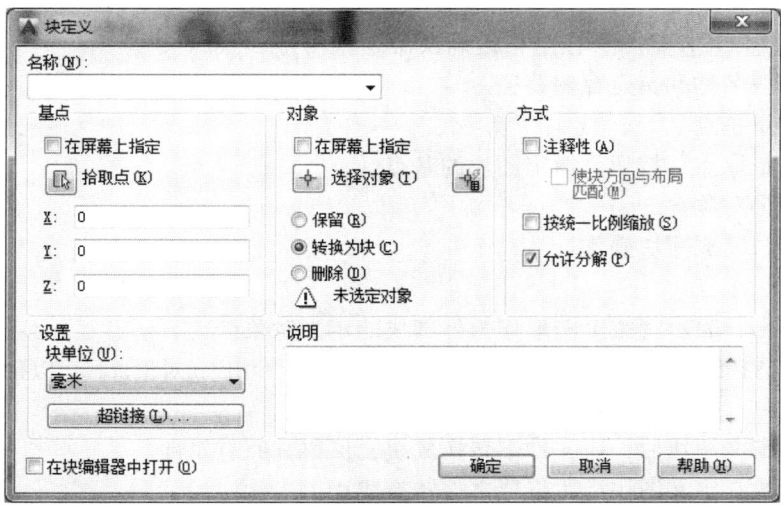

图 4.42

4.7.2 外部图块定义

外部图块即写块，该命令是将图形文件中的整个图形、内部块或某些图形实体写入一个新的图形文件，其他图形文件均可以将它作为块调用，如图 4.43 所示。

图 4.43

执行方式：
- 命令输入：<u>WBLOCK</u>。

操作方式：
- 输入 WBLOCK 命令，按空格键确认命令。
- 创建图块名称和指定存储路径。
- 指定图块基点。
- 单击"拾取点"按钮，指定图块的基点。
- 选择图形对象。
- 按确定，完成写块操作。

主要选项：
- <u>整个图形</u>：表示将整个图形作为外部块的定义对象。
- <u>对象</u>：选择组成外部块的图形文件。与"整个图形"相比，对象选择可以是选择部分对象。
- <u>选择对象</u>：选取作为图块的对象文件。
- <u>保留</u>：定义图块后，原文件不转换成块，保留其原有属性。
- <u>转换成块</u>：定义图块后，将原文件转换成块。
- <u>删除</u>：定义图块后，将原文件删除。
- <u>文件名和路径</u>：表示外部块的名称和存储路径。

4.7.3 图块的插入（图 4.44）

执行方式：
- 菜单栏"插入"→"块"。
- 绘图工具栏→ 。
- 命令输入：<u>INSERT</u> 或 <u>I</u>。

操作方式：
- 输入 I 命令，按空格键确认命令。
- 出现插入块对话框后，输入对应的块名称，插入点勾选"在屏幕上指定"。
- 单击确定，在屏幕上选择要插入点，完成操作。

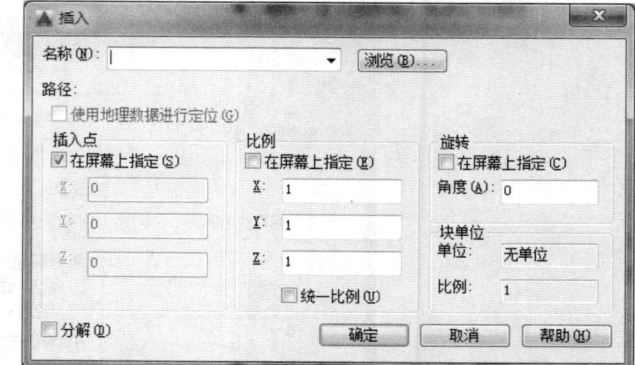

图 4.44

主要选项：
- <u>名称</u>：插入块的名称。"浏览"按钮可选择外部块。
- <u>插入点</u>：勾选"在屏幕上指定"，可在屏幕上指定插入点，也可通过 X、Y、Z 的坐标值来确定插入点。
- <u>比例</u>：勾选"在屏幕上指定"，可在屏幕上指定插入块的比例，也可设定 X、Y、Z 轴的比例。
- <u>旋转</u>：勾选"在屏幕上指定"，可在屏幕上指定插入块的旋转角度，也可直接在"角度"选项中输入值。

4.7.4 图块的分解

执行方式：
- 命令：EXPLODE 或 X。

操作方式：
- 输入 X 命令，按空格键确认命令。
- 选要分解的对象。

注意：
- 分解后的对象，回到原始的特性设置，图形尺寸不变，图形文件中的所有图形都会被分解，包括文字。
- 如果是嵌套的块，则只是分解第一层的块，第二层、第三层的块若需要回到原始特性，则需要继续分解。
- 分解后的块，属性值也跟随丢失。

实训 4

（1）利用编辑类命令，结合绘图类命令绘制如图 4.45 所示的客厅、餐厅家具平面图。

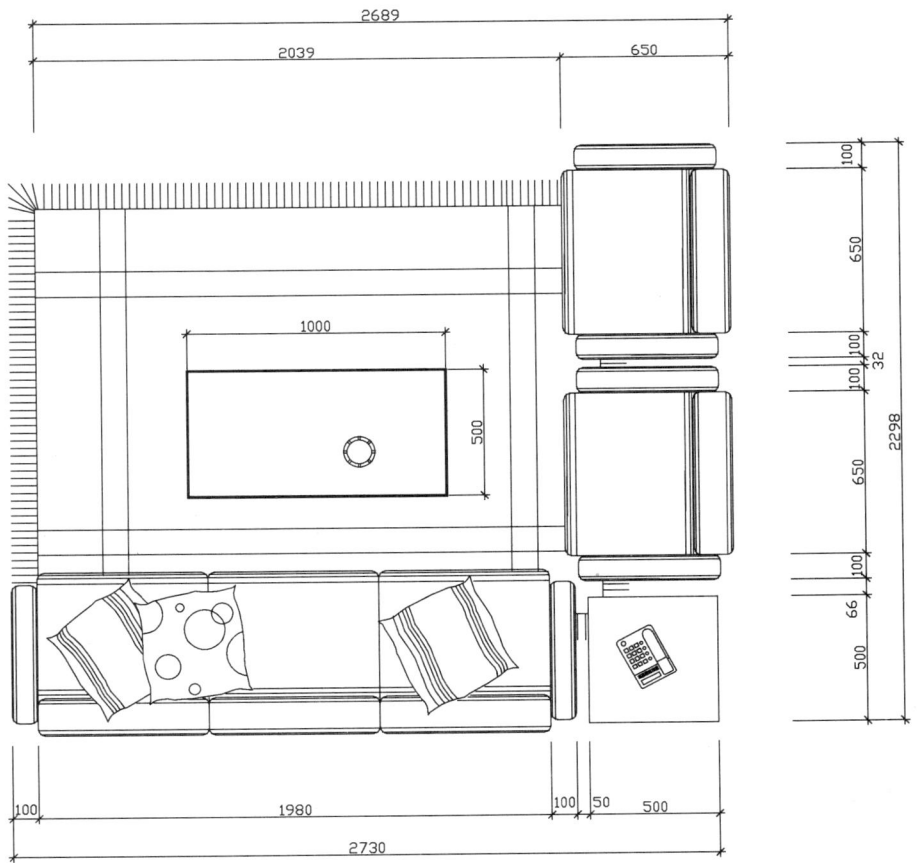

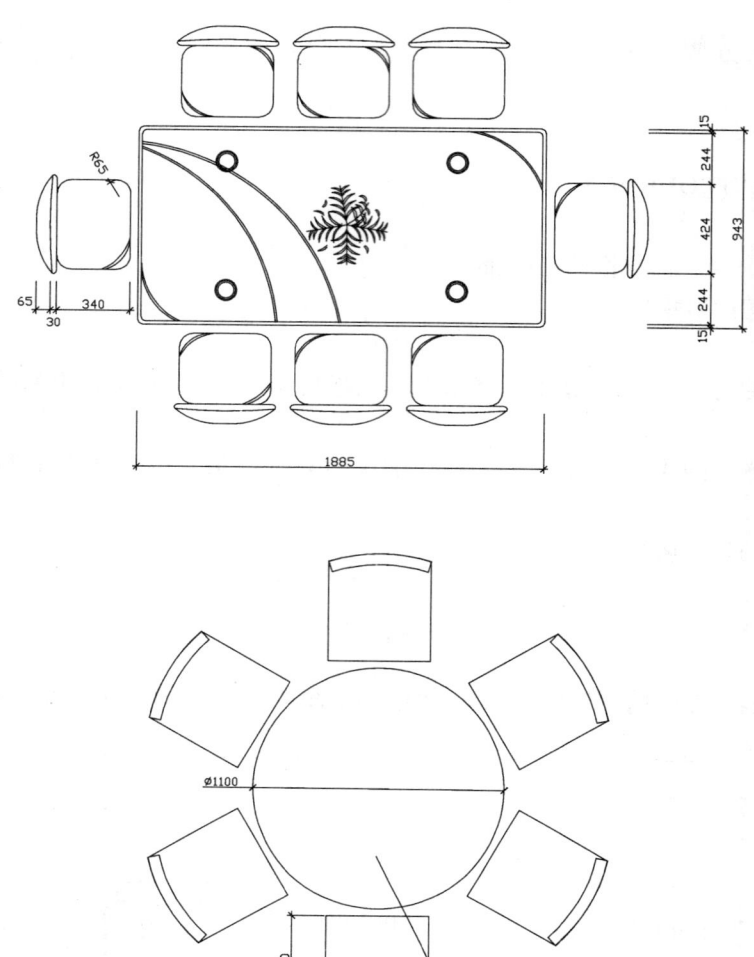

图 4.45　客厅、餐厅家具平面图

（2）利用编辑类命令，结合绘图类命令绘制如图 4.46 所示的客厅、餐厅家具立面图。

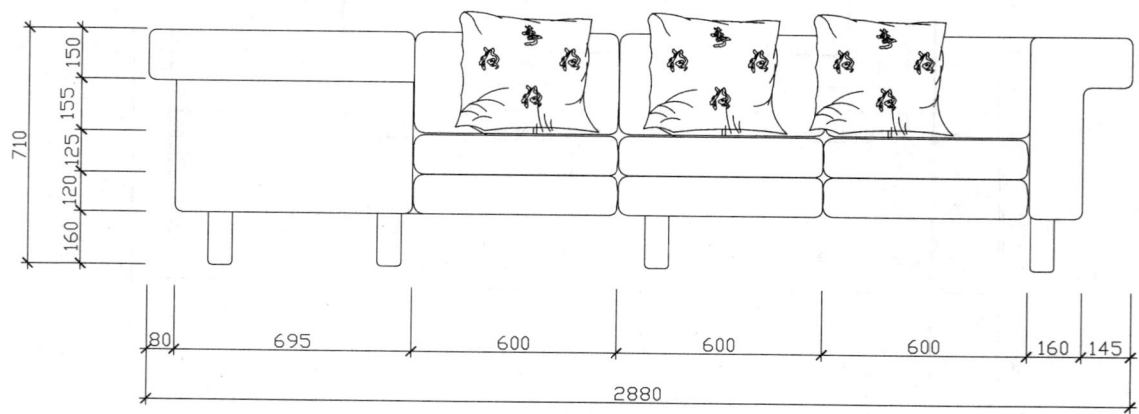

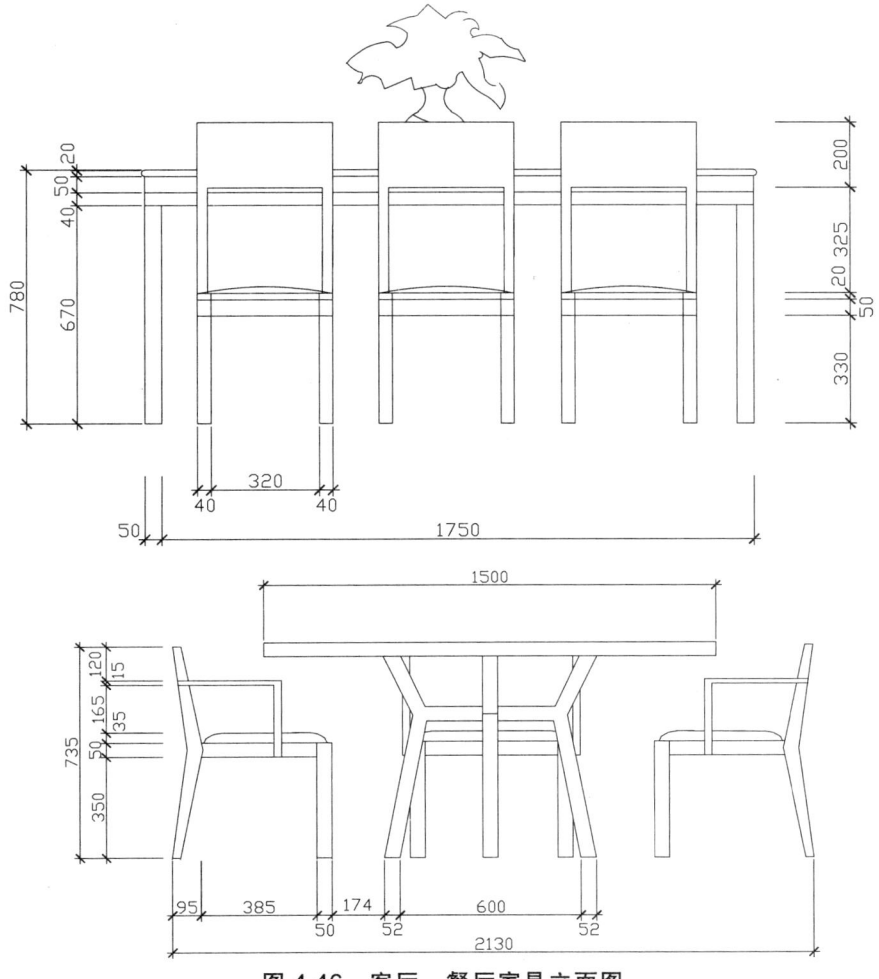

图 4.46 客厅、餐厅家具立面图

（3）利用编辑类命令，结合绘图类命令绘制如图 4.47 所示的卧室家具平、立面图。

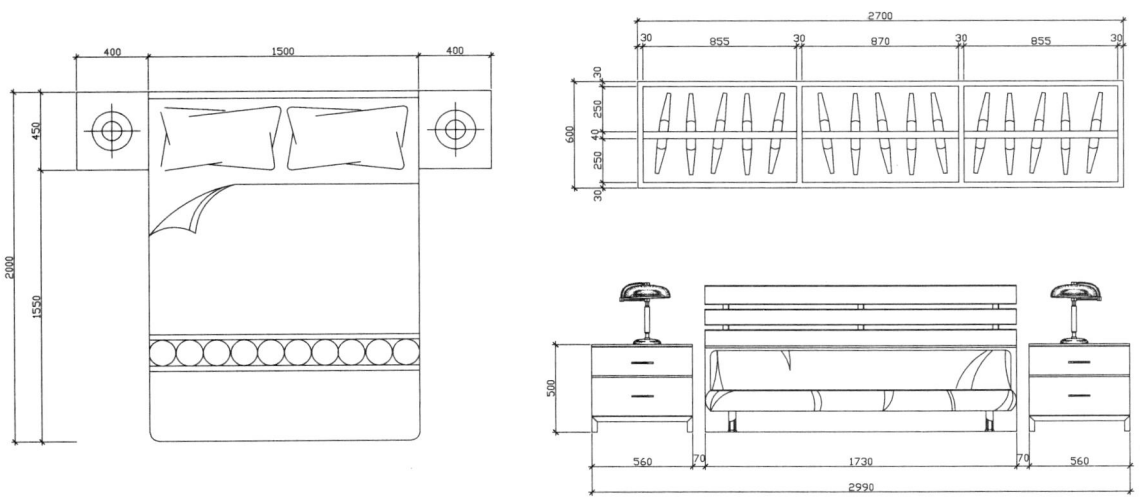

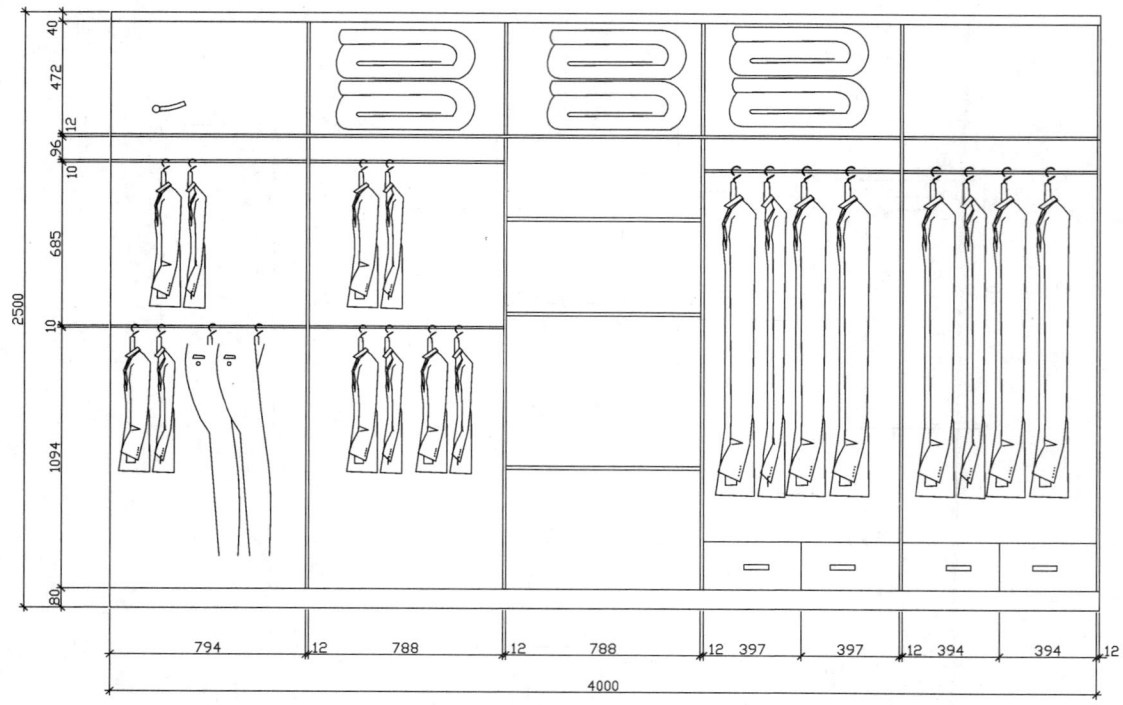

图 4.47 卧室家具平、立面图

（4）利用编辑类命令，结合绘图类命令绘制如图 4.48 所示的家电平、立面图。

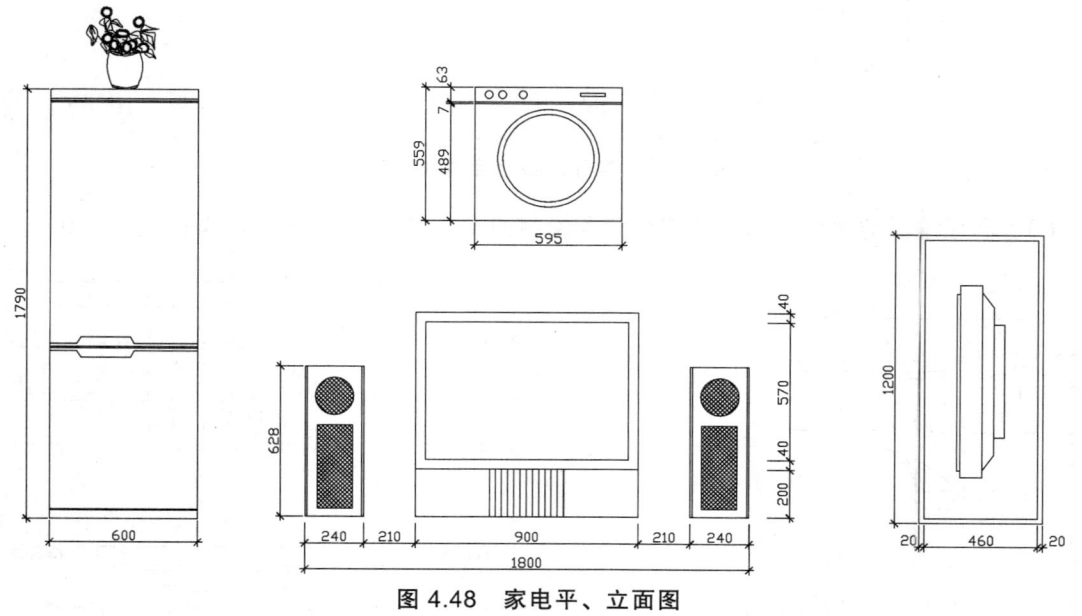

图 4.48 家电平、立面图

（5）利用编辑类命令，结合绘图类命令绘制如图 4.49 所示的厨卫平、立面图。

任务 4　编辑类命令 | 117

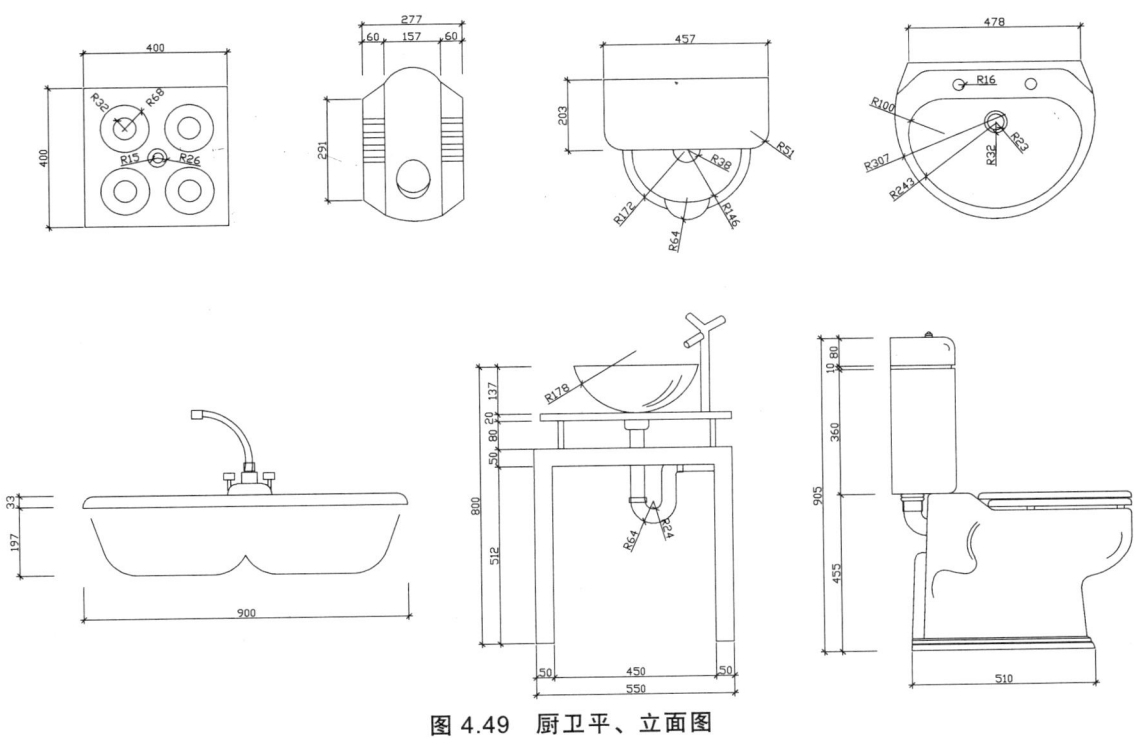

图 4.49　厨卫平、立面图

（6）利用编辑类命令，结合绘图类命令绘制如图 4.50 所示的门窗、隔断立面图。

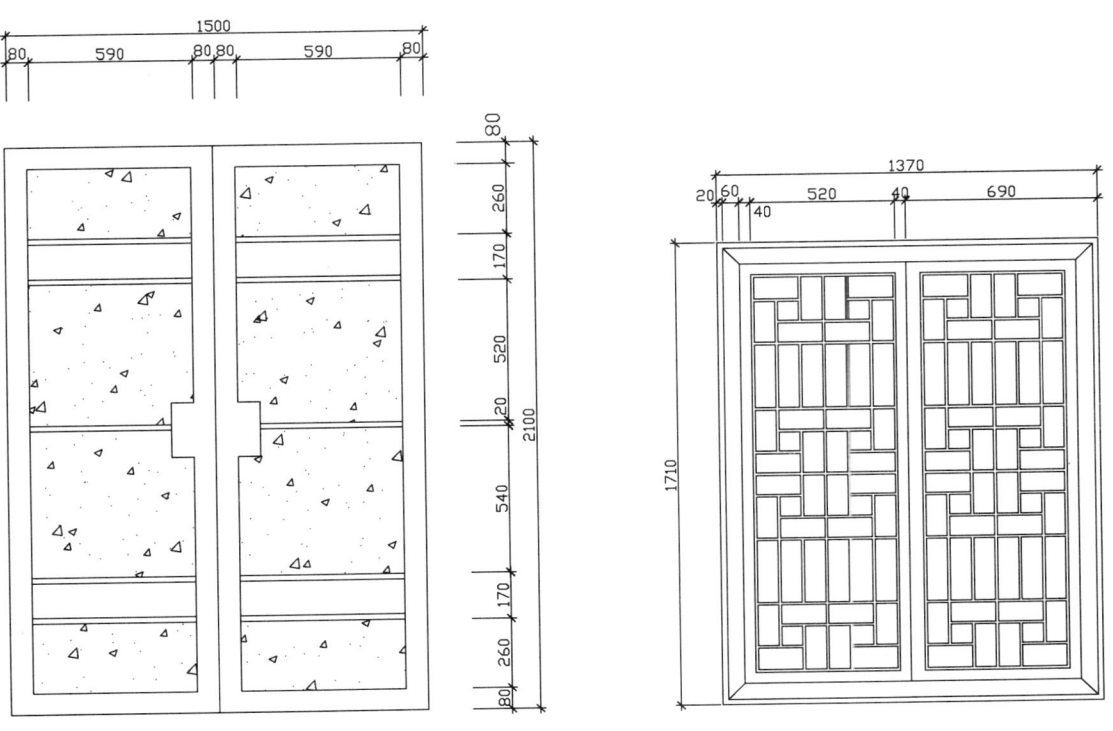

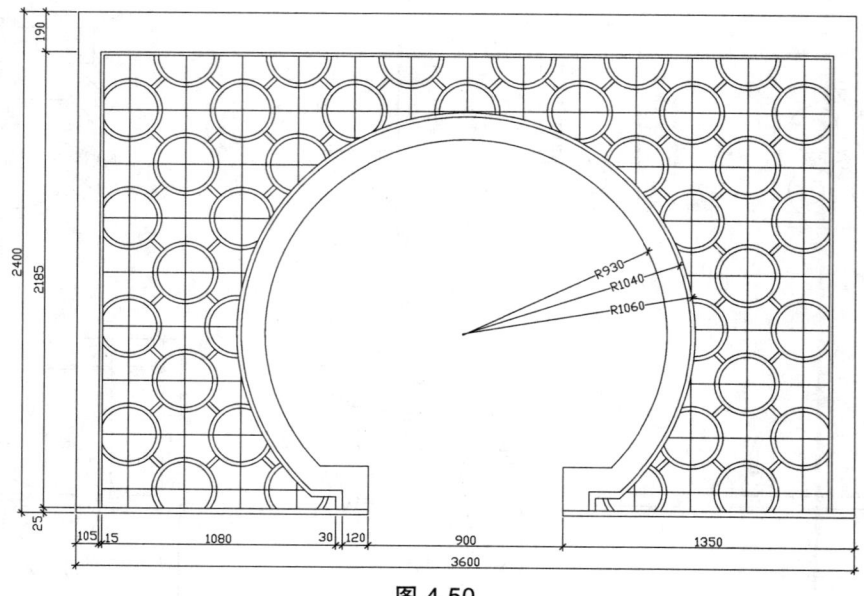

图 4.50

任务 5　文本标注、尺寸标注与表格

任务要点：文字是工程图样中不可缺少的一部分。为了完整地表达设计思想，除了正确地用图形表达物体的形状、结构外，还要在图样中标注尺寸、注写技术要求、填写标题栏等，这些内容都要注写文字或数字。AutoCAD 2016 提供了很强的文字处理功能，支持 TureType 字体传统和扩展的字符格式等；同时，AutoCAD 2016 中文版还提供了符合国家标准的汉字和西文字体，使工程图样中的文字清晰、美观，增强了图形的可读性。本章着重介绍文字的标注、编辑方法、尺寸标注及标注编辑命令。

5.1　文本标注

文本标注有单行文字标注、多行文字标注、文字样式等。本书后面章节涉及的平面图、立面图、剖面图、大样图等都需要文本标注，所以文本标注也是重点。

5.1.1　文字样式

在图形中书写文字时，首先要确定采用的字体文件、字符的高宽比及放置方式。这些参数的组合称为文字样式。缺省的文字样式名为 STANDARD，用户可以建立多个文字样式，但只能选择其中一个为当前样式（汉字和西文字符，应分别建立文字样式和字体），且样式名与字体要一一对应。把字体分类做成"形文件"保存起来，称为字库。字库中的"形文件"越多，字体就越丰富，在文字标注的时候就越方便，也更加灵活。

在 AutoCAD 2016 中文版中，图形上可以标注各式各样的字和符号。但是，一种文字样式下只能是一种字体，如果在同一文字样式下要改变某些字，则在这个样式下所有的字都要改变。

执行方式：
- 菜单栏中"格式"→"文字样式"< 文字样式(S)... >。
- 命令输入：STYLE 或 ST。

主要选项：

AutoCAD 弹出"文字样式"对话框（图 5.1），利用该对话框可定义文字字体样式。对话框主要项的内容如下：

■ 样式名：建立新样式名，为已有的样式更名或删除样式，AutoCAD 默认样式名为 STANDARD。

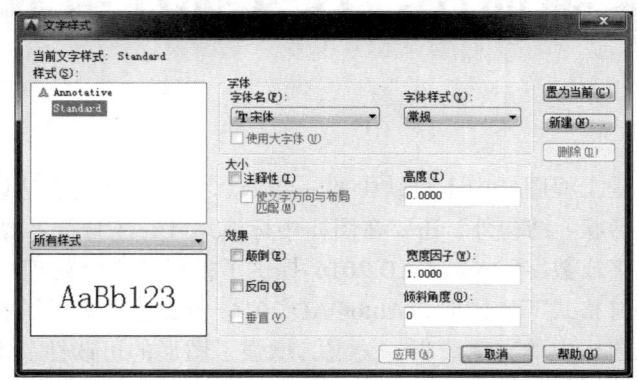

图 5.1

■ 新建：增加新的字体样式。单击"新建"按钮，用户可通过"样式名"文本框输入新的字体样式名，如：尺寸，如图 5.2 所示。

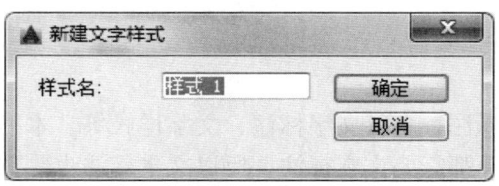

图 5.2

■ 重命名：对已有的字体样式更名。从"样式名"列表中右击要更名的字体样式，单击"重命名"进行更名，如图 5.3 所示。

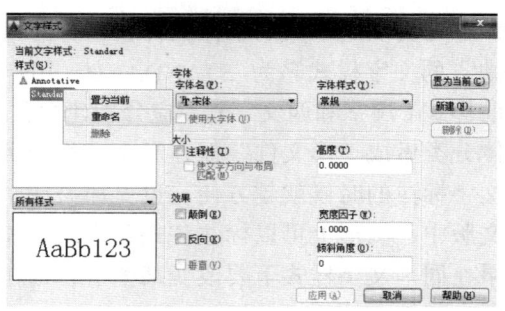

图 5.3

■ 删除：从"样式名"列表中右击要删除的字体样式，选择"删除"即可。如果该字型正在使用，那么将不能被删除。

■ 字体及大小：选择字体文件。用户可通过"字体名"下拉列表选择所需要的字体文件名（图 5.4），还可通过"高度"文本框确定文字的高度。

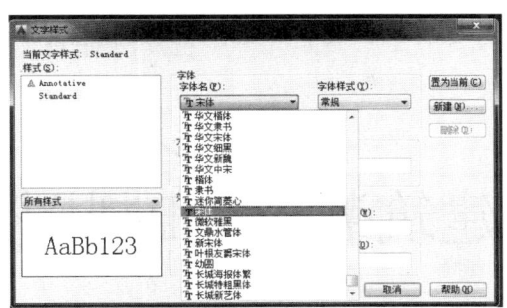

图 5.4

■ 效果：确定字符的特征。"颠倒"确定是否将文字倒置标注；"反向"确定是否将文字以镜像方式标注；"垂直"用来确定文字是水平标注还是垂直标注；"宽度因子"用来设置字的宽度比例；"倾斜角度"用来确定字的倾斜角度，如图 5.5 所示。

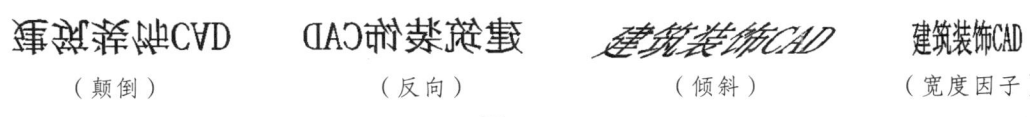

图 5.5

■ 预览：预览所选择或确定的字体样式的形式。用户可在编辑框中输入要预览的字符，输入的字符会按当前所确定或选择的字体样式显示在"预览"下面的矩形框中。

■ 应用：确认用户对字体样式的设置。

提示：在设置字体样式时，如果"勾选"使用大字体，在选择字体名时就没有中文字体。如果设定了高度，则使用本字体样式时，字体将是固定大小。

5.1.2 单行文字标注命令

单行文字可创建一行或多行文字，其中，每行文字都是独立的对象，可对其进行重定位、调整格式或进行其他修改。

执行方式：

■ 菜单栏中"绘图"→文字→单行文字<A 单行文字(S)>。

■ 命令输入：TEXT 或 DTEXT（DT）。

操作方式：

■ 输入单行文字命令 DT。

■ 指定文字的起点或选择对正/样式选项。

■ 指定文字的高度。

■ 指定文字的旋转角度。

■ 输入文字，完成操作。

主要选项：

■ 指定文字的起点：指定文字的起点。

■ 对正（J）：控制文字的对正方式，对正形式类型如图 5.6 所示。

- 样式（S）：指定文字的样式，其中，文字样式控制着文字的外观。

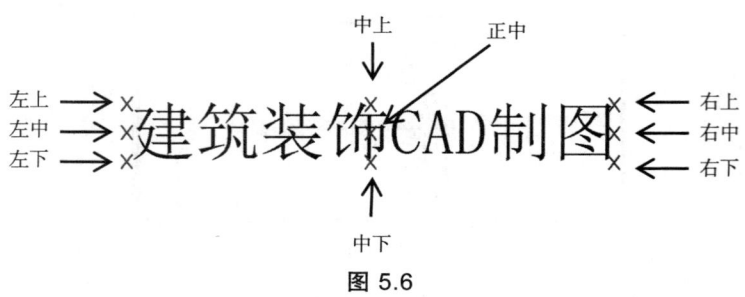

图 5.6

5.1.3 多行文字标注

执行方式：
- 菜单栏中"绘图"→文字→多行文字<A 多行文字(M)..>。
- 绘图工具栏→A。
- 命令输入：MTEXT（T/MT）。

操作方式：
- 输入单行文字命令 T。
- 指定文字的起点或选择高度（H）/对正（J）/行距（L）/旋转（R）/样式（S）/宽度（W）/栏（C）选项，显示图 5.7 所示的对话框。

输入文字，完成操作，如图 5.8 所示。

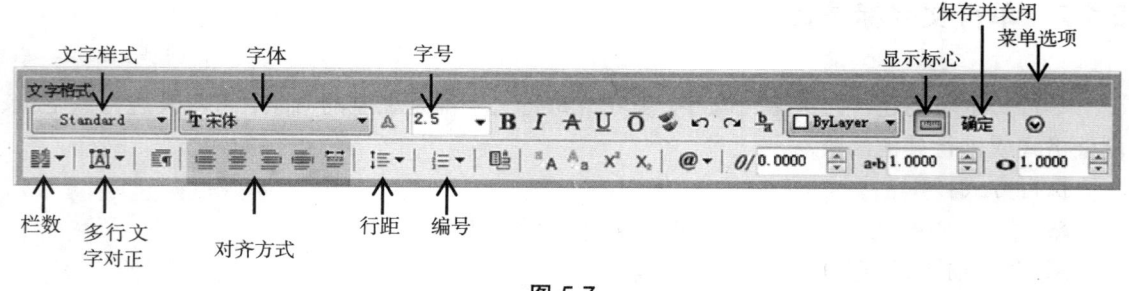

图 5.7

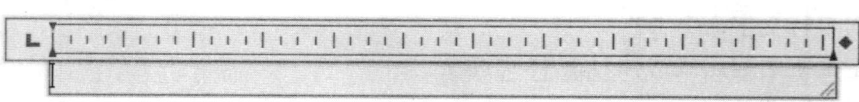

图 5.8

主要选项：
- 高度（H）：指定多行文字的高度。
- 对正（J）：指定多行文字段落的对齐方式。
- 行距（L）：指定两行文字之间的垂直距离。

- 旋转（R）：文字边界的旋转角度。
- 样式（S）：用于多行文字的文字样式。
- 宽度（W）：指定文本的宽度。
- 栏（C）：指定多行文字的列选项。

注意：单击定点设备以指定后接对角的一个角点时，将显示一个矩形，用以显示多行文字对象的位置和尺寸。矩形内的箭头指示段落文字的走向。

思考：单行文字和多行文字有什么区别。

5.1.4 实例（图5.9）——多行文字的输入

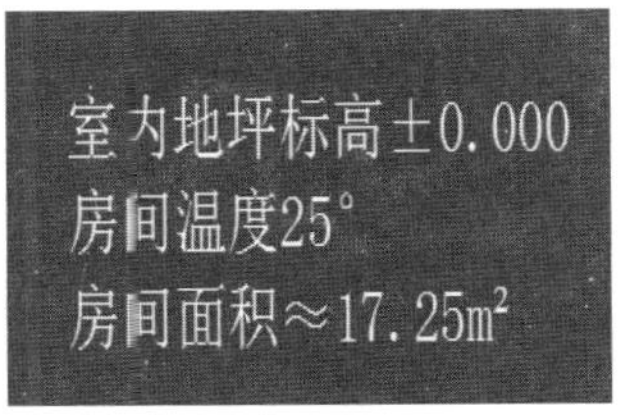

- 命令行输入命令 MT。
- 指定第一角点：
- 指定对角点或 [高度（H）/对正（J）/行距（L）/旋转（R）/样式（S）/宽度（W）/栏（C）]：
- 输入"室内地坪标高±0.000、室内温度25°、房间面积≈17.25 m^2"符号输入提示，见图5.10。

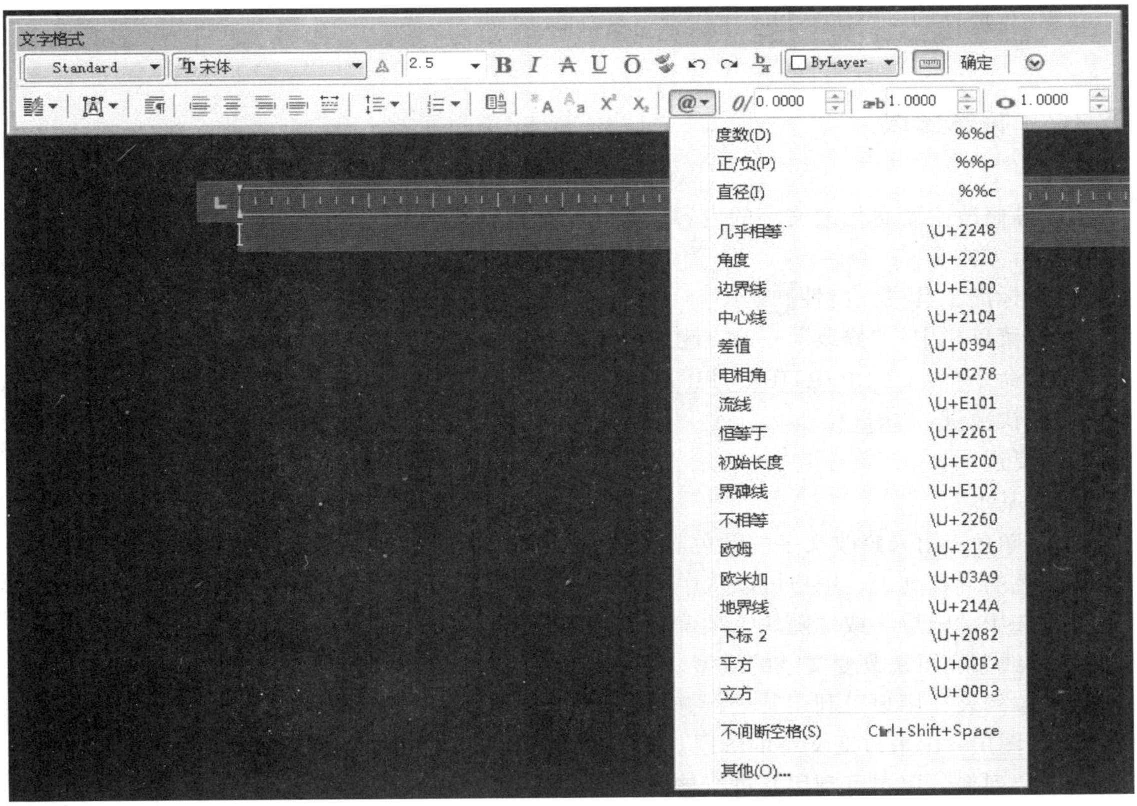

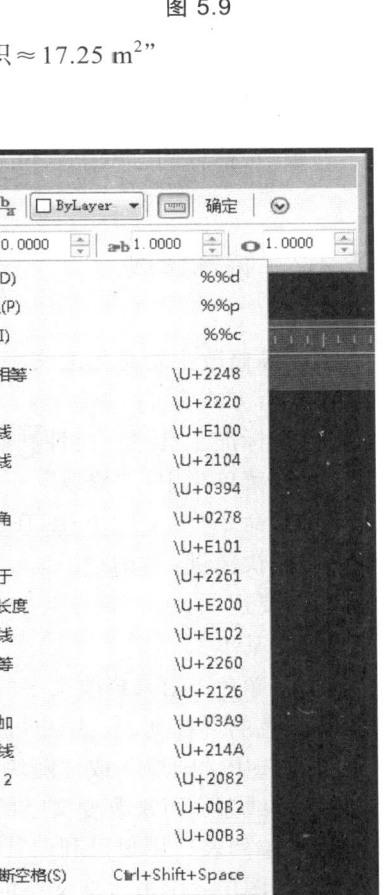

图 5.9

图 5.10

5.2 文本编辑

当文本标注有误或需要修改时，就要对标注的文本进行编辑。编辑包括对文字本身的修改和参数的修改。

5.2.1 编辑文字

执行方式：
- 菜单栏中"修改"→对象→文字→编辑< 编辑(E)...>。
- 命令行：DDEDIT 或 DDED。

提示：如果修改的对象是"多行文字"和"单行文字"时，除以上方法外，还可以通过在绘图区双击对象进行修改。如果修改的对象是标注中的文本，就用上述两种方法。

操作方式：
- 输入编辑文字命令：DDEDIT。
- 选择注释对象或 [放弃（U）]：鼠标拾取。
- 在拾取的方框中编辑文字内容。

5.2.2 特殊修改

特殊修改主要是修改文字的内容以及文字标注方式的各种参数，如图 5.11 所示。

执行方式：
- 标准工具栏：特性。
- 菜单栏中："修改"——特性 特性(P)。
- 命令行：PROPERTIES（PR）或 DDMODIFY（DDM）。
- 快捷键：Ctrl+1。

主要选项：
- 基本：

① 颜色：用来修改文字的颜色。点取该按钮，AutoCAD 弹出用于设置颜色的下拉列表，用户可以从中选取某一种颜色作为文字的颜色，也可以选用"随层"或"随块"项确定文字的颜色。

② 线型：用来改变文字的线型。点取该按钮，AutoCAD 弹出设置线型下拉列表，用户可利用其进行修改。

③ 图层：用来改变文字的图层。点取该按钮，AutoCAD 弹出设置图层下拉列表，用户可利用其进行修改。

- 文字：

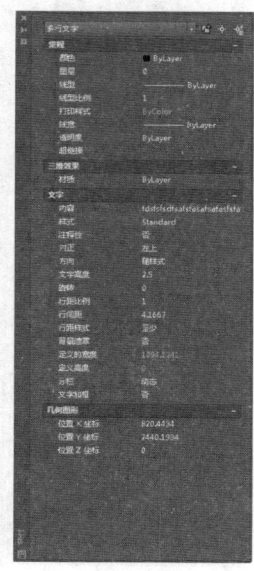

图 5.11

① 内容：文本框内显示当前所修改的文字内容。用户可利用该文本框对文字的内容作修改。

② 样式：改变文字的字体样式。点取"样式"右边的小箭头，会弹出样式名下拉列表，显示当前已有字体样式的名字，用户可从中选取某字体样式作为所修改文字的字体样式。

③ 对正：改变文字的排列形式。点取"对正"右边的小箭头，弹出对正下拉列表，显示用户可以使用的各种排列方式，用户可从中点取一项作为文字的新排列方式。

④ 高度：通过文本框来改变文字的高度。

⑤ 旋转：通过文本框改变文字行的旋转角度。

⑥ 宽度比例：通过文本框修改文字的宽度因子。

⑦ 倾斜：通过文本框修改文字的倾斜角度。

5.3 尺寸标注

尺寸标注是绘图设计中的一项重要内容，因为图形的主要作用是表达物体的形状，而物体各部分的真实大小和它们之间的确切位置只能通过标注尺寸才能表达出来。因此，没有正确的尺寸标注，所绘出的图纸也就没有什么意义。

5.3.1 尺寸的组成

一个完整的尺寸由尺寸线、尺寸界线、尺寸起止符、尺寸文字 4 部分组成，如图 5.12 所示。通常，AutoCAD 将构成一个尺寸的尺寸线、尺寸界线、尺寸起止符和尺寸文字以块的形式存放在图形文件内，可以认为一个尺寸是一个对象。下面介绍组成尺寸各部分的特点。

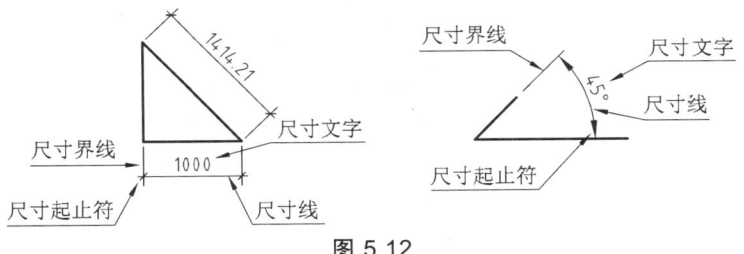

图 5.12

■ 尺寸线：尺寸线一般是一条带有双箭头的单线段或带单箭头的双线段，也可以是两端带有箭头的一条弧或带单箭头的双弧线。

■ 尺寸界线：为了标注清晰，通常通过尺寸界线将尺寸引至被注对象之外。有时也用物体的轮廓线或中心线代替尺寸界线。

- **尺寸起止符**：尺寸起止符用来标注尺寸线的两端，有时用短画线、箭头或其他标记代替尺寸起止符。
- **尺寸文字**：标注尺寸大小的文字。尺寸文字中可能只含基本尺寸，也可能带有尺寸公差，还可能是以极限尺寸作为尺寸文字，其中极限尺寸包括最大极限尺寸和最小极限尺寸。

如果尺寸线内标注不下尺寸文字，AutoCAD 会自动将其放到外部。

5.3.2 尺寸样式

尺寸标注样式是标注设置的命名集合，可用来控制标注的外观，如样式、文字位置和尺寸公差等。用户可以创建标注样式，以快速指定标注的格式，并确保标注符合行业或项目标准。创建标注时，标注将使用当前标注样式中的设置。如果要修改标注样式中的设置，则图形中的所有标注将自动使用更新后的样式。如果需要，用户可以创建与当前标注样式不同的指定标注类型的标准子样式，临时替代标注样式。

1. 新建标注样式

执行方式：
- 菜单栏中"标注"——标注样式<　标注样式(D)...>。
- 工具栏：标注——标注样式。
- 命令行：<u>DDIM</u> 或 <u>D</u>。

操作方式：
- 选择一种执法方式，打开<u>标注样式管理器</u>，如图 5.13 所示。

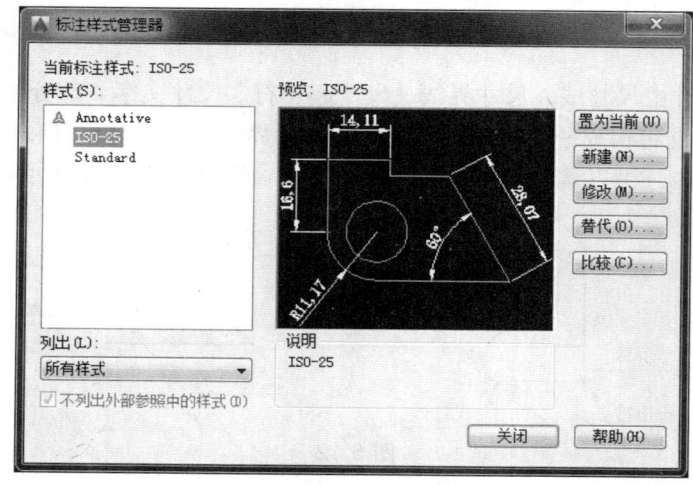

图 5.13

- 单击<u>新建</u>按钮，打开<u>创建新标注样式</u>对话框，如图 5.14 所示。
- 在<u>新样式名</u>内输入新样式的名称（如建筑标记），在<u>基础样式</u>文本框内选择样式名（如 ISO-25）。

■ 单击继续按钮，修改相关参数。

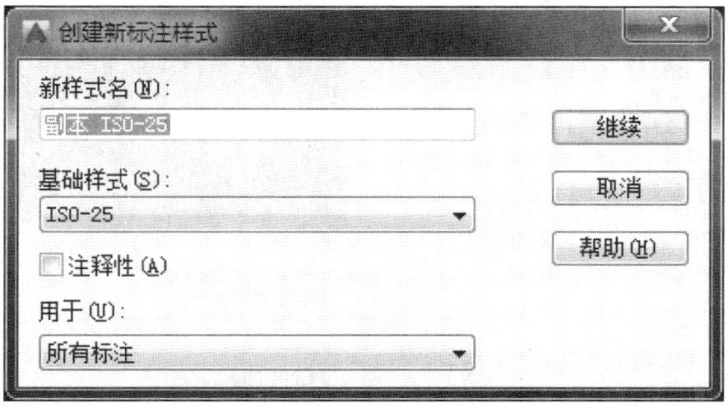

图 5.14

2. 标注样式主要选项

在尺寸标注样式中，用户完全可以根据相关规范控制尺寸标注的外观。标注样式管理器对话框中的选项卡，可对相关的各项特性进行设置。

线：在该选项组中，设置关于尺寸线的各种属性，如图 5.15 所示。

① 尺寸线：设置"颜色""线型""线宽"。

② 超出标记：表示可将尺寸箭头设置为短斜线、短波浪线等。当尺寸线上无箭头时，用来设置尺寸线超出尺寸界线的距离。

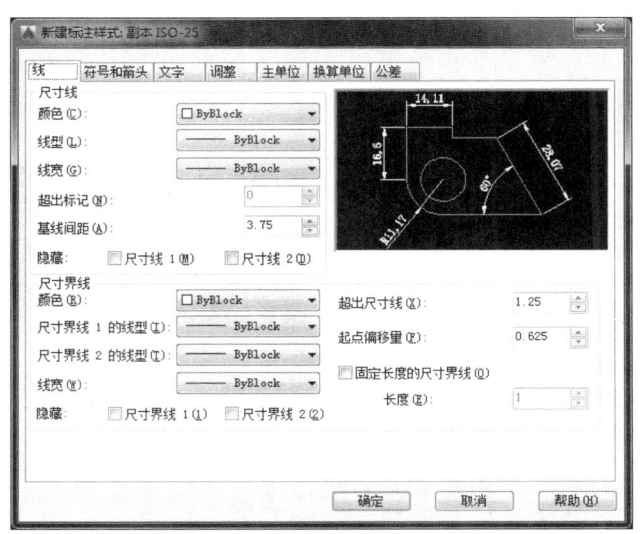

图 5.15

③ 基线间距：即基线标注中相邻两尺寸之间的距离。

④ 尺寸界线：选项组：可确定尺寸界线的形式，其中包括尺寸界线的"颜色""线宽""超出标记""其点偏移量"（即确定尺寸界线的实际起始点相对于指定尺寸界线起始点的偏移量）。"隐藏"特性右侧的 2 个复选框用于确定是否省略尺寸界线。

⑤ 符号与箭头（图 5.16）。

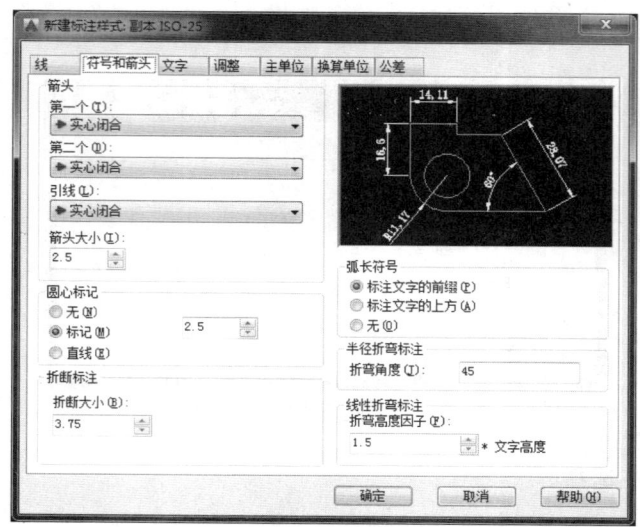

图 5.16

■ 箭头选项组：设置尺寸箭头的形式，包括"第一个"和"第二个"箭头的形式、"引线"的形式、"箭头的大小"。

■ 圆心标记选项组：设置圆心标记的形式。其中在"类型"下拉列表框中设置圆心标记的类型，包括"无""标记"和"直线"；在"大小"微调框中可设置圆心标记的尺寸。

■ 弧长符号选项组、"半径折弯标注"选项组和"线性折弯标注"选项组，不再赘述。

（3）文字（图 5.17）。

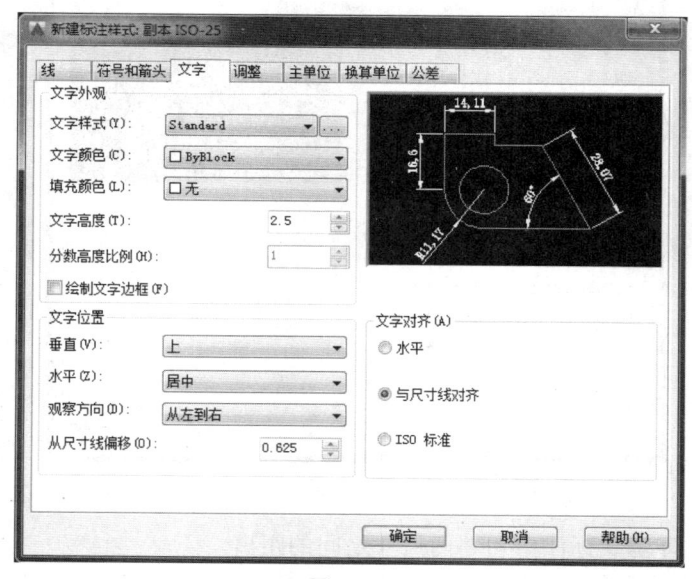

图 5.17

① 文字外观。

■ 文字样式下拉列表框中可选尺寸文字的样式。文字样式的选择，需要先建立文字样式，具体操作方法如下：

- 文字颜色下拉列表中，可设置尺寸文字的颜色。
- 文字高度调整框中，可设置尺寸文字的字高。
- 分数高度比例调整框中，可确定分数高度的比例。
- 选中或清除绘制文字边框复选框，可确定是否在尺寸文字周围加上边框。

新建文字样式

执行方式：
- 菜单栏中格式→文字样式→新建文字样式。
- 命令输入：STYLE 或 ST。

操作方式：
- 在命令行输入 ST 命令，弹出一个文字样式对话框，如图 5.18 所示。
- 新建文字样式名（如尺寸、门窗等），如图 5.19 所示。

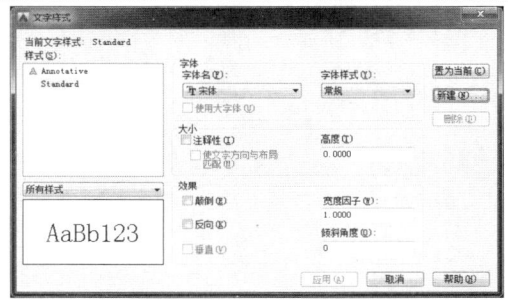

图 5.18

图 5.19

② 文字位置选项组。
- 垂直：确定尺寸文字的垂直位置，如图 5.20 所示。

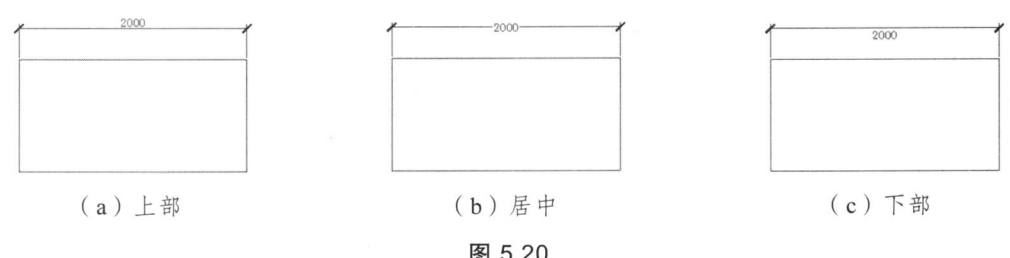

（a）上部　　　　　　（b）居中　　　　　　（c）下部

图 5.20

- 水平：确定尺寸文字的水平位置，如图 5.21 所示。

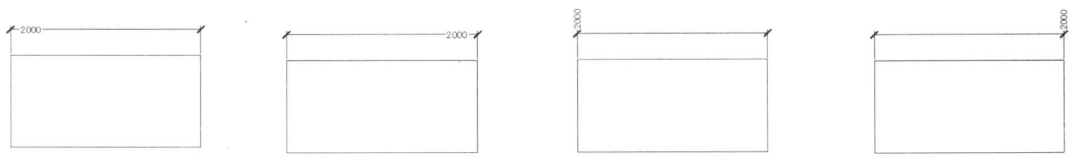

（a）第一条尺寸界线　（b）第二条尺寸界线　（c）第一条尺寸界线上方　（d）第二条尺寸界线上方

图 5.21

- 从尺寸线偏移：确定尺寸文字从尺寸线偏移的距离，如图 5.22 所示。

(a) 默认 　　　　　　　　　(b) 从尺寸线偏移

图 5.22

③ 文字对齐选项组。
■ 水平：表示尺寸文字始终沿水平方向放置，如图 5.23 所示。
■ 与尺寸线对齐：表示尺寸文字沿尺寸线的方向放置，如图 5.24 所示。
■ ISO 标准：表示尺寸文字的放置方向符合 ISO 标准，如图 5.25 所示。

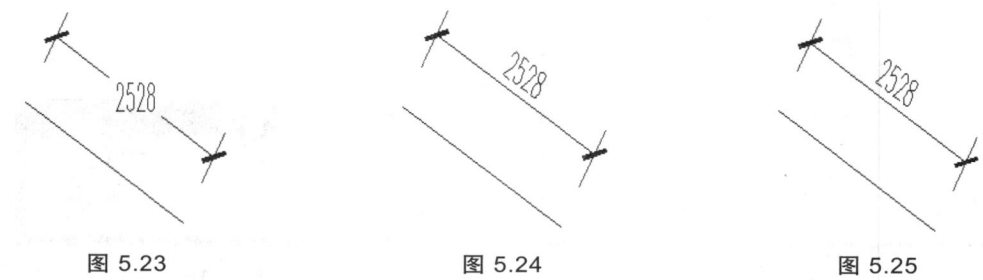

图 5.23　　　　　　　　图 5.24　　　　　　　　图 5.25

（4）调整：在"调整"选项卡中（图 5.26），可调整尺寸文字和尺寸箭头的位置。

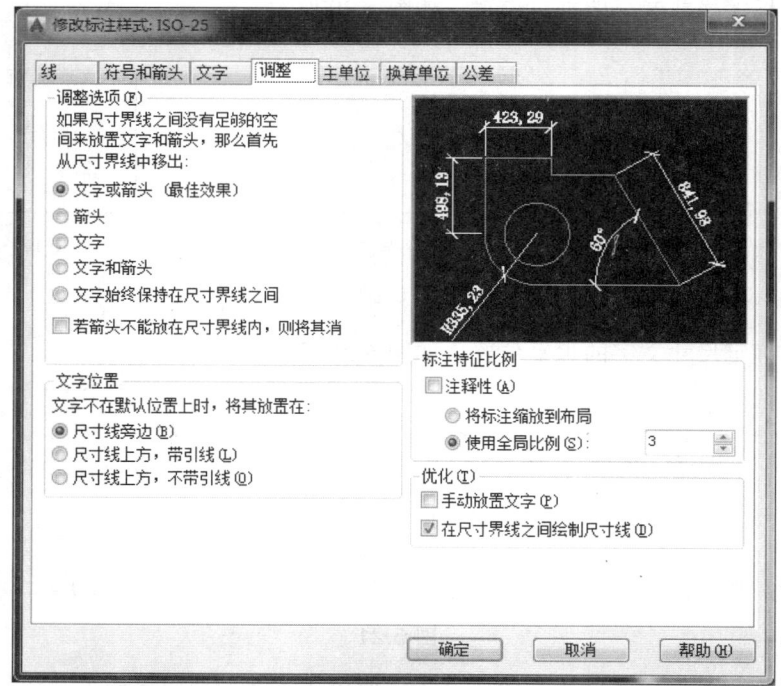

图 5.26

① 调整选项选项组：如果尺寸界线之间没有足够空间同时放置文字和箭头，那么首先从尺寸界线之间移出，包括："文字或箭头，取最佳效果"（图 5.27）、移出"箭头"、移出"文字"、移出"文字和箭头"、"文字始终保持在尺寸界线之间"（图 5.28）和"若不能放在尺寸界线内，则消除箭头"。

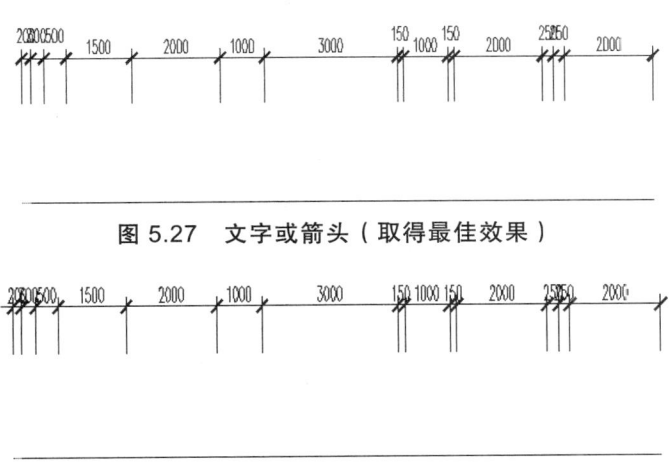

图 5.27　文字或箭头（取得最佳效果）

图 5.28　文字始终保持在尺寸界线之间

② 文字位置选项组。

■ 设置文字位置时如果文字位置选择在<u>尺寸线旁边</u>这个选项时，只要移动标准文字尺寸线就会随之移动（图 5.29）。

■ 如果文字位置选择<u>尺寸线上方</u>，那么移动文字时尺寸线不会移动；如果将文字从尺寸线上移开，将创建一条连接文字和尺寸线的引线，当文字非常靠近尺寸线时，将省略引线（图 5.30）。

■ 如果文字位置选择<u>加引线</u>或<u>尺寸线上方，不加引线</u>（图 5.31）。

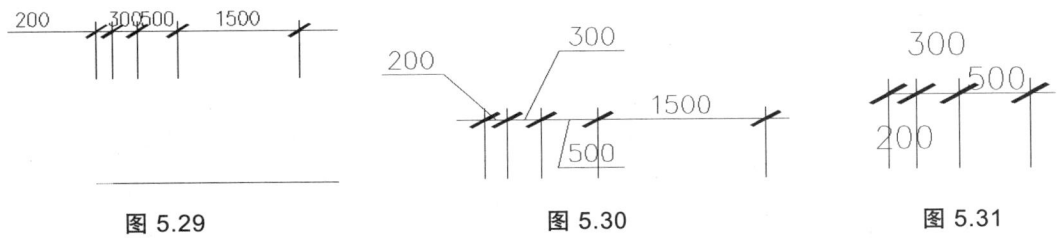

图 5.29　　　　　　　　图 5.30　　　　　　　　图 5.31

③ 标注特性比例选项组：设置<u>使用全局比例</u>、<u>将标注缩放到布局</u>。
④ 在优化选项组：设置<u>手动放置文字</u>和<u>在尺寸界线之间绘制尺寸线</u>。
（5）主单位。
① 线性标注选项组。
在<u>主单位</u>选项卡（图 5.32）的<u>线性标注</u>选项组中，可对线性标注主单位进行设置。
■ <u>单位格式</u>：用来确定计数格式。
■ <u>精度</u>：用来确定尺寸的精度，设置为 0。

- **分数格式**：用来设置分数表示形式。
- **小数分隔符**：用来设置小数的分隔符形式。
- **前缀**：用于为尺寸文字设置固定前缀。
- **后缀**：用于为尺寸标注设置固定后缀。

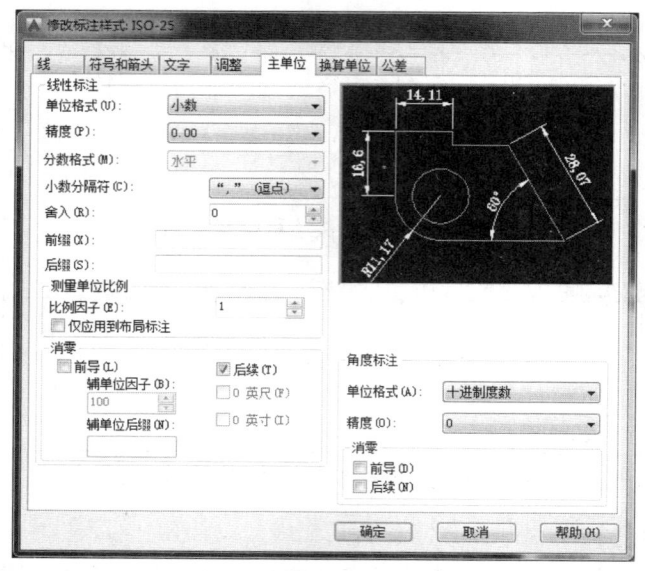

图 5.32

② <u>测量单位比例</u>选项组：可以对主单位的线性比例进行设置。
③ <u>消零</u>选项组：可确定是否省略尺寸标注中的"0"。
④ <u>角度标注</u>选项组：可设置角度标注的单位和精度。
（6）换算单位及公差。

在<u>换算单位</u>选项卡（图 5.33）中，可设置换算单位格式、精度、换算比例等选项；而在"公差"选项卡（图 5.34）中，可设置公差格式、公差对齐、换算单位公差选项。

图 5.33

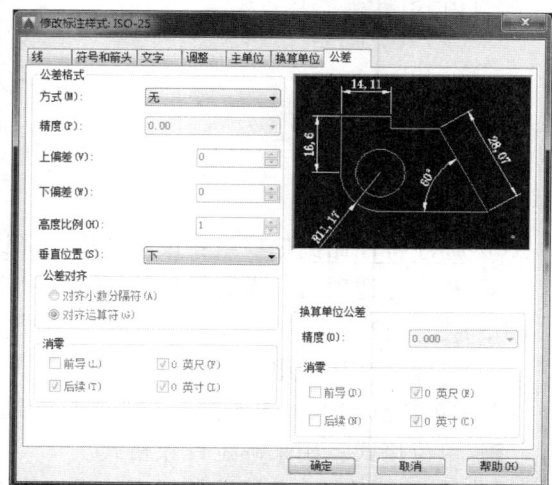

图 5.34

5.3.3 尺寸标注类型

AutoCAD 中所有标注可以分为：长度型尺寸标注、角度型尺寸标注、半径型尺寸标注、直径型尺寸标注、引线标注、坐标型尺寸标注等。长度型尺寸标注又分为水平标注、垂直标注、基线标注、连续标注、旋转标注、对齐标注等。

1. 线性标注

线性标注用于标注图形对象的线性距离或长度，包括水平标注、垂直标注和旋转标注3种。

执行方式：
- 菜单栏中"标注"→"线性"<┝┥线性(L)>。
- 命令输入：<u>DIMLINEAR</u> 或 <u>DLI</u>。

操作方式：
- 输入 <u>DLI</u> 命令，按空格键确认命令。
- 指定第一个尺寸界线原点或 <选择对象>：
- 指定第二条尺寸界线原点：
- 指定尺寸线位置或[多行文字（M）/文字（T）/角度（A）/水平（H）/垂直（V）/旋转（R）]：
- 完成操作。

主要选项：
- 多行文字（M）：表示可以按多行文字输入标注的内容。
- 文字（T）：表示可以设置文字的高度、位置等。
- 角度（A）：表示可以设置标注文字的角度，如图 5.35 所示。
- 水平（H）：表示进行水平方向标注，不论标注什么方向的线段，尺寸线均水平旋转。
- 垂直（V）：表示进行垂直方向标注，不论标注方向如何，尺寸线始终保持垂直。
- 旋转（R）：表示对尺寸标注线进行倾斜角度的标注，如图 5.36 所示。

图 5.35　　　　　　　　　　　图 5.36

2. 对齐标注

对齐标注不仅可以用于直线标注，也可以用于斜线标注，斜线标注的尺寸线和文字与斜线段平行，如图 5.37 所示。

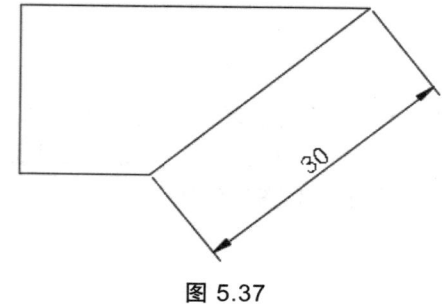

图 5.37

执行方式:
- 菜单栏中"标注"→对齐< 对齐(G) >。
- 命令行：DIMALIGNED 或 DIMALI。

操作方式:
- 输入 DIMALI 命令,按空格键确认命令。
- 指定第一个尺寸界线原点或 <选择对象>：
- 指定第二条尺寸界线原点：
- 指定尺寸线位置或[多行文字（M）/文字（T）/角度（A）]：
- 完成操作。

主要选项：
多行文字（M）/文字（T）/角度（A）的选项参照线性标注的讲解。

3. 连续标注

连续标注用于对图形的连续位置进行标注,该命令必须以"线性标注""对齐标注"和"角度标注"为第一尺寸标注方式。

执行方式:
- 菜单栏中"标注"→连续< 连续(C) >。
- 标注工具栏：标注→连续标注。
- 命令行：DIMCONTINUE 或 DCO。

操作方式:
- 输入 DCO,按空格键确认命令。
- 捕捉第二条尺寸界线的起点,一直点可以进行多条尺寸线的连续标注。
- 完成操作。

4. 弧长标注

执行方式:
- 下拉菜单：标注→弧长 弧长(H)。
- 命令行：DIMARC。

操作方式:
- 输入 DIMARC 命令,按空格键确认命令。

- 选择弧线段或多段线圆弧段：
- 指定弧长标注位置或 [多行文字（M）/文字（T）/角度（A）/部分（P）/引线（L）]：
- 完成操作，如图 5.38 所示。

主要选项：

多行文字（M）/文字（T）/角度（A）的选项参照线性标注的讲解。

部分（P）：对部分圆弧段标注，如图 5.39 所示。

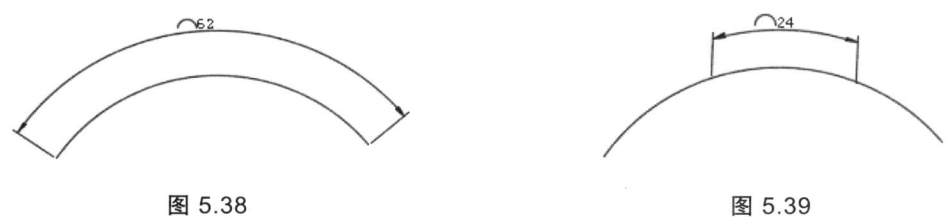

图 5.38　　　　　　　　　　　　图 5.39

引线（L）：是否添加引线对象，如图 5.40 所示。

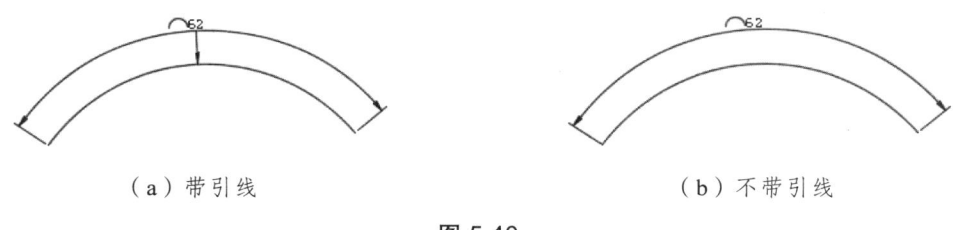

（a）带引线　　　　　　　　　　（b）不带引线

图 5.40

5. 角度标注命令

标注出一段圆弧的中心角、圆上某一段弧的中心角、两条不平行的直线间的夹角，或根据已知的三点来标注角度等，如图 5.41 所示。

执行方式：

- 菜单栏中"标注"→"角度"<角度(A)>。
- 标注工具栏：标注→角度。
- 命令行：DIMANGULAR 或 DIMANG。

（a）圆弧角度标注　　　　　　　（b）直线夹角标注

图 5.41

6. 半径标注命令

标注出圆弧或圆的半径，如图 5.42 所示。

执行方式：

- 菜单栏中"标注"→"半径"<⊙ 半径(R)>。
- 标注工具栏：标注→半径标注。
- 命令行：<u>DIMRADIUS</u> 或 <u>DIMRAD</u>。

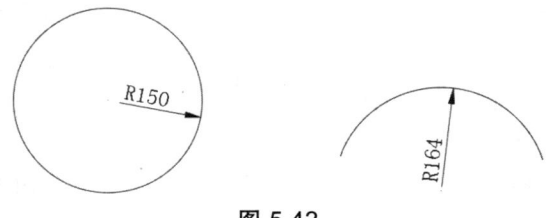

图 5.42

7. 直径标注

标注出圆弧或圆的直径，如图 5.43 所示。

执行方式：

- 菜单栏中"标注"→"直径"<⊙ 直径(D)>。
- 标注工具栏：标注→直径标注。
- 命令输入：<u>DIMDIAMETER</u> 或 <u>DIMDIA</u>。
- 多重引线标注命令。

操作方式：

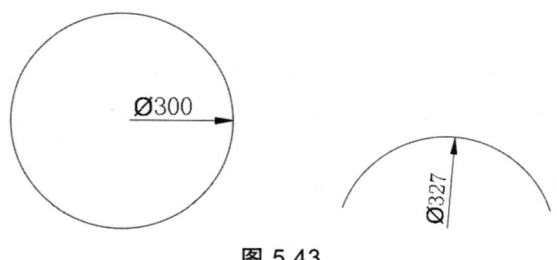

图 5.43

- 菜单栏中"标注"→多重引线<↗ 多重引线(E)>。
- 命令输入：<u>MLEADER</u>。

操作方式：（利用多重引线标注图 5.44 中的窗）。

- 输入 MLEADER 命令，按空格键执行操作。
- 指定引线箭头的位置或 [引线基线优先（L）/内容优先（C）/选项（O）]<选项>：
- 指定引线基线的位置：
- 弹出文本编辑对话框后，输入文本。
- 点"确定"退出。

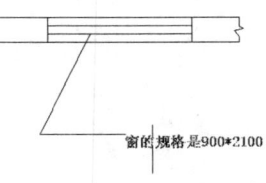

图 5.44

5.3.4 尺寸编辑

如果尺寸标注出现问题，可以对尺寸进行编辑，以便达到满意的效果。AutoCAD 中部分修改命令可以对尺寸进行修改，下面简单介绍几种方法。

1. 用拉伸命令 STRETCH 编辑尺寸

在绘图过程中，经常会改变图形的几何尺寸，我们可以用 STRETCH 命令来完成这种操作。如图 5.45（a）所示，将四边形 ABCD 的 AB 边和 DC 边由"300"加长到"400"。

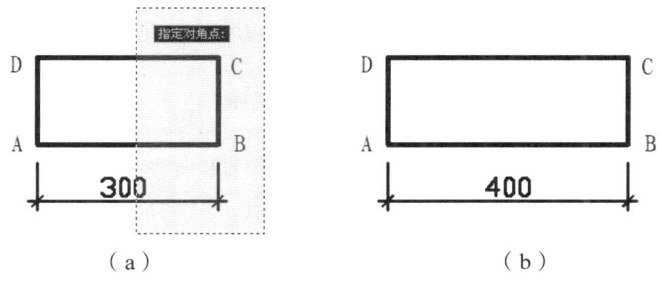

图 5.45　用 STRETCH 编辑尺寸

操作方式：
- 输入 STRETCH 或 S 拉伸命令。
- 选择对象，按图 5.45（a）中虚线窗口所示的范围选择对象。
- 选择基点，打开正交开关向右拉伸"100"。
- 完成操作。如图 5.45（b）所示，四边形 ABCD 的 AB 边和 DC 边由"300"加长到了"400"，尺寸也同时变为"400"。

2. 用修剪命令 TRIM 编辑尺寸

AutoCAD 允许我们用 TRIM 命令修剪尺寸。如图 5.46 所示，若将 AC 尺寸"400"改为标注 AB 尺寸"200"，就可以用 Trim 命令修剪。

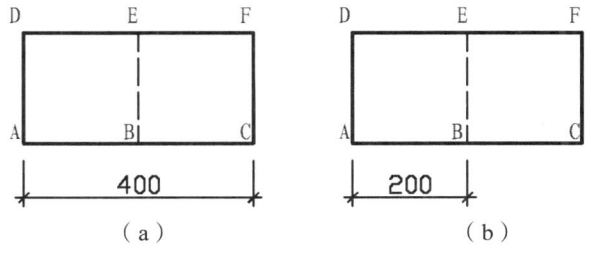

图 5.46　TRIM，EXTEND 编辑尺寸

操作方式：
- 输入 TRIM 或 TR 命令。

- 选择修剪边，选择 BE 边。
- 选择要修剪的对象提示下，选择 AC 尺寸线的右端，则尺寸被修剪为 AB 尺寸。

3. 用延伸命令 EXTEND 或 EX 编辑尺寸

AutoCAD 允许我们用 EXTEND 命令延伸尺寸。如图 5.46（b）所示，若将 AB 间的尺寸改为标注 AC 尺寸"400"，就可以用 EXTEND 命令延伸。
操作方式：
- 输入 EXTEND 命令。
- 选择延伸边，选择 CF 边。
- 选择要延伸的对象，选择 AB 尺寸的右端，则尺寸被延伸为 AC 尺寸"400"。

4. 用"DDEDIT 命令或双击标注"修改尺寸文字

如果要对尺寸文字进行直接修改，可以执行 DDEDIT 命令或者双击标注，系统会打开多行文字编辑器（图 5.47）。在编辑器中可以修改尺寸值，增加前缀或后缀。

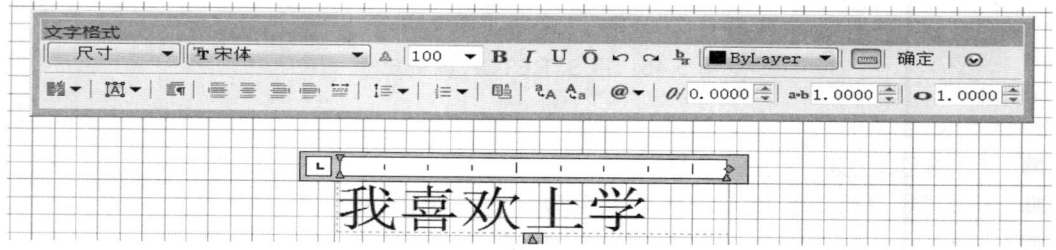

图 5.47　DDEDIE 或双击标注编辑文字

用 DIMEDIT 命令修改尺寸。
用 DIMEDIT 命令可以综合性地编辑尺寸。
主要选项：
- 默认（H）：默认尺寸当前的内容。
- 新建（N）：新建一个尺寸文本，打开一个文本输入对话框，输入文本。
- 旋转（R）：尺寸文本旋转一个角度。
- 倾斜（O）：把尺寸指引线倾斜个角度。

5.3.5　实例——平面图尺寸标注

1. 平面图主体绘制

- 输入 L 命令，绘制水平和垂直方向轴线，如图 5.48 所示。
- 输入 O 命令，完成轴线的偏移。上开：1500，2700；下开：2050，2150；左进：2450，4350，1200；右进：6800，1200，如图 5.49 所示。

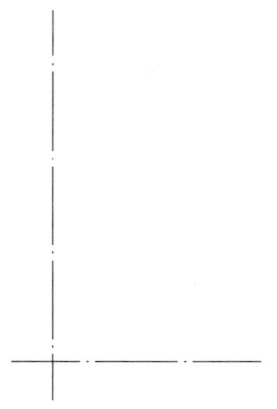

图 5.48　　　　　　　　　　　图 5.49

- 输入 <u>ML</u> 命令，完成墙体的绘制，如图 5.50 所示。
- 输入 <u>O</u> 命令，完成窗的绘制。
- 用圆 <u>C</u>、直线 <u>L</u>、修剪 <u>TR</u> 工具完成门的绘制，如 5.51 所示。

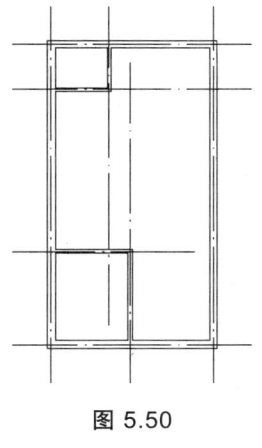 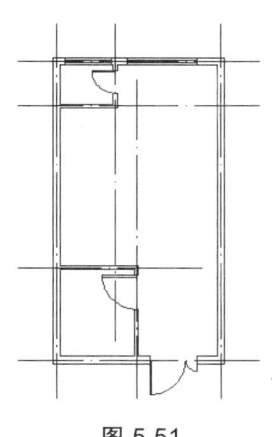

图 5.50　　　　　　　　　　　图 5.51

2. 设置尺寸标注样式

- 输入 <u>D</u>，单击<u>新建</u>按钮。
- 将<u>新样式名</u>设置为"1-100"。
- 将箭头与符号中的箭头设置为<u>建筑标记</u>，箭头大小设置为"200"。
- 将<u>文字</u>中的文字高度设置为"300"。

3. 轴线标注

- 输入 <u>DLI</u> 命令，完成左进第一条尺寸线的标注。
- 输入 <u>DCO</u> 命令，完成左进轴线的标注。
- 以同样的方法完成右进、上开和下开的尺寸标注，如图 5.52 所示。

4. 细部尺寸标注

按照轴线标注的方法完成细部尺寸的标注,如图 5.53 所示。

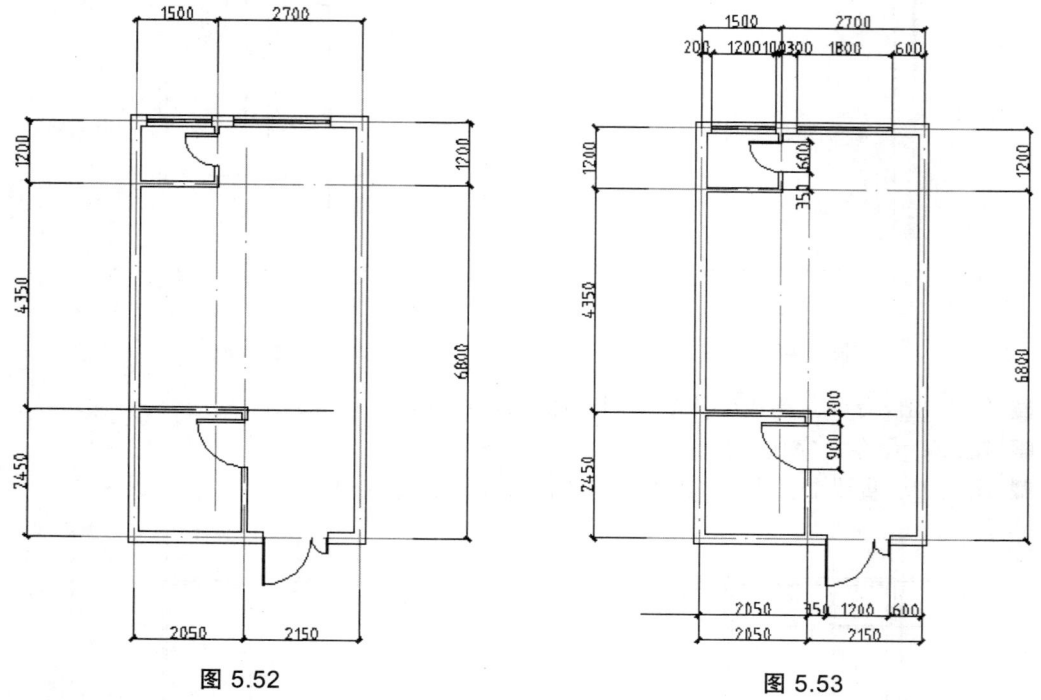

图 5.52　　　　　　　　图 5.53

> 提示:文字重叠的处理办法
> ❖ "编辑标注文字"来调整文字位置;
> ❖ 通过调整"标注样式"中的相关选项;
> ❖ 点击文字夹点,可进行小范围的移动。

5.4　表　格

5.4.1　设置表格样式

AutoCAD 2016 定义表格样式与文字样式一样,用户可以为表格定义样式。

执行方式:

- 菜单栏中格式→表格样式< 表格样式(B)... >。
- 命令输入:TABLESTYLE。

操作方式:

- 在命令行输入 TABLESTYLE 命令,并按空格键执行;AutoCAD 2016 弹出"表格样式"对话框，如图 5.54 所示。

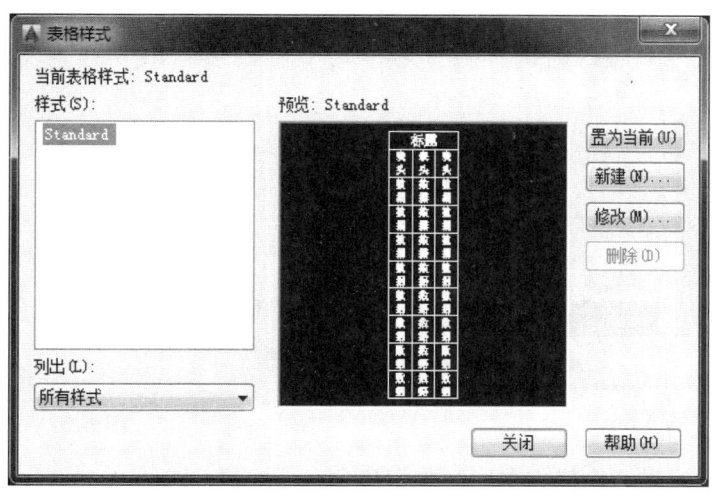

图 5.54

- 当前表格样式标签说明了当前的表格样式。
- 样式列表框中列出了满足条件的表格样式（图中只有一个样式，即 Standard。可以通过"列出"下拉列表框确定要列出哪些样式）。
- 预览框中显示出表格的预览图像。
- 置为当前和删除按钮分别用于将在样式列表框中选中的表格样式置为当前样式、删除对应的表格样式。
- 新建和修改按钮分别用于新建表格样式和修改已有的表格样式。

1. 新建表格样式

单击"表格样式"对话框中的"新建"按钮，AutoCAD 2016 弹出"创建新的表格样式"对话框，如图 5.55 所示。

通过对话框中"基础样式"下拉列表选择基础样式，并在"新样式名"文本框中输入新样式的名称（如输入"表格 1"），单击"继续"按钮，AutoCAD 2016 弹出"新建表格样式"对话框，如图 5.56 所示。

- 起始表格选项组：允许用户指定一个已有表格作为新建表格样式的起始表格，如图 5.57 所示。

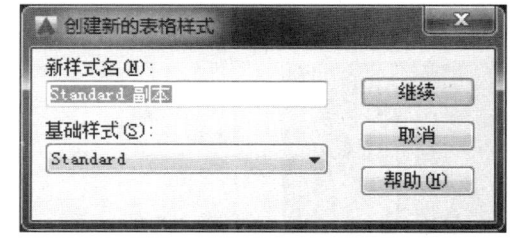

图 5.55

单击按钮，AutoCAD 2016 临时切换到绘图屏幕，并提示"选择表格"，在此提示下选择某一表格后，AutoCAD 2016 返回到"新建表格样式"对话框，并在预览框中显示出该表格，在各对应设置中显示出该表格的样式设置。

通过按钮选择了某一表格后，还可以通过位于该按钮右侧的按钮删除选择的起始表格。

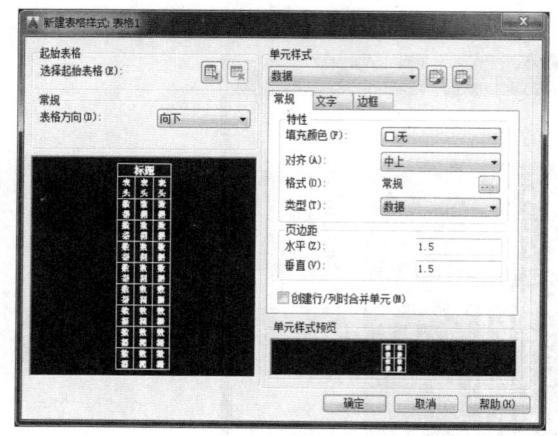

图 5.56　　　　　　　　　　　　　　图 5.57

■ **常规**选项：通过"表格方向"列表框确定插入表格时的表格方向，如图 5.58 所示。

列表中有"向下"和"向上"两个选择。"向下"表示创建由上而下读取的表格，即标题行和表头行位于表的顶部；"向上"则表示创建由下而上读取的表格，即标题行和表头行位于表的底部。

■ **单元样式**选项组：确定单元格的样式。

图 5.58

用户可以通过对应的下拉列表确定要设置的对象，即在"数据""标题"和"表头"之间选择（它们在表格中的位置如上图所示的预览图像内的对应文字位置）。

■ **常规**选项卡：用于设置基本特性，如文字在单元格中的对齐方式等，如图 5.59 所示。
■ **文字**选项卡：用于设置文字特性，如文字样式、高度、颜色等，如图 5.60 所示。

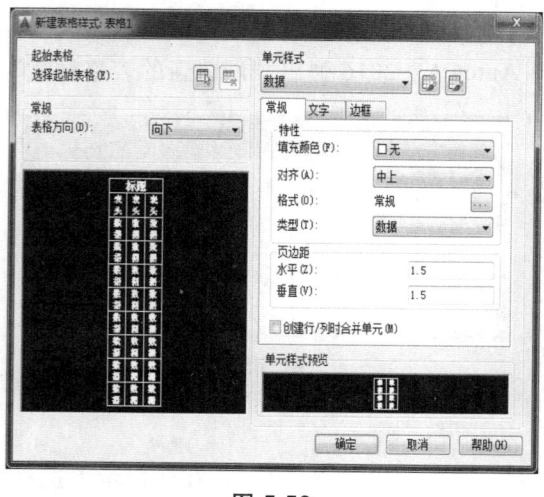

图 5.59　　　　　　　　　　　　　　图 5.60

■ **边框**选项卡：用于设置表格的边框特性，如边框线宽、线型、边框形式等。用户可以直接在"单元样式预览"框中预览对应单元的样式，如图 5.61 所示。

■ 单击"确定"按钮，成表格样式的设置。

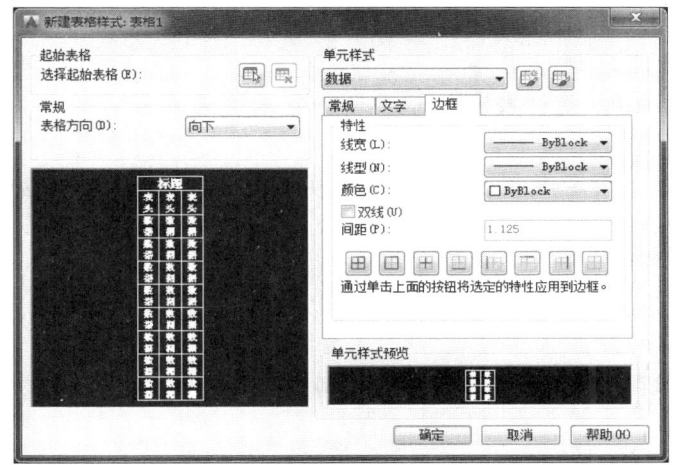

图 5.61

2. 修改表格

在"表格样式"对话框中的"样式"列表框中选中要编辑修改的表格样式,单击"修改"按钮,AutoCAD 2016 会弹出如图 2.59 所示类似的"修改表格样式"对话框,利用此对话框可以修改已有表格的样式。

5.4.2 插入表格(图 5.62)

执行方式:

■ 菜单栏中"绘图"→表格 表格... >。

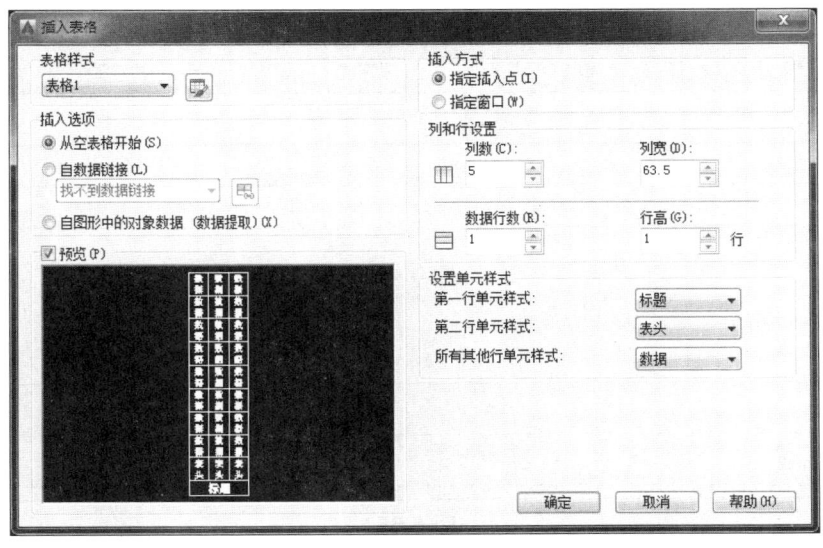

图 5.62

■ 命令输入：TABLE。

主要选项：

■ 表格样式选项组：选择表格样式。

■ 插入方式选项组：

① 指定插入点：指定表左上角的位置。可以使用定点设备，也可以在命令行输入坐标值。

② 指定窗口：指定表的大小和位置。

■ 列和行设置选项组：指定列和行的数目以及列宽与行高。

注意事项：

选中"指定窗口"选项时，列与行设置的两个参数中只能指定一个，另一个由指定窗口大小自动等分指定。

> 提示：
> ❖ 插入表格后，单击表格，各夹点可改变行宽和行高等，如图 5.63 所示。
> ❖ 插入表格后，选择某一个单元格，会出现钳夹点，通过移动该点可以改变单元格的大小，如图 5.64 所示。同时，单击两只钳夹点后，会出现表格编辑器，可以针对表格进行相应地修改，如图 5.65 所示。

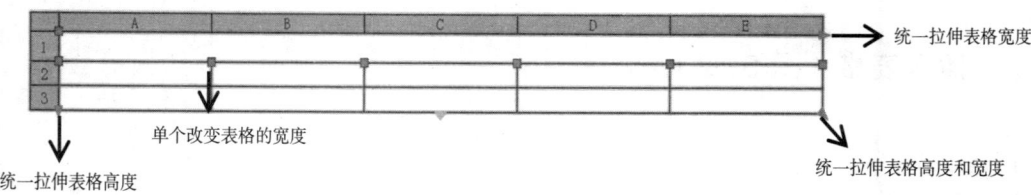

图 5.63

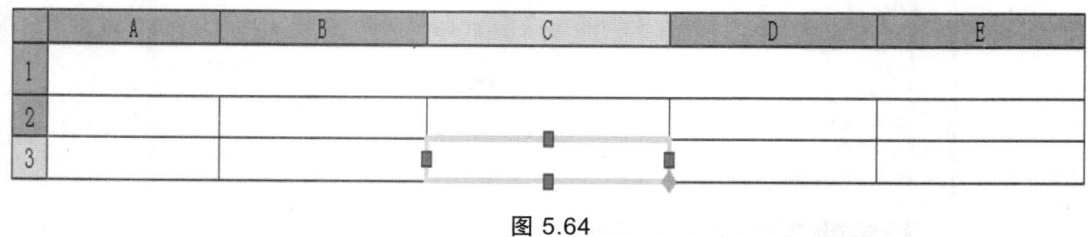

图 5.64

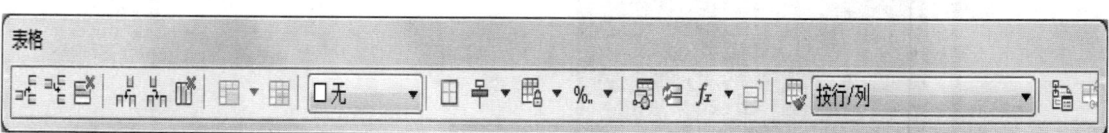

图 5.65

实训 5

（1）利用尺寸标注、表格类命令，完成相关实训图的绘制。

■ 绘制原始尺寸平面图，如图 5.66、5.67、5.68 所示。

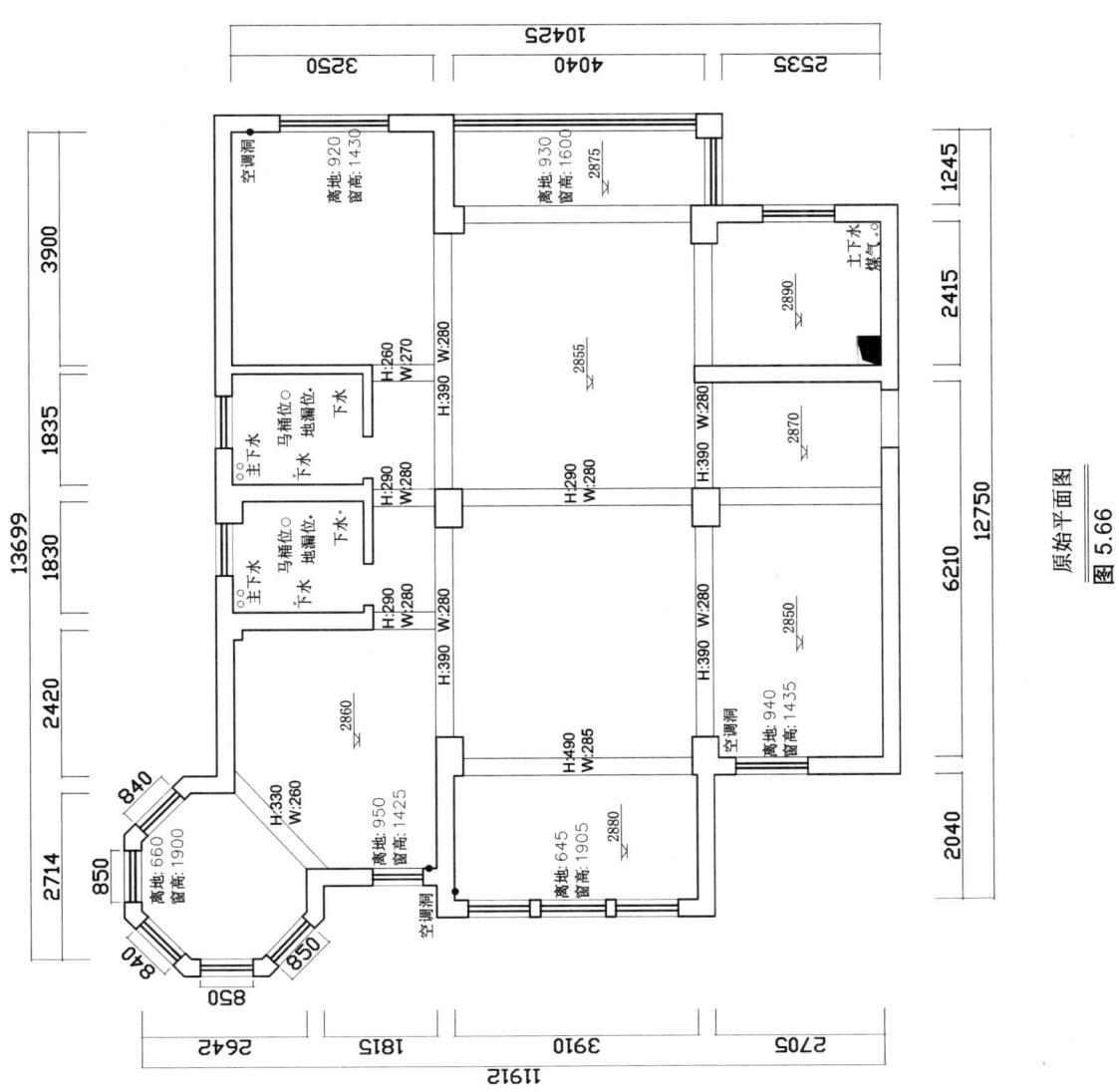

图 5.66 原始平面图

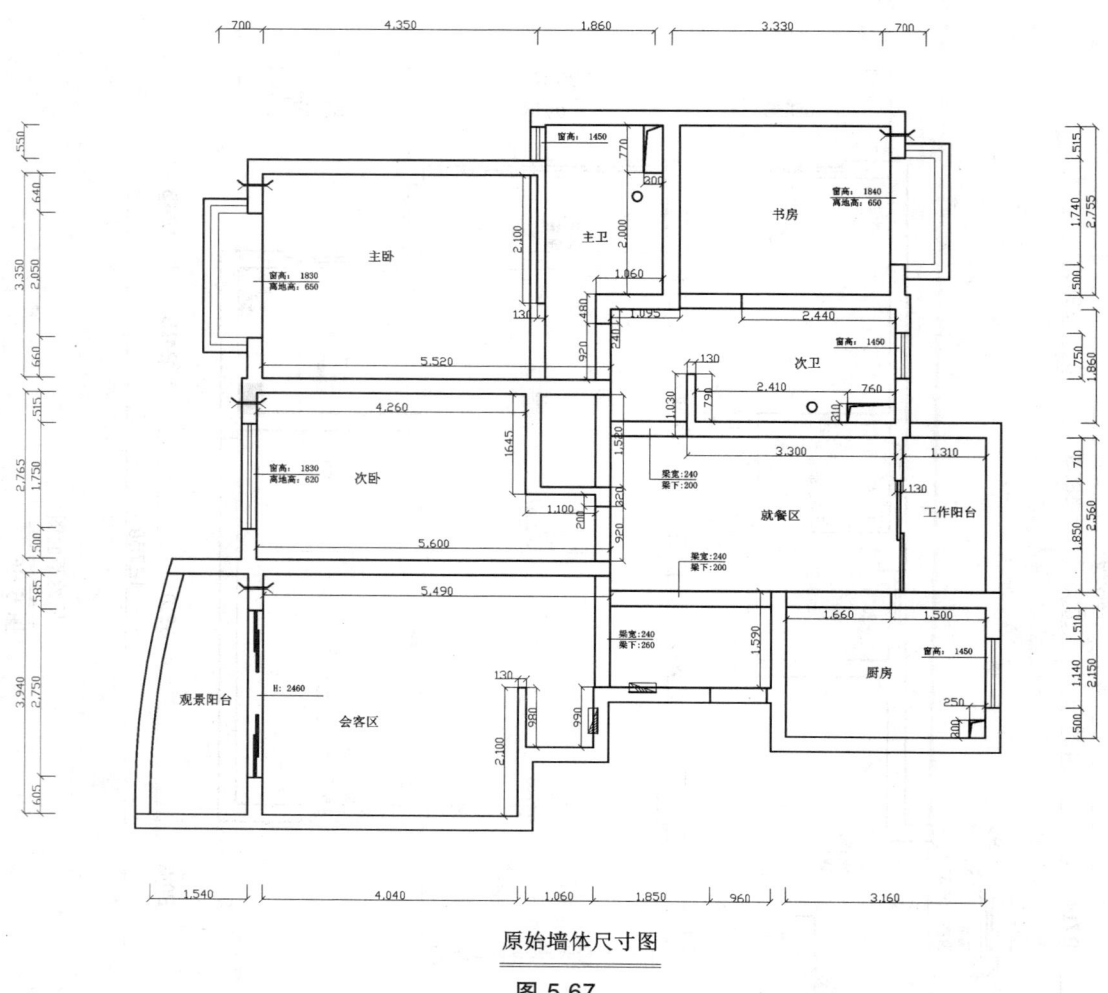

原始墙体尺寸图

图 5.67

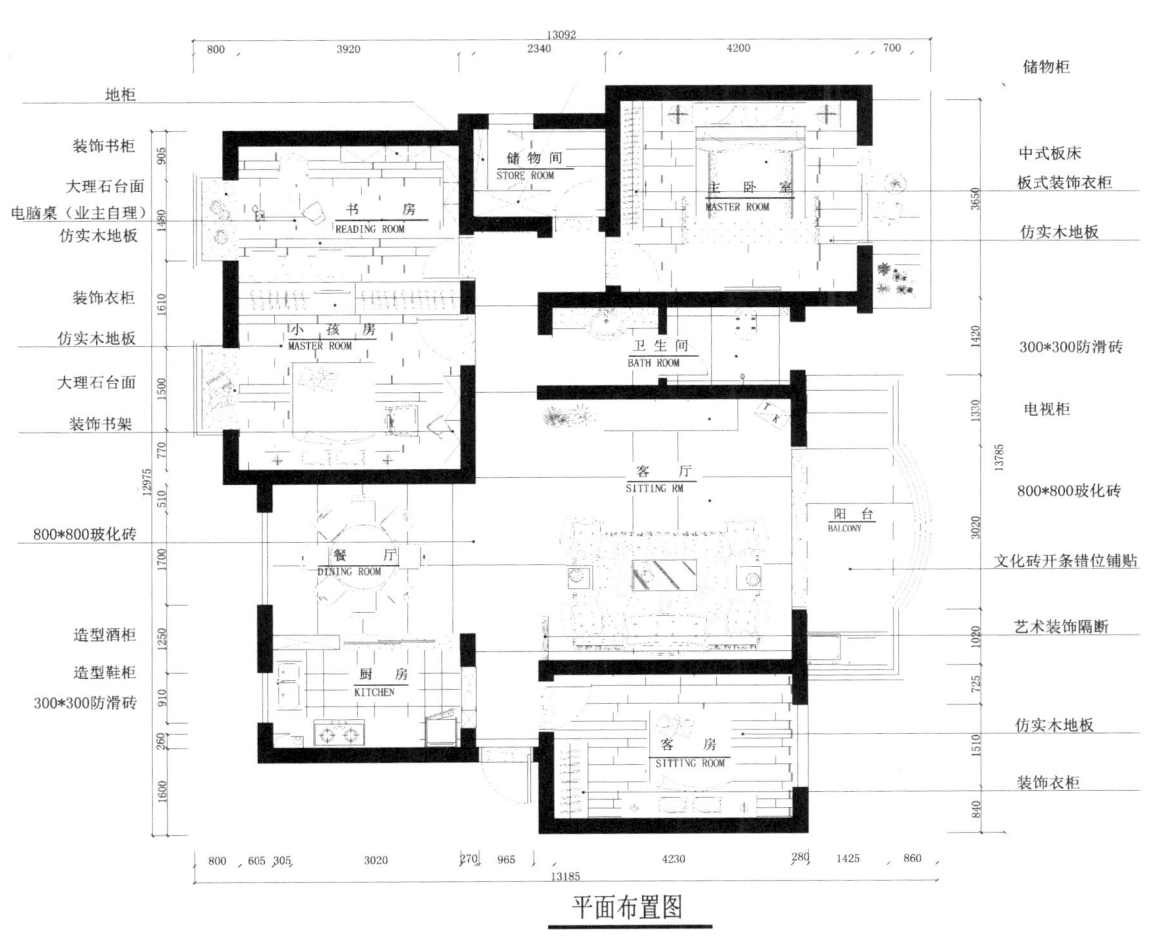

图 5.68

■ 绘制图表目录，如图 5.69 所示。

图纸目录

图纸编号	图 纸 名 称	图纸编号	图 纸 名 称
01	图纸目录	26	主卧室B立面图
02	设计说明	27	主卧室C立面图
03	图例	28	主卧室D立面图
04	原始结构图	29	储藏室A、B立面图
05	平面布置图	30	储藏室C立面图,储物柜结构图
06	顶面布置图	31	储藏室D立面图,储物柜结构图
07	水路平面图	32	书房A立面图,书柜结构图
08	天花照明平面图	33	书房B立面图,书柜结构图
09	插座布置图	34	书房C立面图
10	人机工程图	35	书房D立面图
11	玄关B、C立面图	36	小孩房A立面图
12	玄关D、鞋柜结构图	37	小孩房B立面图,门架结构图
13	客厅A立面图	38	小孩房C立面图
14	客厅B立面图	39	小孩房D立面图
15	客厅C立面图	40	厨房A、B立面图
16	客厅D立面图	41	厨房C、D立面图
17	餐厅A立面图	42	卫生间A立面图
18	餐厅C立面图	43	卫生间C立面图
19	餐厅D立面图	44	卫生间D立面图
20	走道墙景正立面图	45	卫生间D立面图
21	客房A立面图	46	酒柜结构图
22	客房B立面图	47	客房、小孩房衣柜结构料
23	客房C立面图	48	主卧室衣柜结构图
24	客房D立面图	49	电视墙、过道、书房顶面、卫生间雕花板示意图
25	主卧室A立面图	50	房门、门套结构示意图

	会 签			建设单位	
建筑		审 定		项目名称	
结构		注 册 师		图 名	
给排水		项目负责		学 号	
		专业负责		版 次	
		审 核		日 期	
		校 对		图 别	
		设 计		图 号	
		制 图			

说明:
1、施工过程中按实际尺寸放样,实际尺寸与图纸相差较大请施工人员及时与设计师联系。
2、如业主需较动设计方案,请先与设计师沟通,作何公司办理相关手续,施工人员不得私自改动设计方案。
3、本套设计师同各不得翻印图纸,施工完毕请归还同公司。

图 5.69

任务 6　辅助工具的使用

6.1　查询工具

6.1.1　距离查询

执行方式：
- 菜单栏中"工具"→"查询"→"距离"。
- 工具栏→"查询"→ 。
- 命令输入："DIST"或"DI"。

操作方式：
- 输入 DI 命令，按空格键确认命令。
- 选择要查询的对象，按空格键确认对象。
- 指定要查询对象的第一个点和第二个点，指定要获取其距离和角度的两个点，完成操作。

主要选项：
- 多点：指定几个点，记录总距离。将显示其他选项，包括圆弧以及指定长度的直线段。

6.1.2　面积查询

面积查询工具用于计算对象或所定义区域的面积和周长。通过选择对象或指定点来定义要测量的对象，从而获取测量值。在命令提示下和工具提示中将显示指定对象的面积和周长。

执行方式：
- 菜单栏中"工具"→"查询"→"面积"。
- 工具栏→"查询"→ 。
- 命令输入："AREA"或"AA"。

操作方式：
- 输入"AA"命令，按空格键确认命令。
- 选择要查询的对象或定义区域，按空格键确认对象。
- 在状态栏显示对象的面积和周长，完成操作。

主要选项：
- 对象：计算选定对象的面积和周长。
- 选择对象：选择对象，例如圆、椭圆、样条曲线、多段线、多边形、面域和三维实体。如果选择开放的多段线，将假设从最后一点到第一点绘制了一条直线，然后计算所围区域中的面积。计算周长时，将忽略该直线的长度。
- 增加面积：打开"加"模式，并显示所指定的后续面积的总累计测量值。您可以拾取点并选择对象以获取计算结果。例如，可以选择两个对象以获取总面积。如果拾取点并且不闭合该多边形，将假设从最后一点到第一点绘制了一条直线，然后计算所围区域的面积。
- 减少面积：从总面积中减去面积和周长。您可以拾取点或选择对象以获取计算结果。在下例中，第二个选定对象将从第一个选定对象中减去。

6.1.3 实例——室内平面图面积计算

本案例利用边界创建工具，将平面图中的每个房间设为封闭的区间，再利用求面工具测量每个房间的面积。

操作步骤：
- 输入"BO"边界创建命令，将每个空间进行封闭处理，如图 6.1 所示。
- 输入"AA"面积查询命令，依次测量每个房间的面积，如图 6.2 所示。
- 输入"T"命令，将每个空间的面积以文字的形式表示出来，如图 6.3 所示。

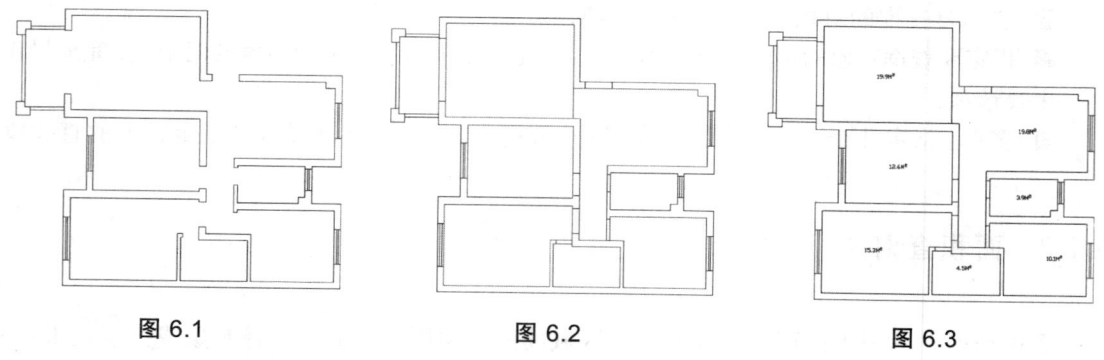

图 6.1 　　　　　　图 6.2 　　　　　　图 6.3

6.1.4 列表参数查询

以列表的形式显示选定对象的特性数据，包括颜色、线型、线宽、透明度、对象的厚度、标高、拉伸方向（UCS 坐标）等。

执行方式：
- 菜单栏中"工具"→"查询"→"列表"。
- 工具栏→"查询"→

- 命令输入："LIST"或"LI"。

操作方式：

- 输入"LI"命令，按空格键确认命令。
- 选择要查询的对象，按空格键确认对象。
- 在对话框中显示对象的相关信息，完成操作，如图 6.4 所示。

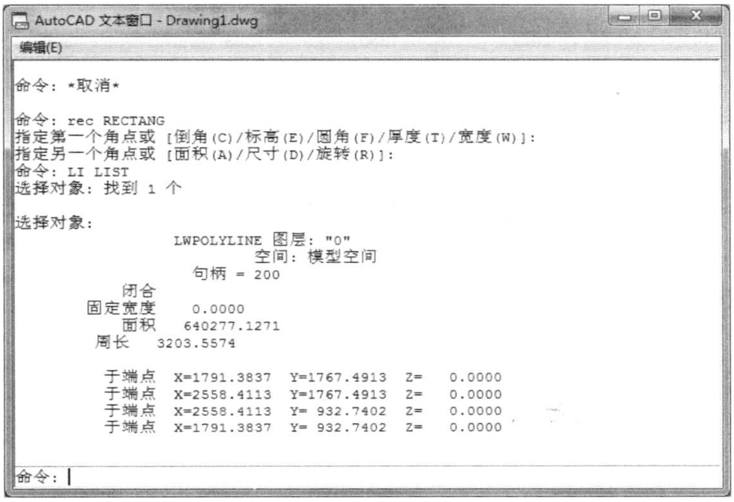

图 6.4

6.2 重生成模型

重生成图形并刷新显示当前视口。AutoCAD 视图中经常会发现画的明明是圆，显示的却是多边形；明明是虚线，显示的却是实线；在 JPG 格式的图片上会显示不出原先用 AutoCAD 画的线条，图形不能放大缩小等。使用 RE 即重生成命令，刷新一下，就可以解决这些问题。

执行方式：

- 菜单栏中"视图"→"重生成"。
- 命令输入："REGEN"或"RE"。

操作方式：

- 输入"RE"命令，按空格确认，完成操作。

实训 6

（1）利用辅助类命令，完成相关实训图的绘制。
- 绘制完成平面图的面积计算，如图 6.5 所示。

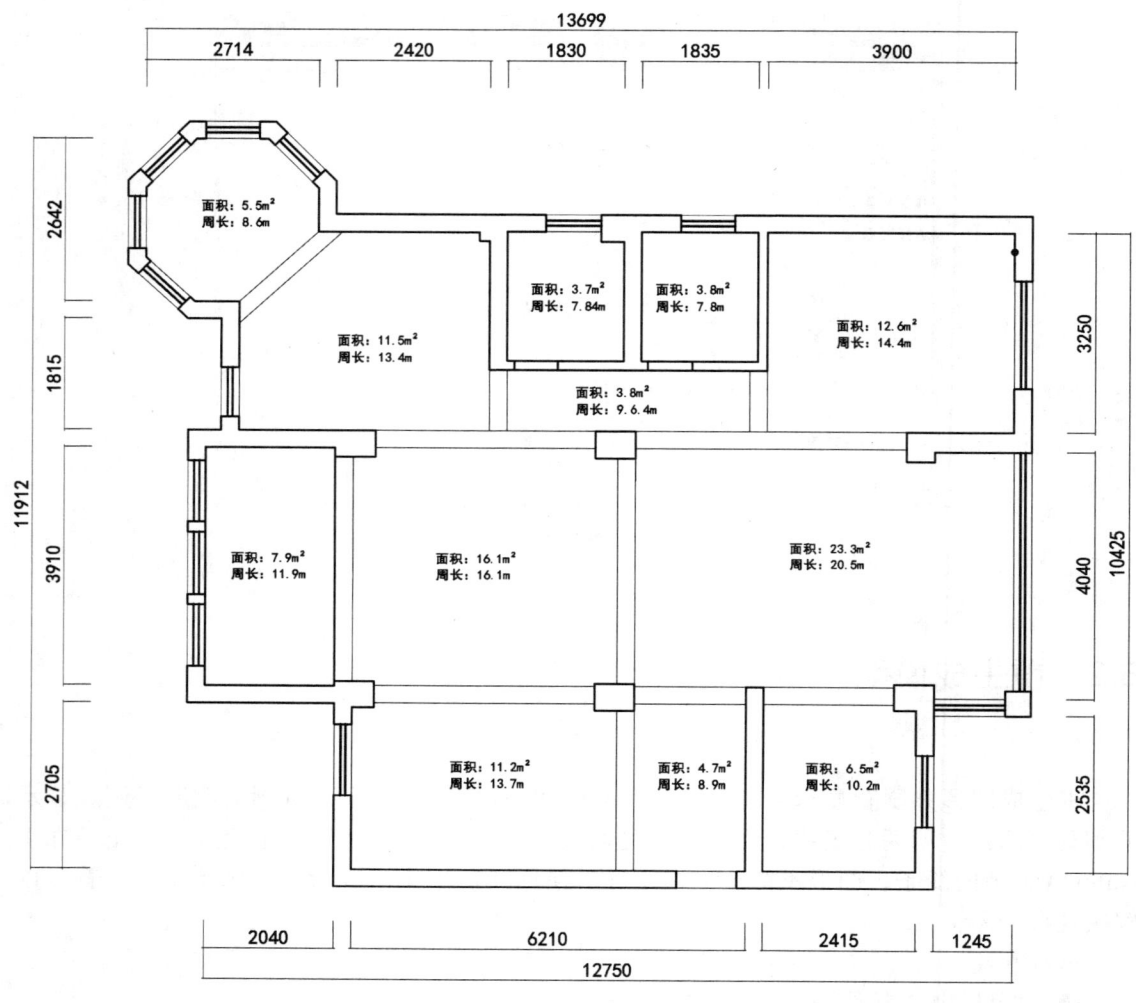

平面图 1:100

图 6.5

任务 7　建筑装饰 CAD 平面布置图绘制

任务要点：建筑装饰平面图不仅可以使客户清晰地了解装饰出来的平面效果，也是客户与设计师沟通的有力媒介。建筑装饰平面图包括户型的形状，房间的大小和房间的布置方式，内外交通以及墙柱、门窗、家具、电器等设备的位置、尺寸、材料和做法等内容。

一般建筑平面图常采用 1∶100（或 1∶150 或 1∶200），一般室内平面图常采用 1∶50。

7.1　模板设置

1. 模板设置

■ 菜单栏中"文件"→"新建"弹出"选择样板"对话框。
■ 单击"打开"按钮选择"公制"，如图 7.1 所示。

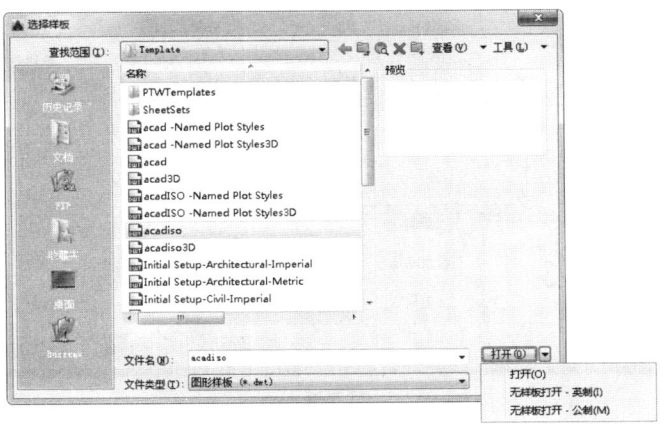

图 7.1

2. 单位设置

■ 菜单栏"格式"→"单位"，弹出"图形单位"对话框。
■ 将"精度"调整为"0"如图 7.2 所示。

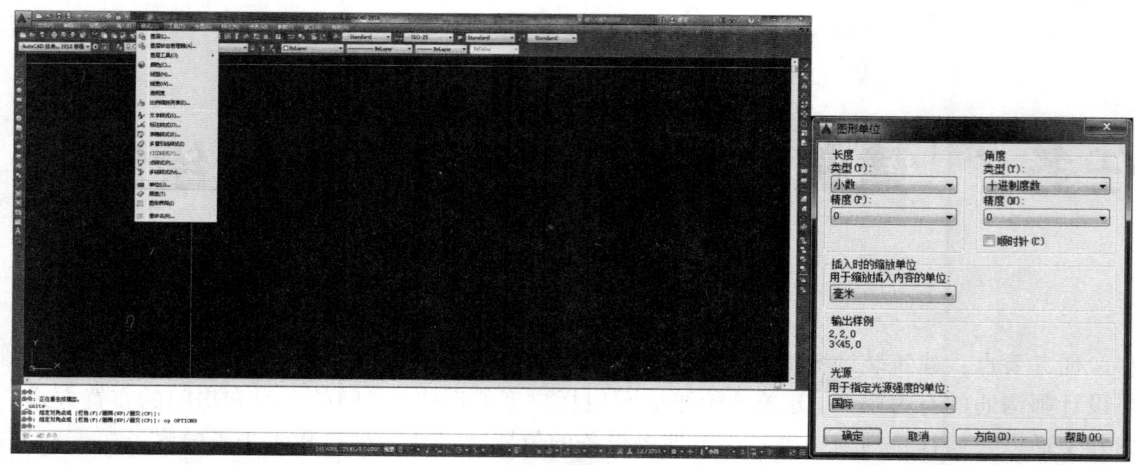

图 7.2

3. 文字样式设置

■ 输入"ST"命令，弹出"文字样式"对话框。
■ 单击"新建"，弹出"新建文字样式"对话框。将"样式名"改为"尺寸"，字体名称改为"simples.shx"，宽度因子改为 0.5，点击应用。
■ 再次单击"新建"，弹出"新建文字样式对话框。将"样式名"改为"图名"，字体名称改为"黑体"，宽度因子改为 0.7，点击"应用，如图 7.3 所示。

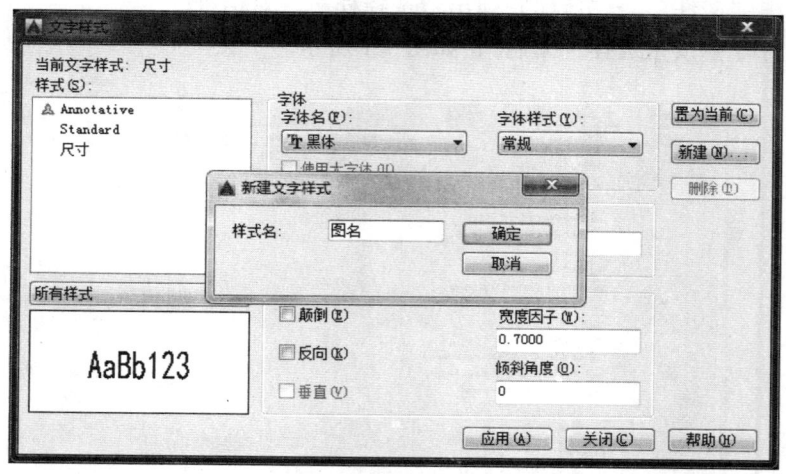

图 7.3

4. 标注样式设置

■ 输入 D 命令，弹出"标注样式管理器"对话框，如图 7.4 所示。
■ 点击"新建"，弹出"创建新标注样式"对话框，将"新样式名"改为"1-100"，单击继续，如图 7.5 所示。

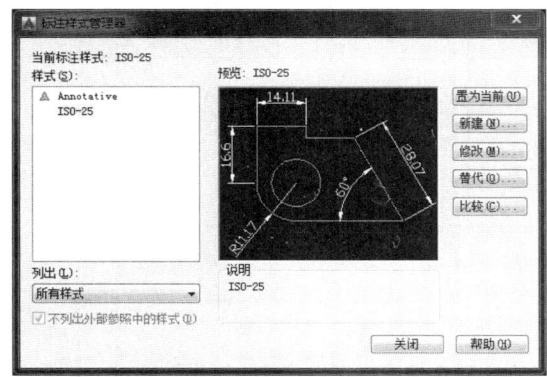
图 7.4

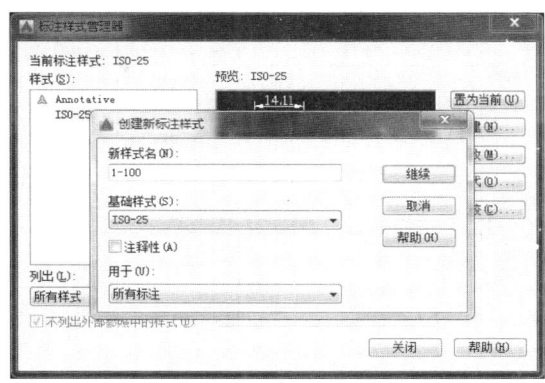
图 7.5

- "线"设置:"超出尺寸线"设置为"1.25","起点偏移量"设置为"2"。
- "符号和箭头"设置:"箭头第一个、第二个"均调整为"建筑标记","引线"调整为"点"。
- "文字"设置:将"文字样式"设置为"尺寸"。
- "调整"设置:将"使用全局比例"设置为"100"。
- "主单位"设置:将"精度"设置为"0"。
- 点击确定,点击"置为当前"并关闭对话框。

5. 图层设置

参见本书 2.4.3 节关于图层的创建与管理。

7.2 建筑装饰 CAD 平面布置图绘制

7.2.1 轴网绘制

轴网由定位轴线(建筑结构中的墙或柱的中心线)、标注尺寸(标注建筑物定位轴线之间的距离大小)和轴号组成。绘制原始结构图前,应先确定居室的墙体位置及开间进深的尺寸。

使用直线(L)或多线(PL)工具绘制水平方向(X)和垂直方向(Y)的直线各一条,作为整体框架的平面轴线。

操作方法:①在水平与垂直方向,按轴距进行偏移[OFFSET/O]操作,如图 7.6 所示。
左进:500,1400,4100,5000
右进:3800,2600,3000,1600
上开:3600,1900,1800,2800,1100
下开:4000,3000,3500,1100

② 用移动端点或拉伸工具[STRETCH/S]进行轴线的调整,如图 7.7 所示。

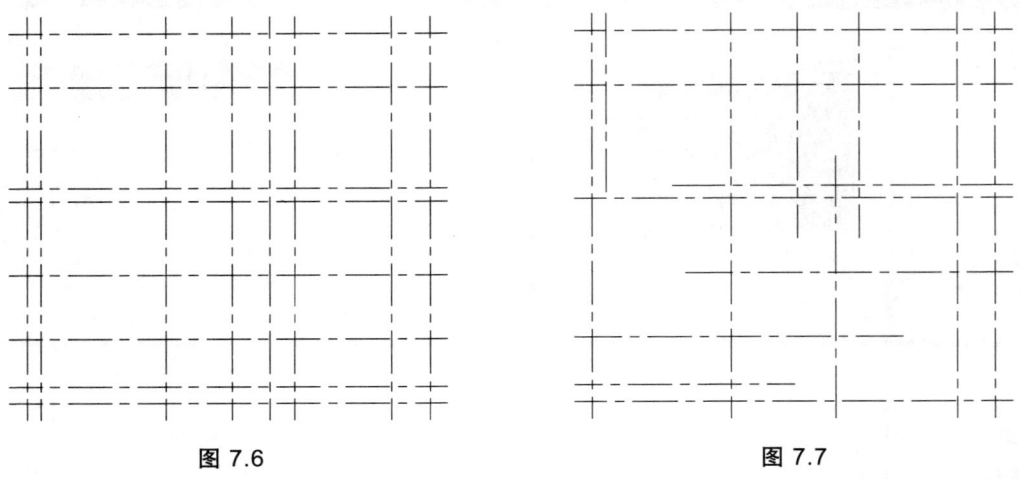

图 7.6　　　　　　　　　　　　　　图 7.7

注意:建筑轴线在平面上的形式可能有曲线,如圆、圆弧等,如果上下、左右轴号不对称,应该选择相应的参照,将不需要的修剪,以免引起误导。

7.2.2　尺寸标注

用尺寸标注中的线性标注(DLI)和连续标注(DCO)对轴网进行标注,如图 7.8 所示。

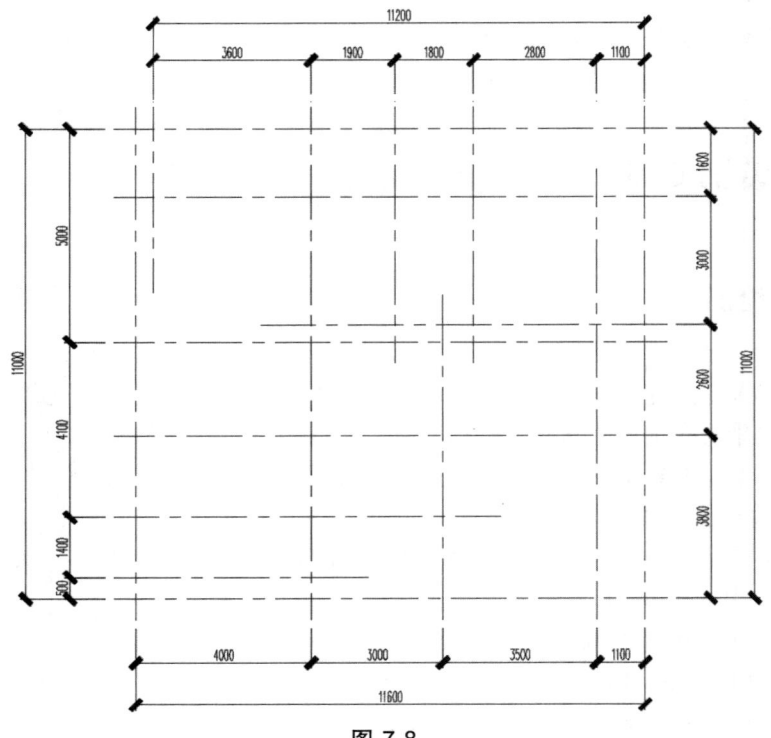

图 7.8

7.2.3 建筑装饰平面图墙体绘制

1. 墙体绘制

■ 用多线 ML 工具进行墙体的绘制。
■ 利用修剪 TR 命令，修剪出门洞、窗洞，如图 7.9 所示。

注意事项：使用多线工具前，根据墙体厚度的不同，设置不同的多线样式。本例中根据平面图的需要，设置有 200 和 100 厚的两种墙体，并将多线样式命名为 200，100。

样式=200 是以墙体厚度来命名，具体命名可根据个人习惯进行更改。

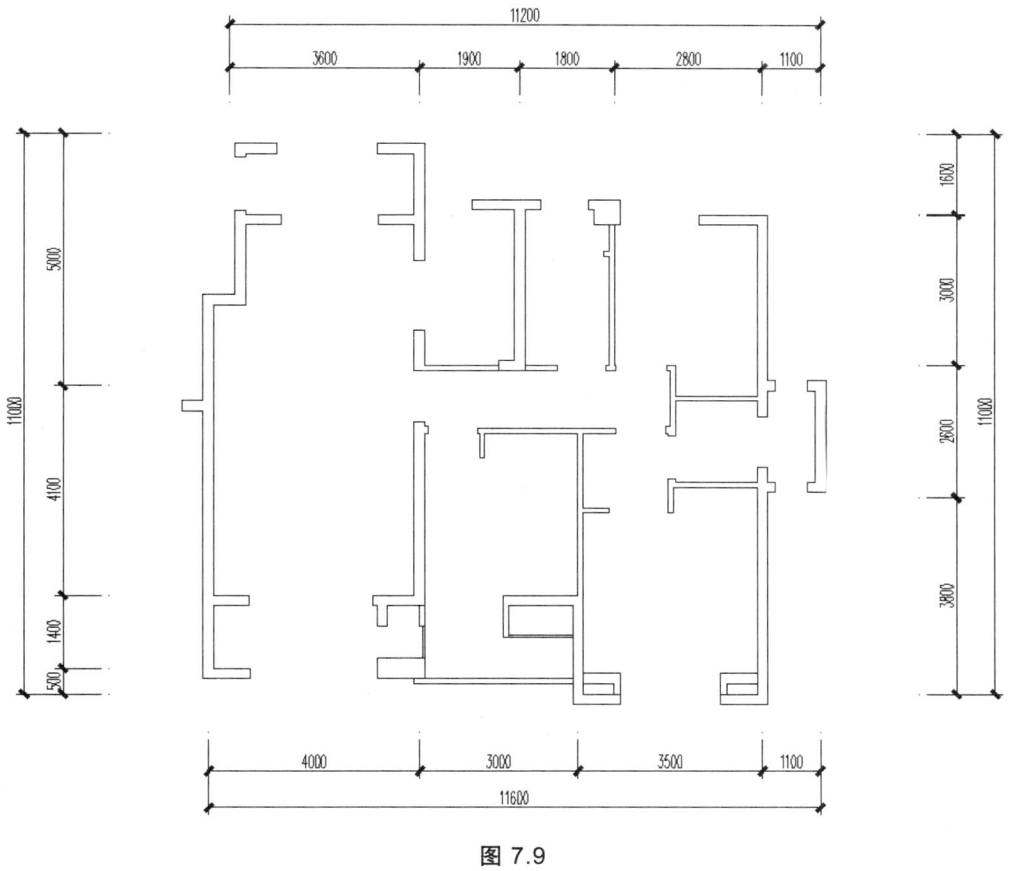

图 7.9

2. 承重墙、梁的绘制

根据现场勘测的结果绘制出室内户型图中墙、梁的位置，帮助设计人员对空间的设计、处理与利用。

■ 使用直线工具（PL）完成承重墙区域和梁的绘制。
■ 用单色填充工具（H）进行承重墙的绘制，如图 7.10 所示。

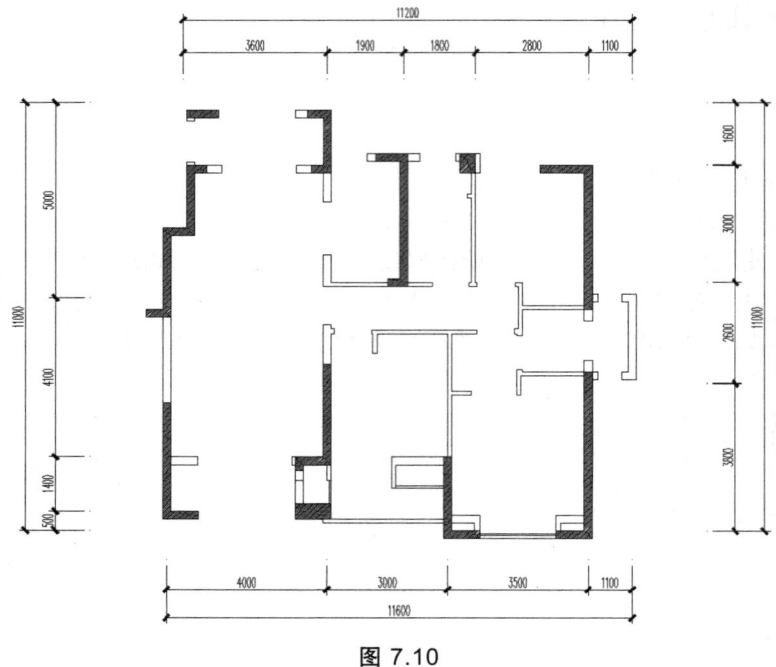

图 7.10

7.2.4 建筑装饰平面图门窗绘制

门、窗的绘制在平面上和立面上的画法是不同的,主要是投影不同。用计算机绘图要严格遵照国家标准,其门、窗的绘制符号和方法应遵照《建筑制图标准》(GB/T 50104—2010)的要求。

1. 窗的绘制

(1) Ctrl+3 门窗样式,可以找到相应的门窗,如图 7.11 所示。
(2) 利用直线工具 L 绘制窗线,结合偏移工具 O 完成窗的绘制。
■ 输入 L 直线工具,绘制一条与窗洞相同的线,如图 7.12 所示。
■ 输入 O 偏移工具,对直线进行三次等距离的偏移,完成窗的绘制。如图 7.13 所示。
注意:输入偏移命令后,输入值"200/3",可以得到需要偏移的平均值。

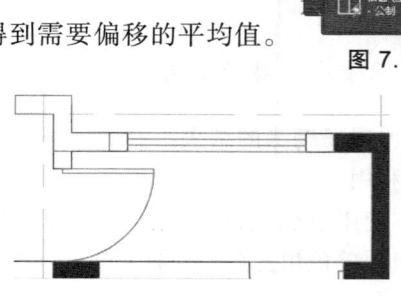

图 7.11

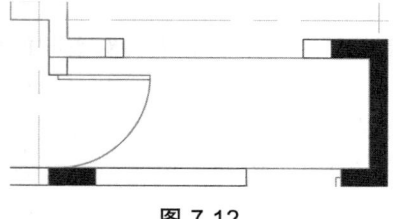

图 7.12

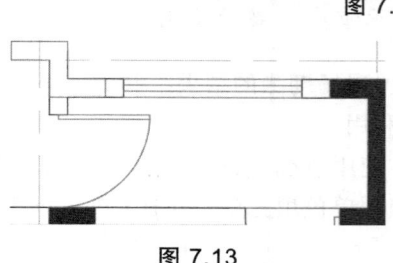

图 7.13

2. 抹灰面层绘制

操作方法：
- 输入 BO 边界创建工具，创建多段线边界，如图 7.14 所示。
- 输入 O 偏移工具，往房间内偏移 30 mm。
- 输入 TR 修剪工具，完成门洞的绘制，如图 7.15 所示。

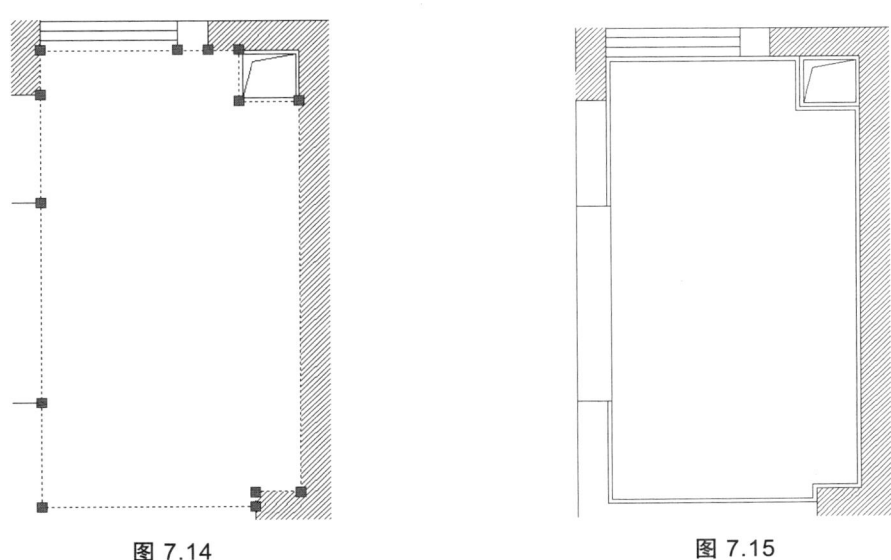

图 7.14　　　　　　　　图 7.15

3. 门套的绘制

利用多线工具 PL 绘制门套造型，结合矩形工具 REC 完成门套的绘制。

操作方法：
- 输入 REC 矩形工具，绘制一个尺寸为 20，200 的矩形，如图 7.16 所示。

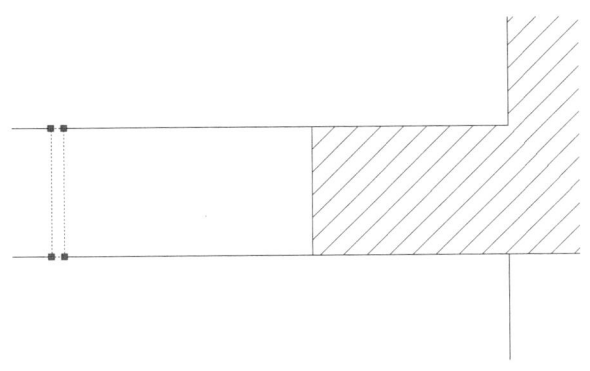

图 7.16

- 输入 PL 多线工具，绘制门套的造型，如图 7.17 所示。
- 输入 M 移动工具，将门套造型移到门洞的位置。

- 输入 MI 镜像工具，完成门套的制作。
- 输入 CO 复制工具，完成整个平面图中的平面图绘制，如图 7.18 所示。

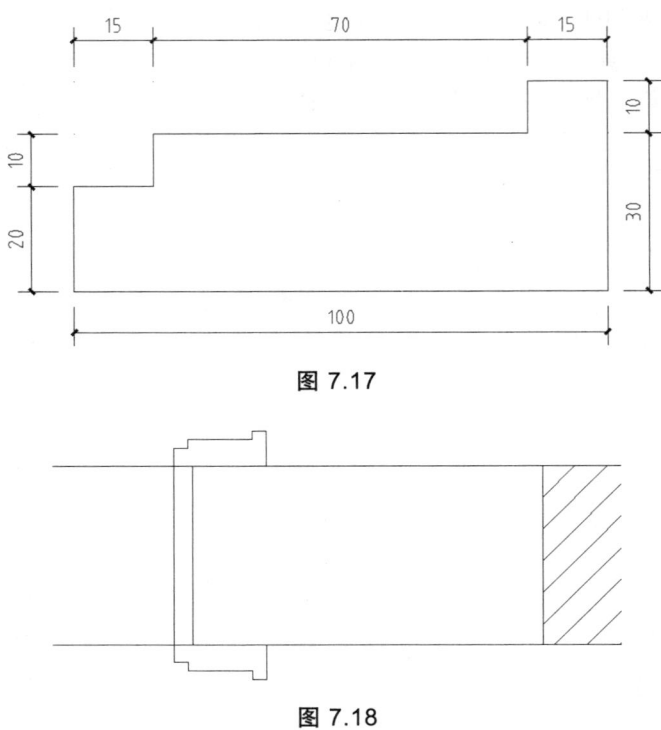

图 7.17

图 7.18

4. 门的绘制

操作方法：
① 用 LINE 命令结合 C 和 TR 命令，绘制门。
- 输入 REC，用矩形工具绘制一个 40×900 的矩形，如图 7.19 所示。
- 以矩形上下方向的两个点作为圆的起点和端点，用圆形工具 C 绘制一个半径为 900 的圆。
- 输入 TR，用修剪工具对不需要的线段进行修剪，完成门的操作，如图 7.20 所示。
② 选择"工具选项板"中'建筑'选择卡的标记< >绘制门，如图 7.11 所示。

图 7.19　　　　　　　　　　　图 7.20

5. 完成门窗的绘制（图 7.21）

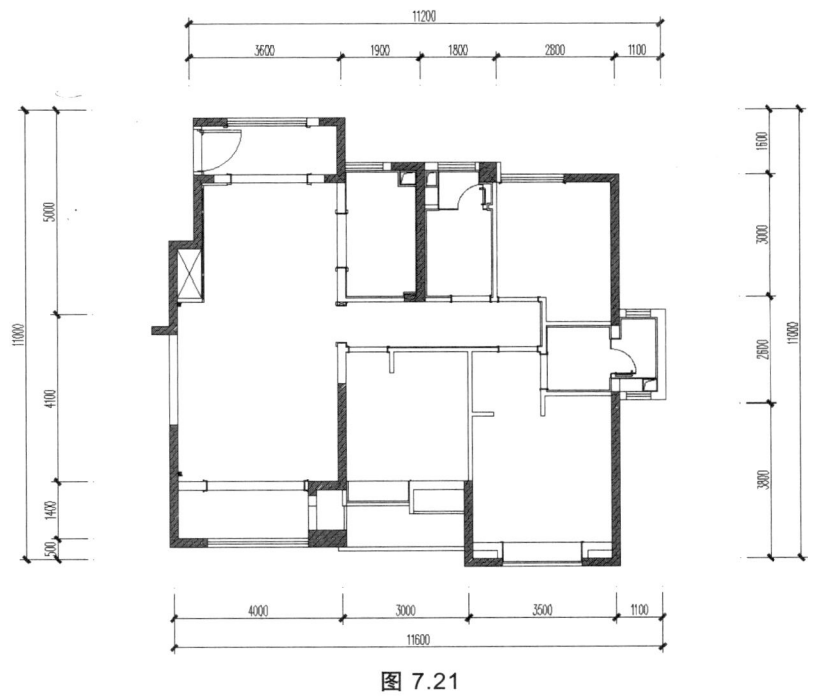

图 7.21

7.2.5 建筑装饰平面图家具绘制

建筑装饰设计中，室内家具通常有 AutoCAD 家具图库，具有普适性的家具可通过图库获得。图库的获得可通过日常的积累，也可在相关的专业网站进行购买。作为设计师，通常情况下需要建立一个常用图库，以备调用。

1. 柜子绘制

■ 输入 O，用偏移动工具将墙线往上偏移 580，再偏移 20 得到衣柜门的厚度，如图 7.22 所示。

输入 PL，用多线工具找到线段的中点，绘制直线，并完成柜子的绘制，如图 7.23 所示。

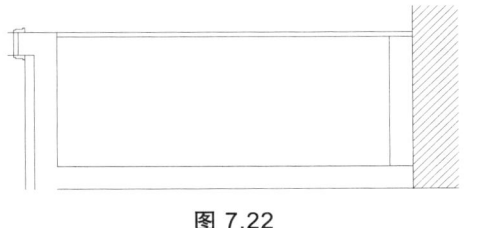

图 7.22

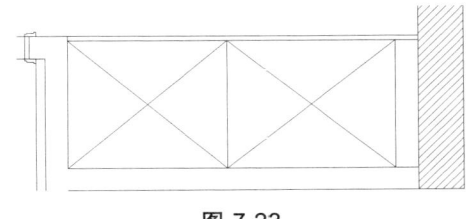

图 7.23

- 用同样的方法完成平面图中所有柜子的绘制。其中鞋柜的宽度为 300，电视柜和厨房吊柜的宽度为 400，如图 7.24 所示。

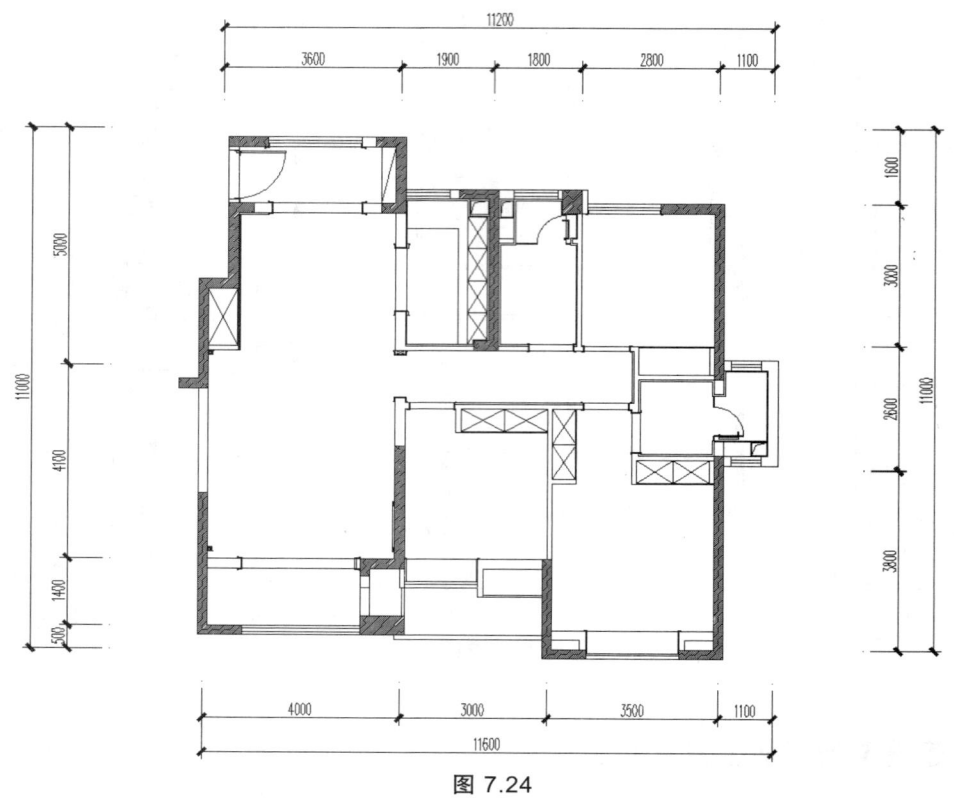

图 7.24

2. 家具绘制

- 从常用室内家具图库中找到相应的家具，Ctrl+C 复制选中的家具。
- "Ctrl+Tab" 切换窗口文件。
- "Ctrl+V"，将所选家具粘贴到指定的位置。
- 输入 SC，用缩放工具调整沙发的尺寸。
- 输入 RO，用旋转工具调整沙发的方向。
- 输入 M，用移动工具调整沙发的摆放位置。

以同样的方法，完成餐桌、床、洁具、灶具的布置，如图 7.25 所示。

7.2.6 文字标注

操作方法：

- 输入 DT，用多行文字工具完成文字标注，如图 7.26 所示。

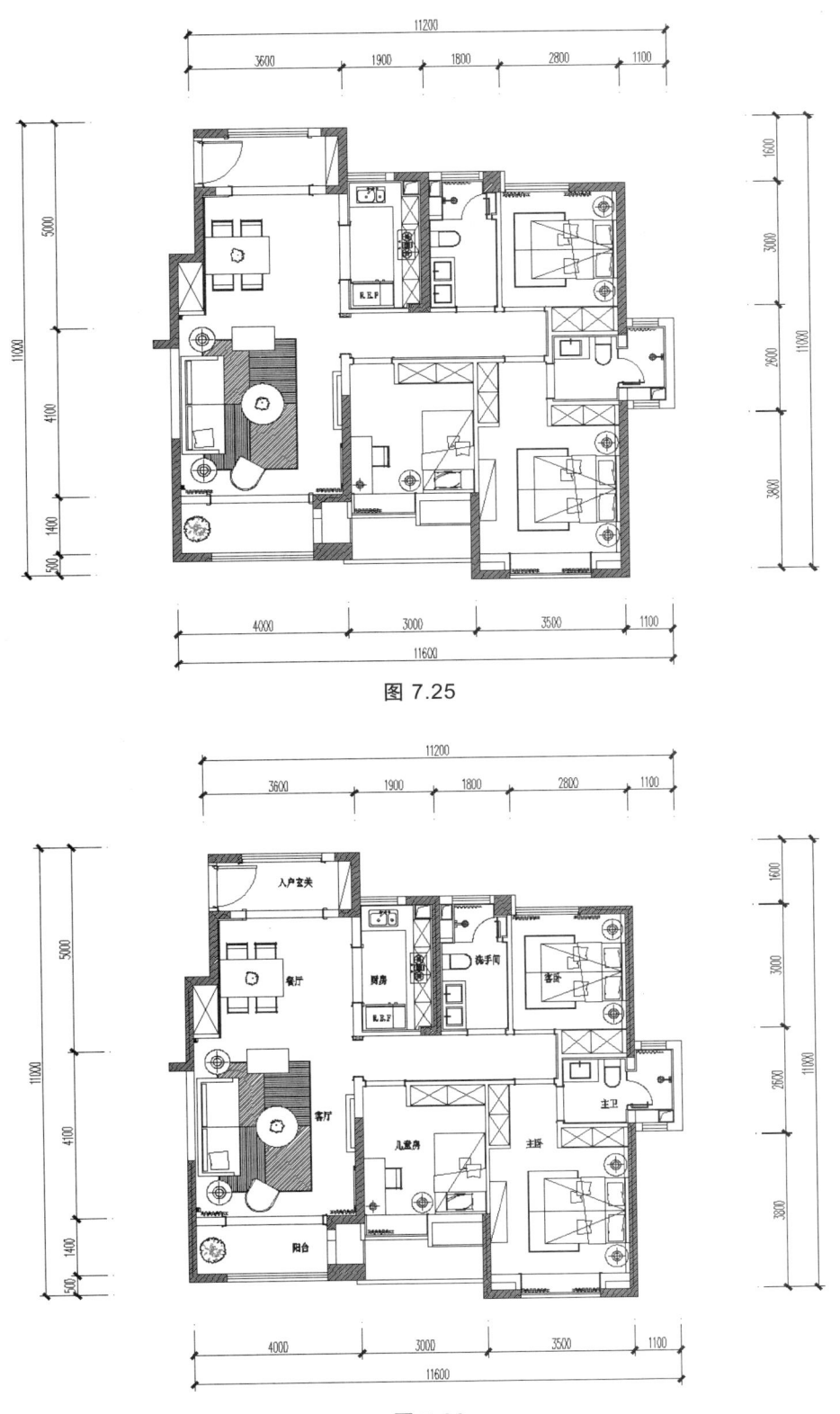

图 7.25

图 7.26

7.2.7 放置图框

调出常用的 A2 图框,用缩放(SC)工具进行放大,放大 25 倍,然后用移动(M)工具调整图框的位置;最后在图框的标题栏标明项目名称、图纸编号、图副型号、日期以及绘图人等内容,如图 7.27 所示。

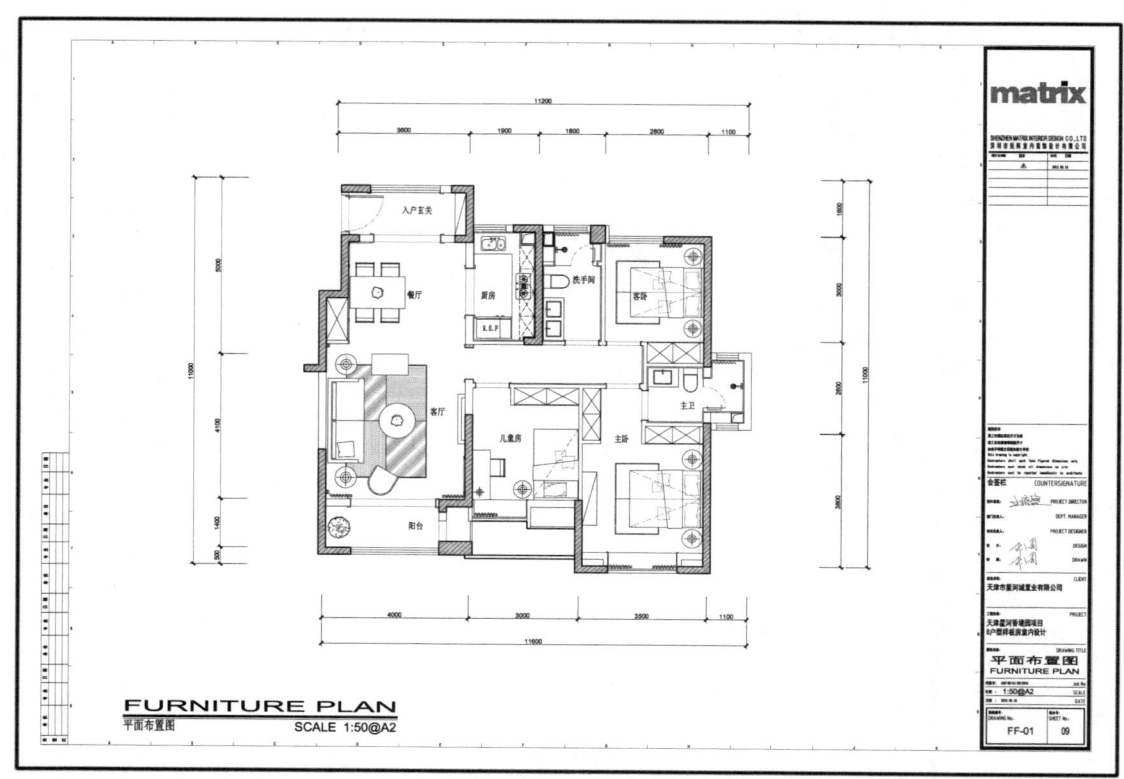

图 7.27

7.3 建筑装饰 CAD 地面铺装图绘制

建筑装饰地面铺装图主要用来表达装饰铺地的形状、图案、布置方式、尺寸、材料和做法等内容。地面铺装平面图规定:同平面图一样水平切开房间,并且拿掉所有活动物体,所看到的地面铺装布置,全部用细线表示。一般室内铺地平面图采用的比例与平面图一致。

铺地平面应表达的内容:铺地平面布置(按实际用材尺寸布置)、相对标高、地面各种材质标注(规格型号、色彩、材质、做法)、不同材质交接处收边、口标注、各种详图及大样图索引标注、地面拼花大样图(详节点大样标准)、轴线、二道外框尺寸线、图名标注、比例标注。

7.3.1 复制平面图

操作方式：
- 用复制 CO 命令，复制平面布置图。
- 删除平面布置图中家具。
- 用直线 PL 线绘制门槛线。

7.3.2 地面材质的填充

1. 客厅、餐厅的地面铺装

操作方式：
- 输入 O，用偏移工具将墙线往内偏移 260。
- 输入 F，用倒角工具将四根线连接起来，形成一个矩形。
- 输入 O，用偏移工具将矩形往内偏移 100，如图 7.28 所示。
- 输入 REC，用矩形工具绘制 600×600、100×100 的矩形，结合 M 移动工具完成地砖拼贴，如图 7.29 所示。
- 输入 CO，用复制工具进行地面拼贴，结合 TR 修剪工具完成客厅和餐厅的地面材质铺装，如图 7.30 所示。

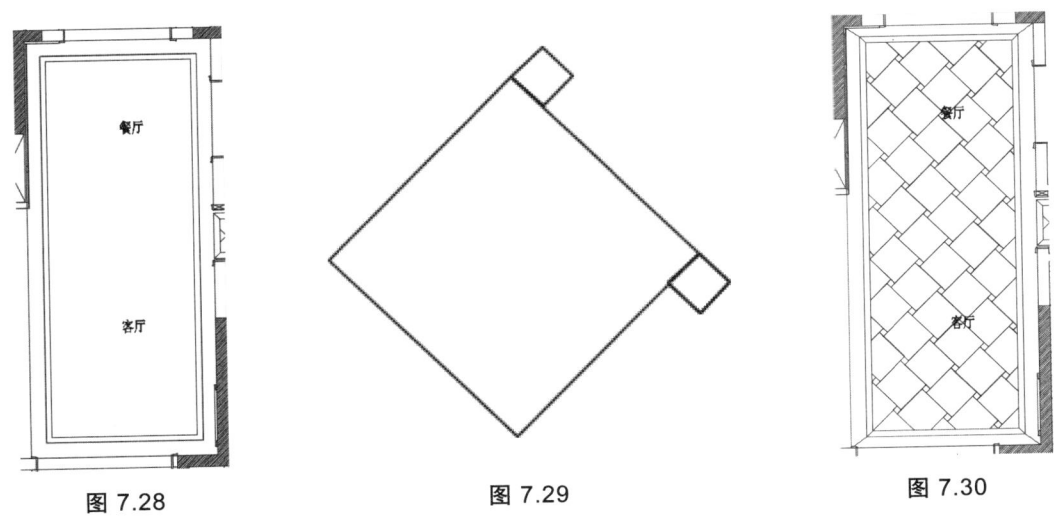

图 7.28　　　　　　　图 7.29　　　　　　　图 7.30

2. 玄关、厨房、卫生间、过道、阳台的地面铺装

- 输入 O，用偏移工具完成地面拼花的边界，玄关和阳台往内偏移 200，卫生间和过道往内偏移 150。

■ 输入 H，调用填充工具，选择<u>用户定义</u>选项，在菜单中调整地面铺装的角度、间距、比例等，点选<u>添加：拾取点</u>按钮选择需要填充的范围，再点选<u>预览</u>，显示当前图案填充的效果，若不符合要求，可对其进行调整，包含比例、角度等，完成操作，如图 7.31 所示。

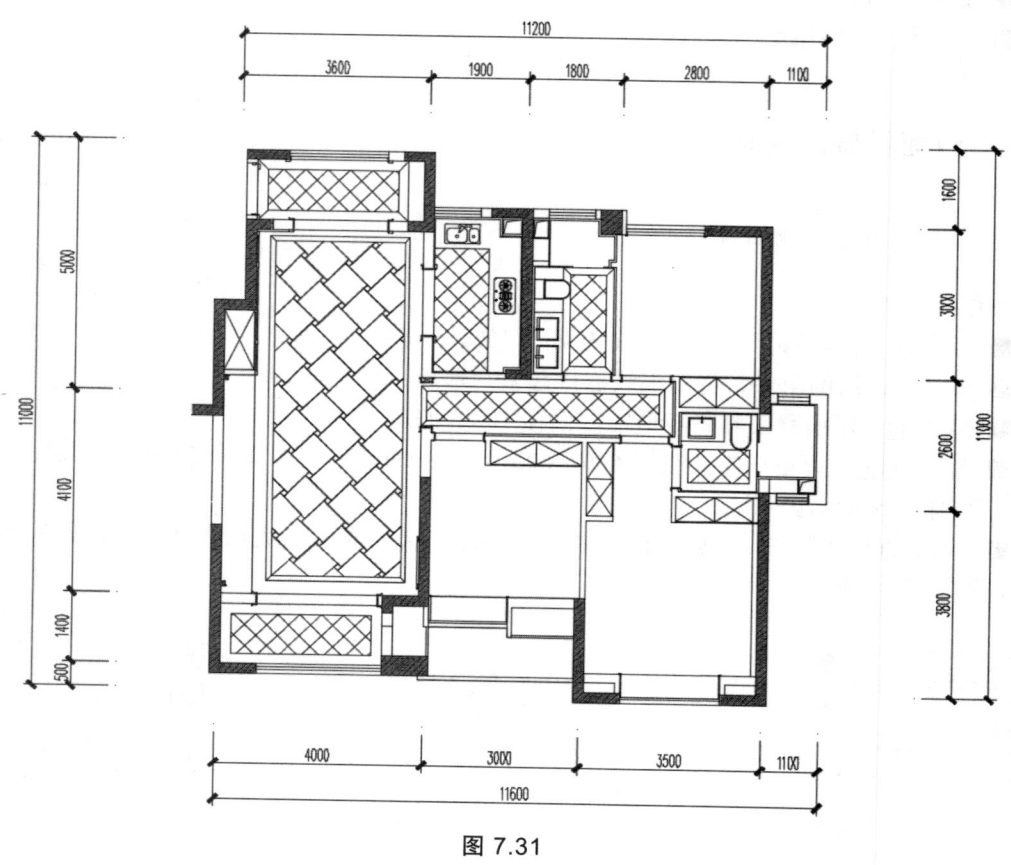

图 7.31

3. 卧室、阳台的地面铺装

■ 输入 H，调用填充工具，选择<u>预定义</u>选项，选择图案类型、调整角度和比例，点选<u>添加：拾取点</u>按钮选择需要填充的范围，再点选<u>预览</u>，显示当前图案填充的效果，若不符合要求，可对其进行调整，包含比例、角度等，单击完成操作，如图 7.32 所示。

7.3.3 放置图框

复制图框，用移动（M）工具调整图框的位置，如图 7.33 所示。

任务 7　建筑装饰 CAD 平面布置图绘制 | 167

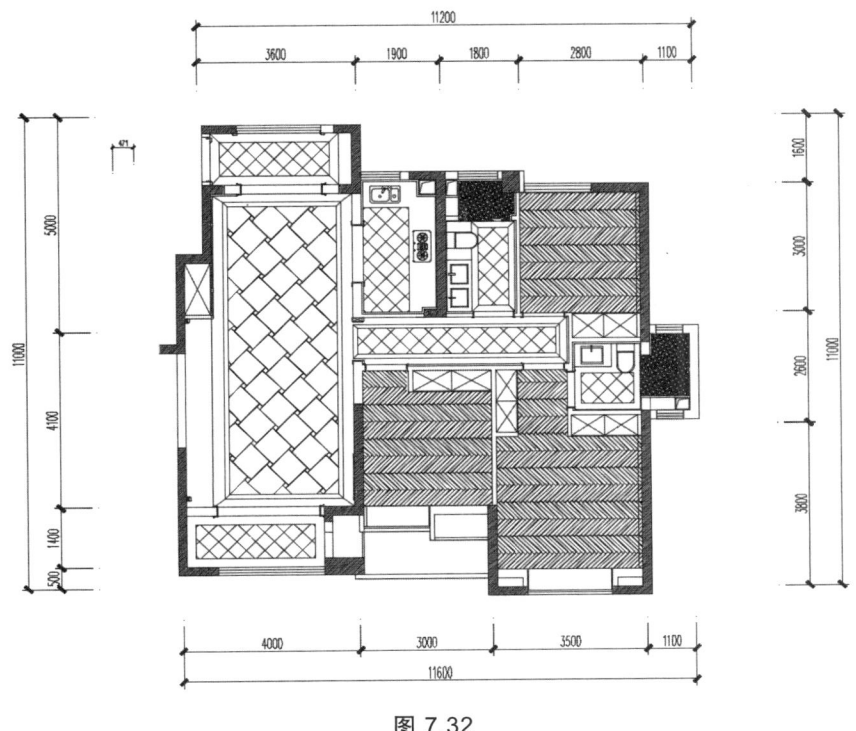

图 7.32

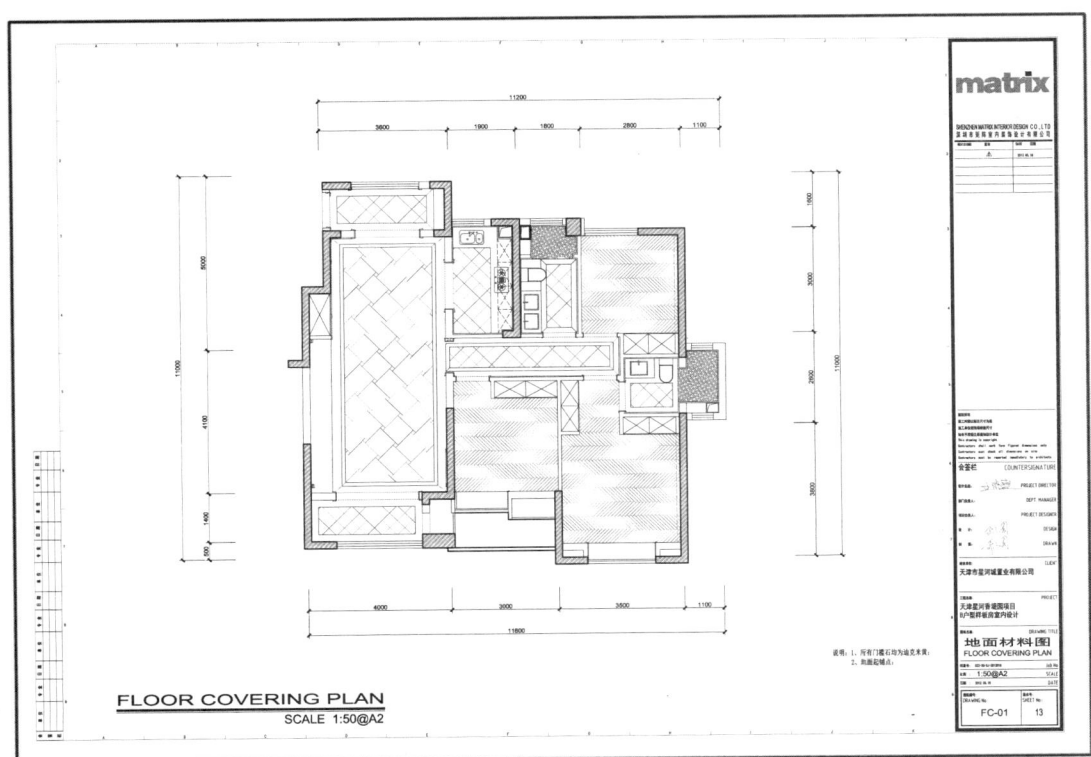

图 7.33

7.4 建筑装饰 CAD 天棚图绘制

1. 复制平面图

操作方式：
- 用复制 CO 命令，复制平面布置图。
- 删除平面布置图中与天棚图无关的图形。
- 用直线 PL 绘制门洞线。

2. 天花造型

操作方式：
- 调用边界创建 BO 命令，使每个房间成为一个封闭的空间。
- 根据天花造型的需要，进行不同尺寸的偏移 O 偏移尺寸，如图 7.34 所示。

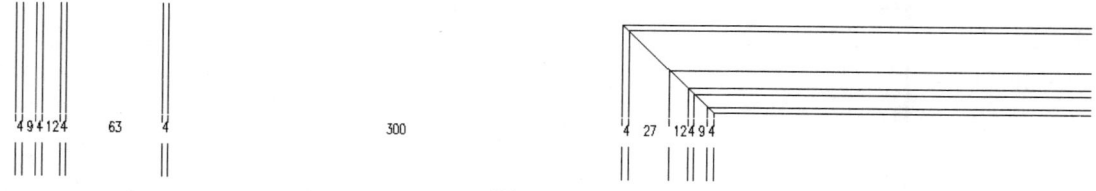

图 7.34

- 输入 L，用直线工具绘制天花造型的线；输入 O，用偏移工具完成客厅和餐厅的天花造型，偏移尺寸为 60，10，如图 7.35 所示。

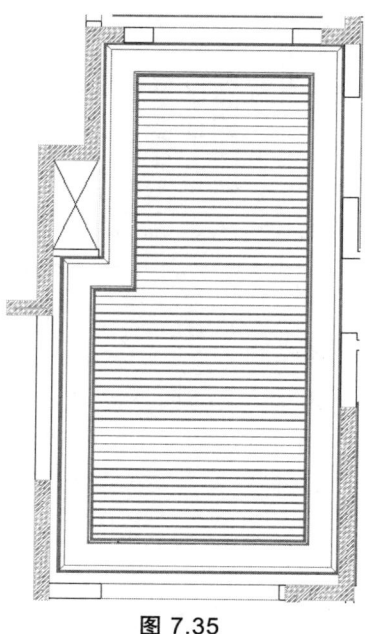

图 7.35

■ 依据同样的方法，完成其他房间的天花造型，如图 7.36 所示。

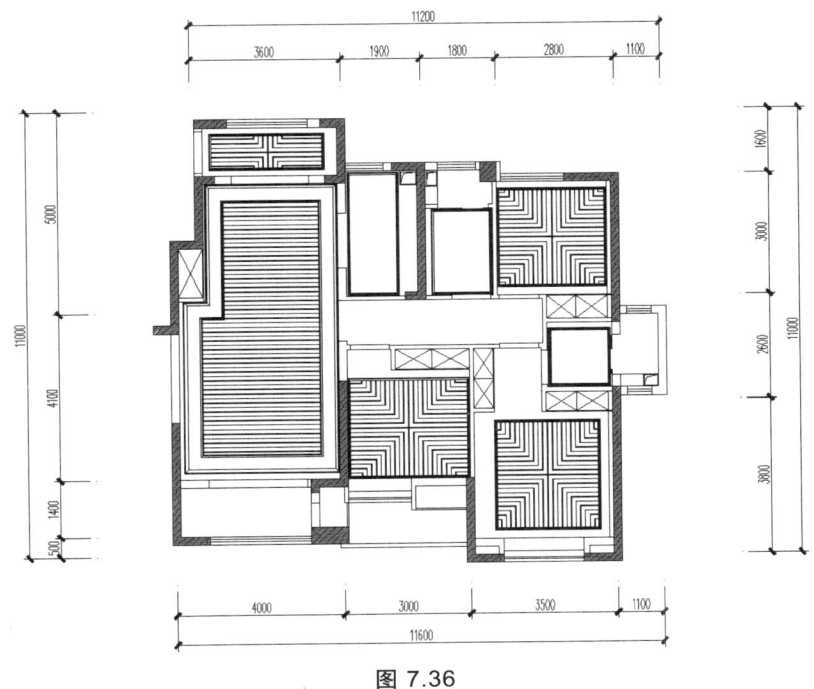

图 7.36

3. 灯　具

操作方式：

■ 用偏移 O 工具完成漫反射灯带的绘制，并通过线型工具改变漫反射灯带的表示方式，如图 7.37 所示。

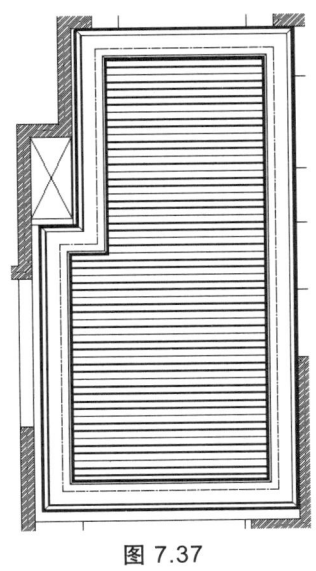

图 7.37

■ 调用 AutoCAD 图库中灯具的元素，用 Ctrl+C 和 Ctrl+V 完成灯具的复制粘贴，如图 7.38 所示。

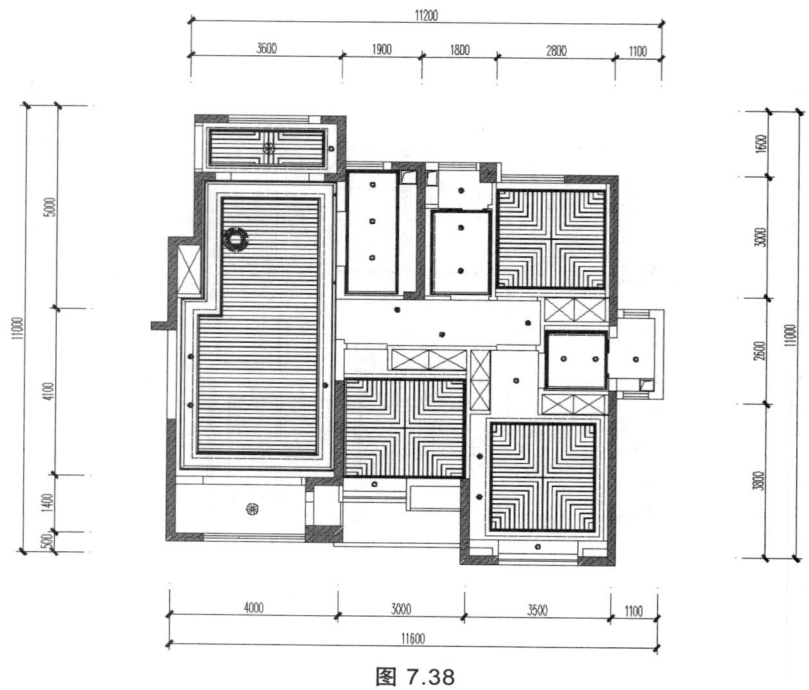

图 7.38

■ 重复上一步的操作，完成空调、窗帘等辅助图形的操作。
■ 在客厅的位置点击插入位置，并输入 SC 放大缩小比例。
■ 用移动工具 M 完成灯具摆放位置的调整，如图 7.39 所示。

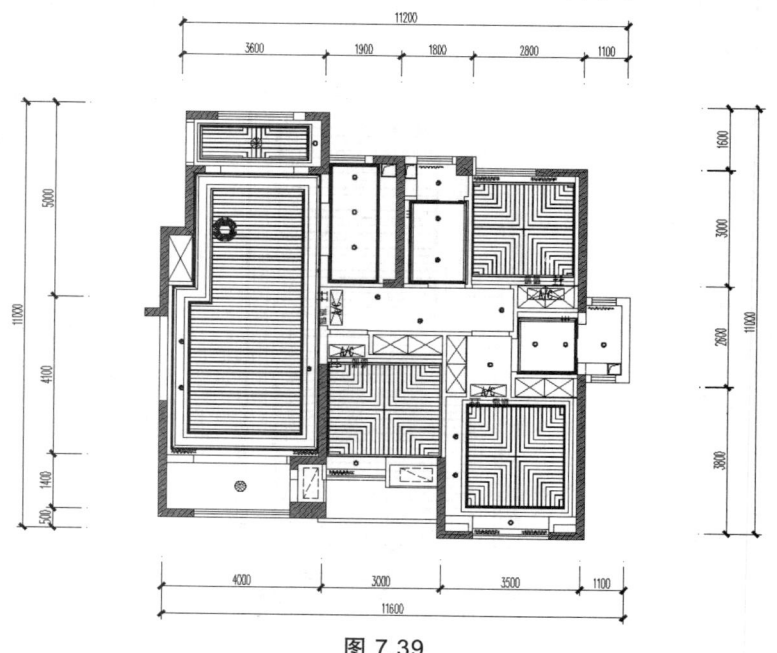

图 7.39

4. 放置图框

复制图框，用移动（M）工具调整图框的位置，如图 7.40 所示。

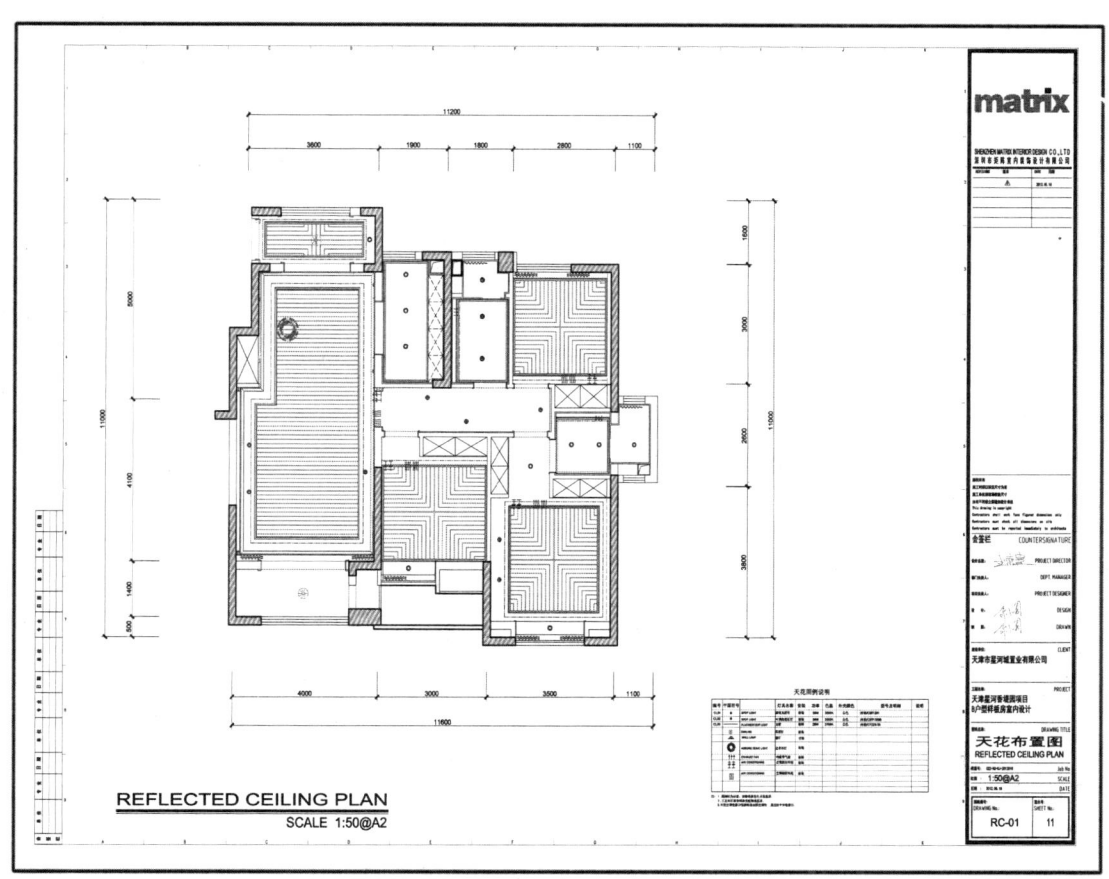

图 7.40

实训 7

（1）住宅装饰平面实训图。
■ 绘制装饰平面图，如图 7.41 所示。
■ 绘制地面铺装图，如图 7.42 所示。
■ 绘制天棚示意图，如图 7.43 所示。
■ 绘制开关布置示意图，如图 7.44 所示。

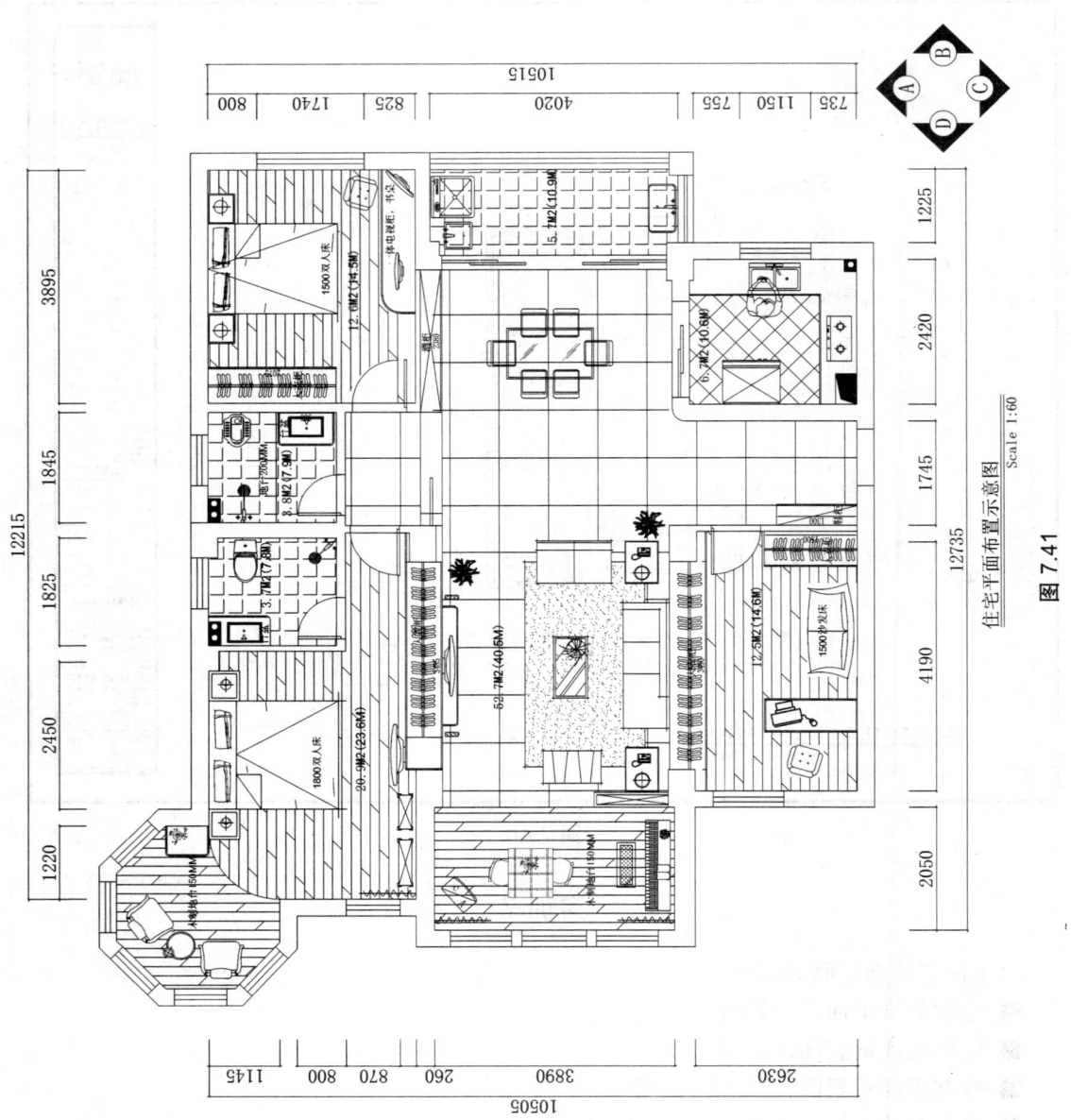

图 7.41 住宅平面布置示意图 Scale 1:60

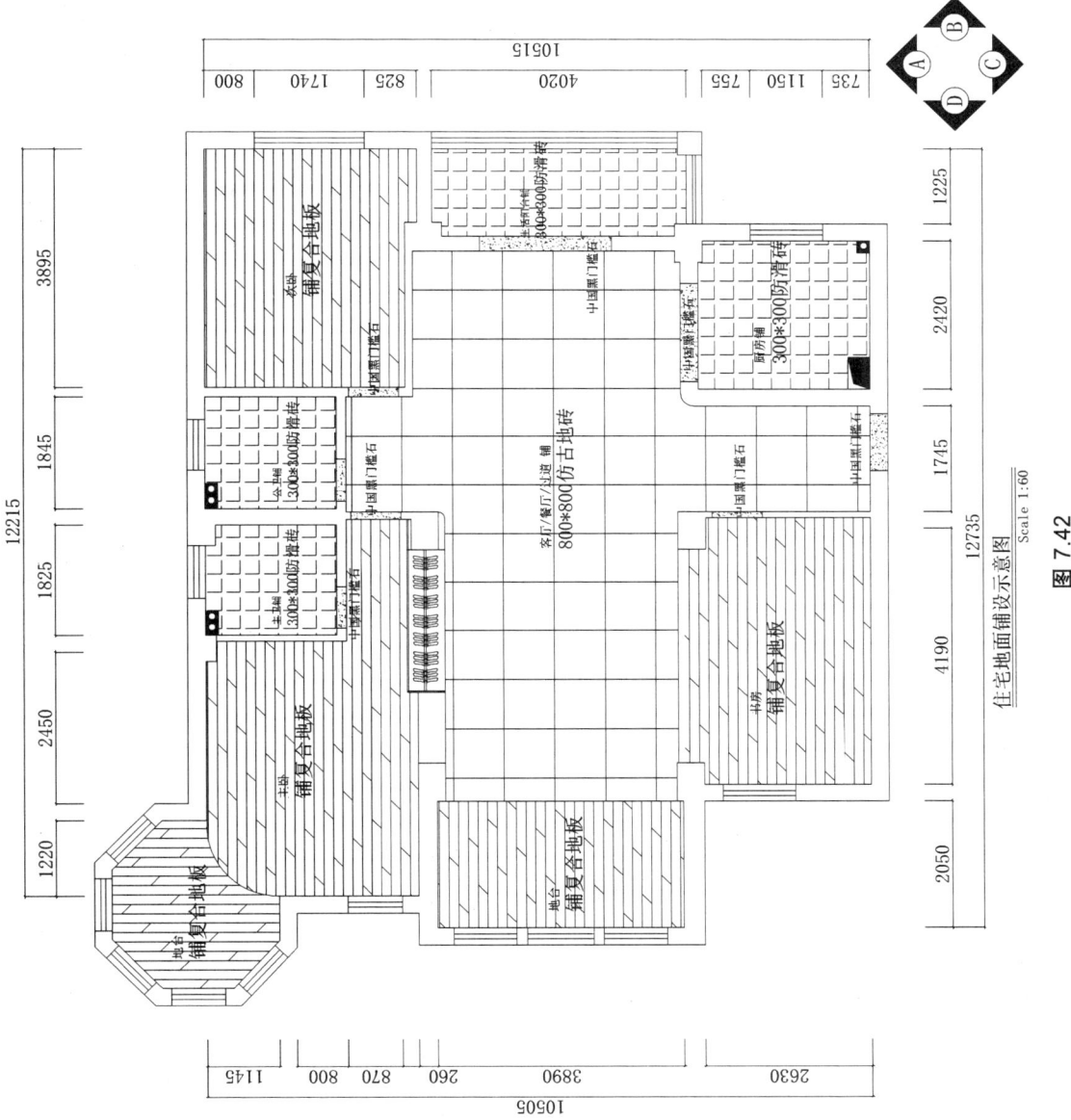

图 7.42 住宅地面铺设示意图 Scale 1:60

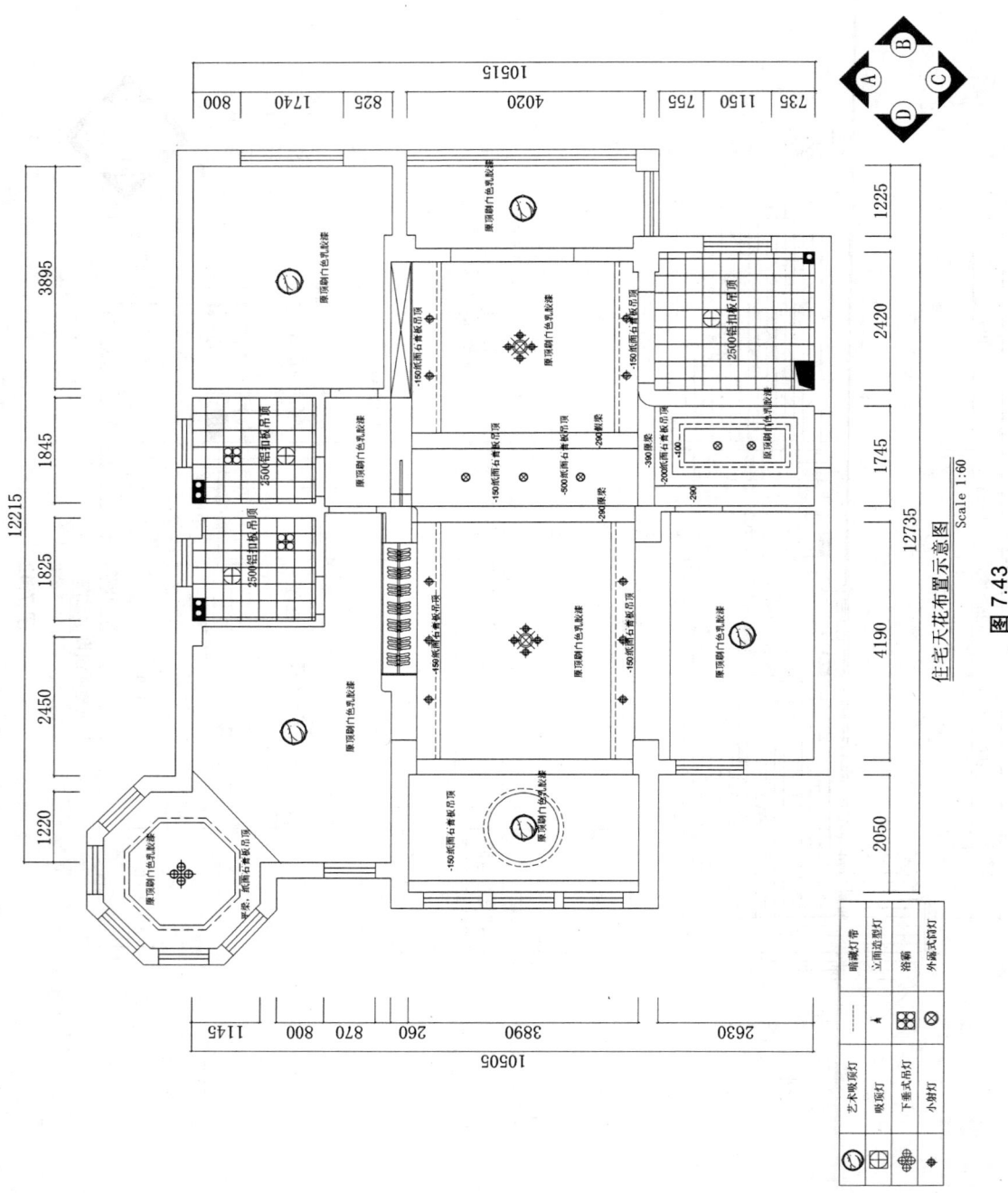

图 7.43 住宅天花布置示意图

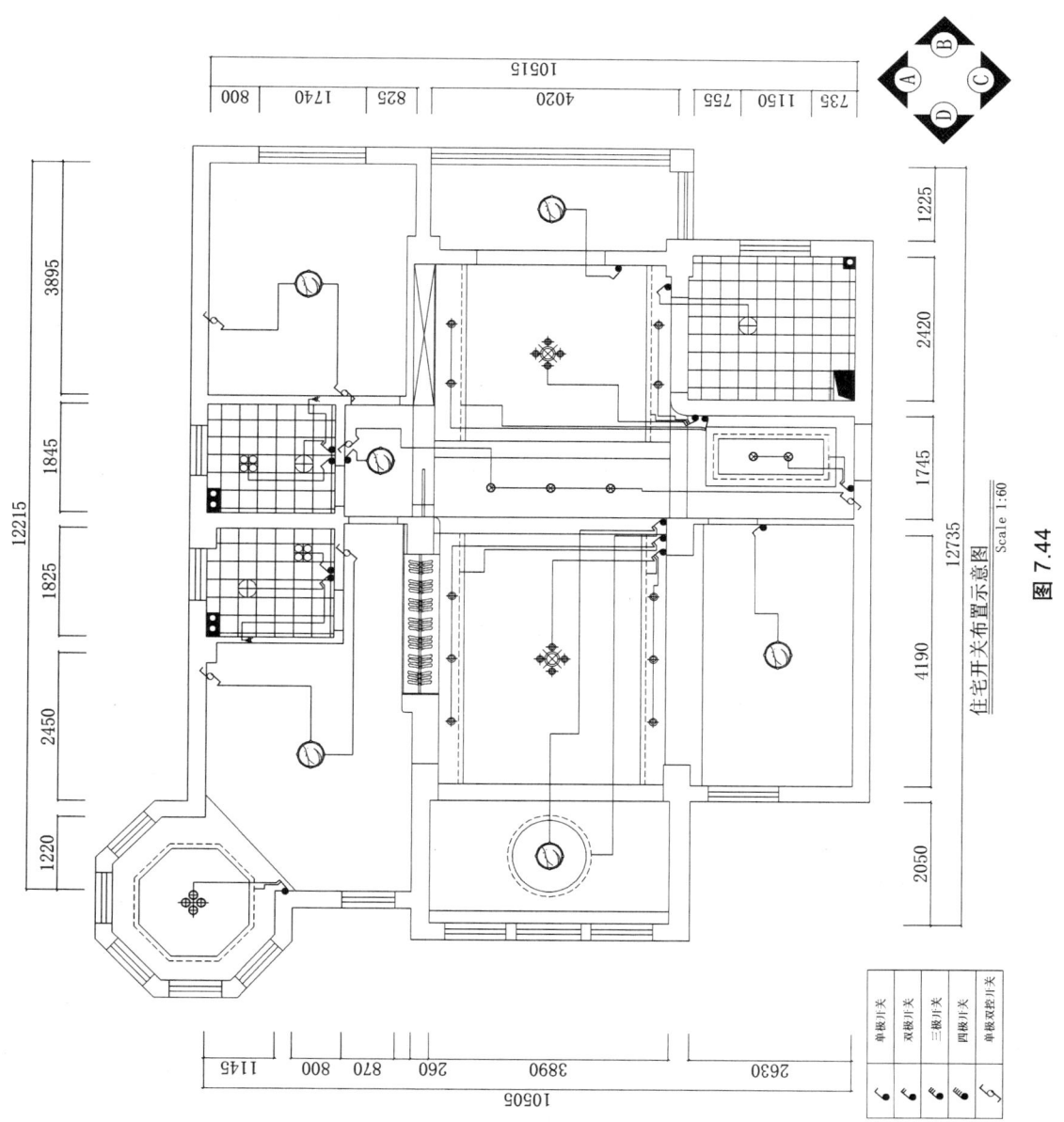

图 7.44

（2）餐饮空间装饰平面实训图。

■ 绘制一层平面布置图，如图 7.45 所示。

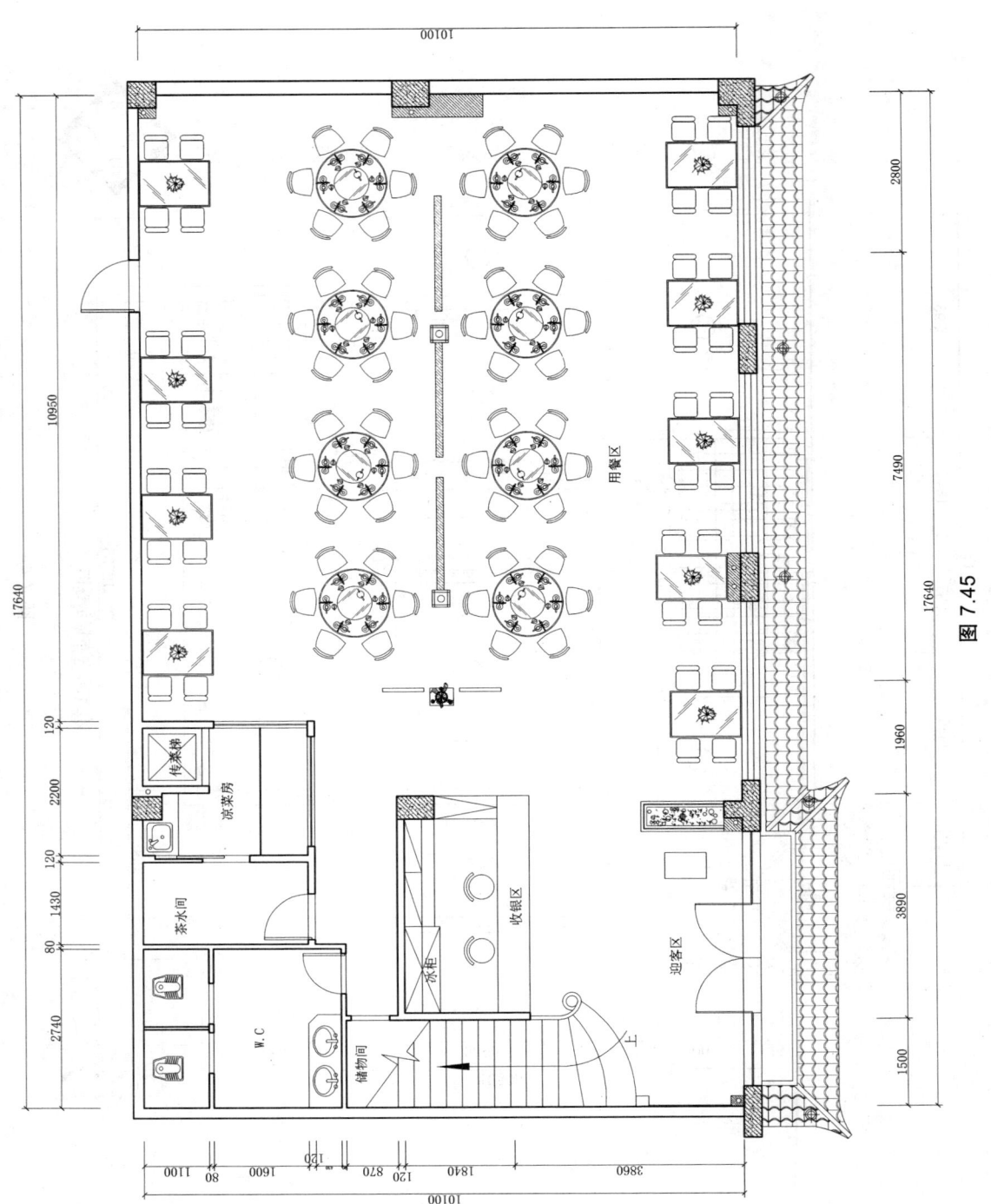

图 7.45

■ 绘制阁楼平面布置图，如图 7.46 所示。

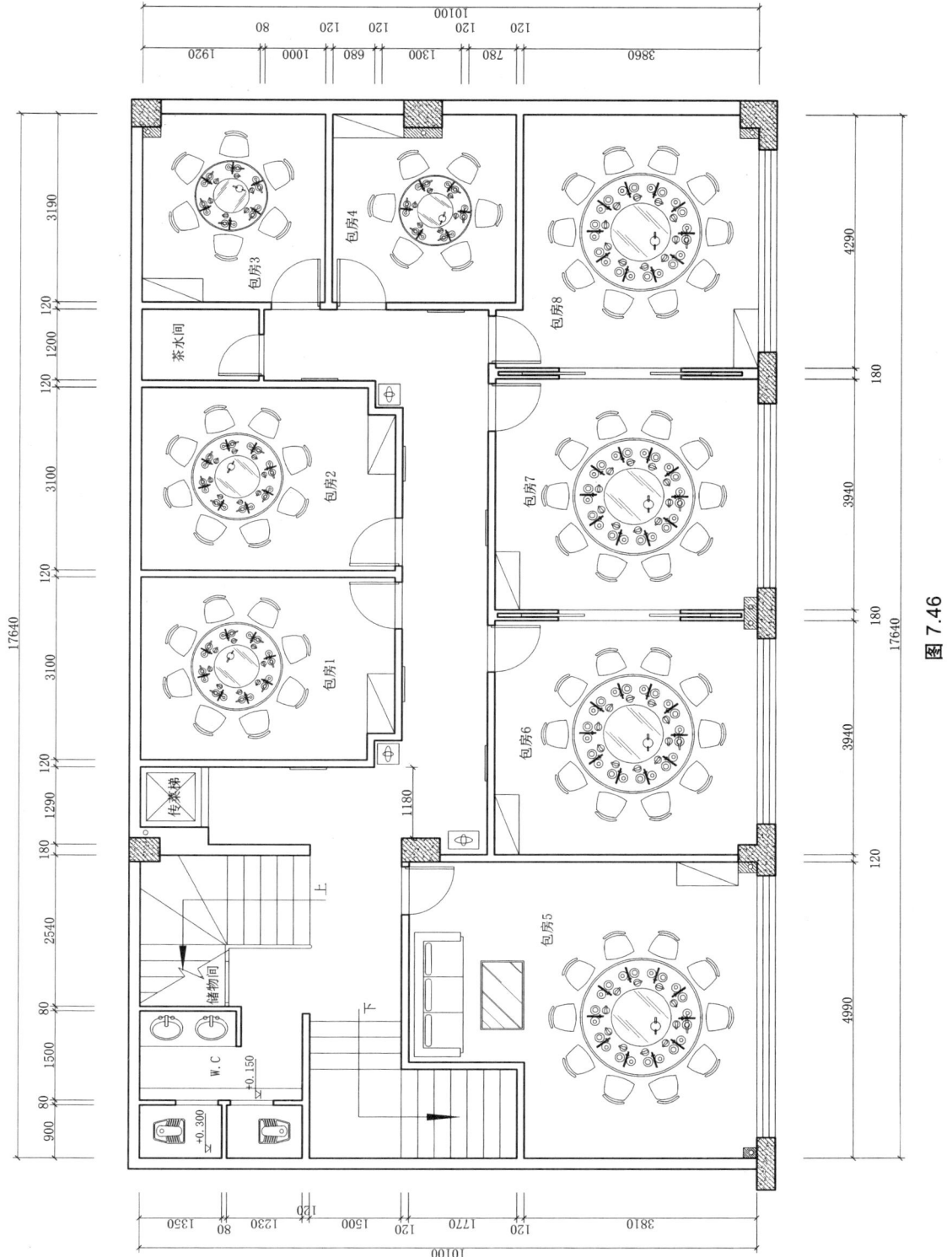

图 7.46

■ 绘制二层平面布置图,如图 7.47 所示。

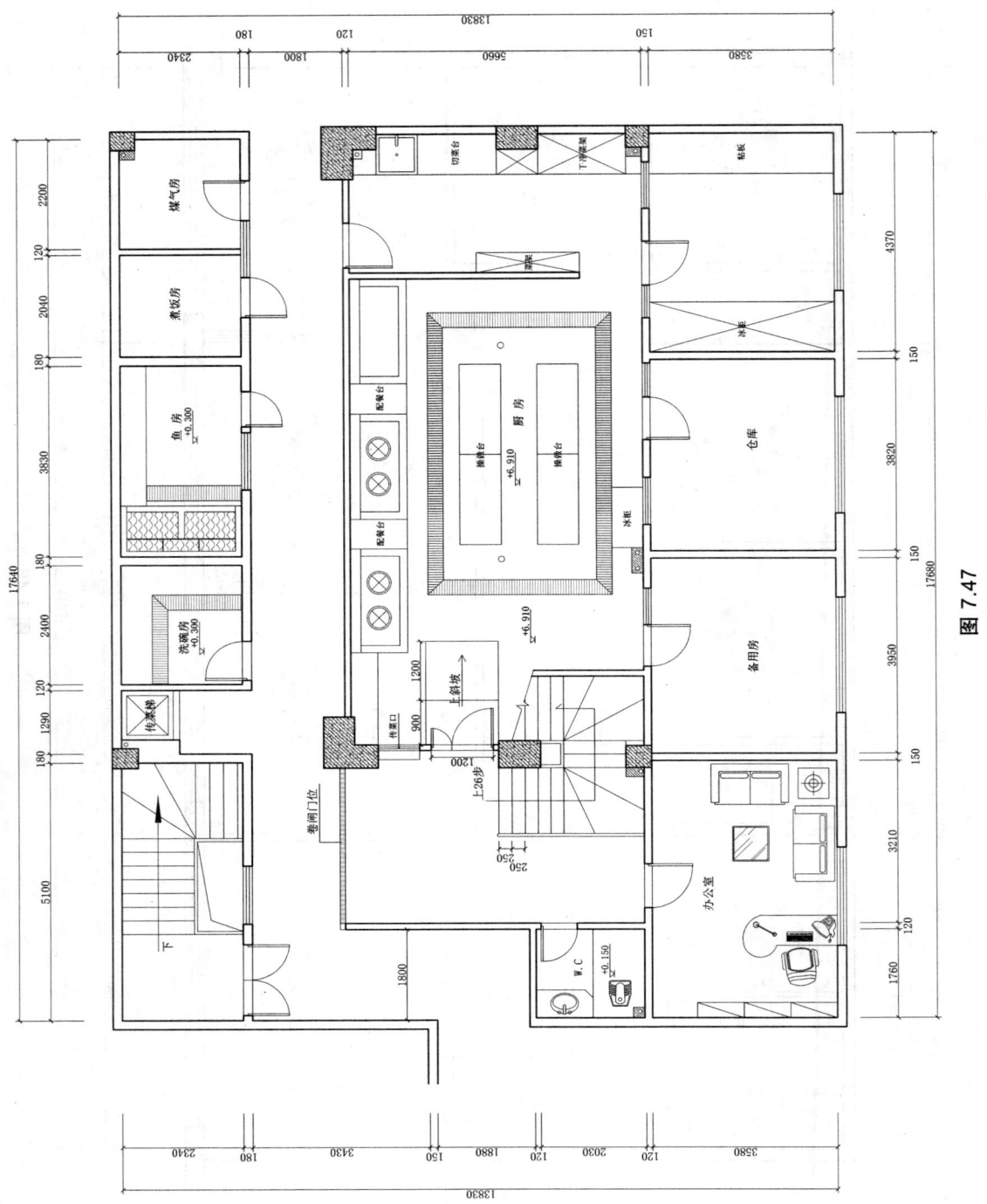

图 7.47

任务 7 建筑装饰 CAD 平面布置图绘制 | 179

■ 绘制一层天棚布置图，如图 7.48 所示。

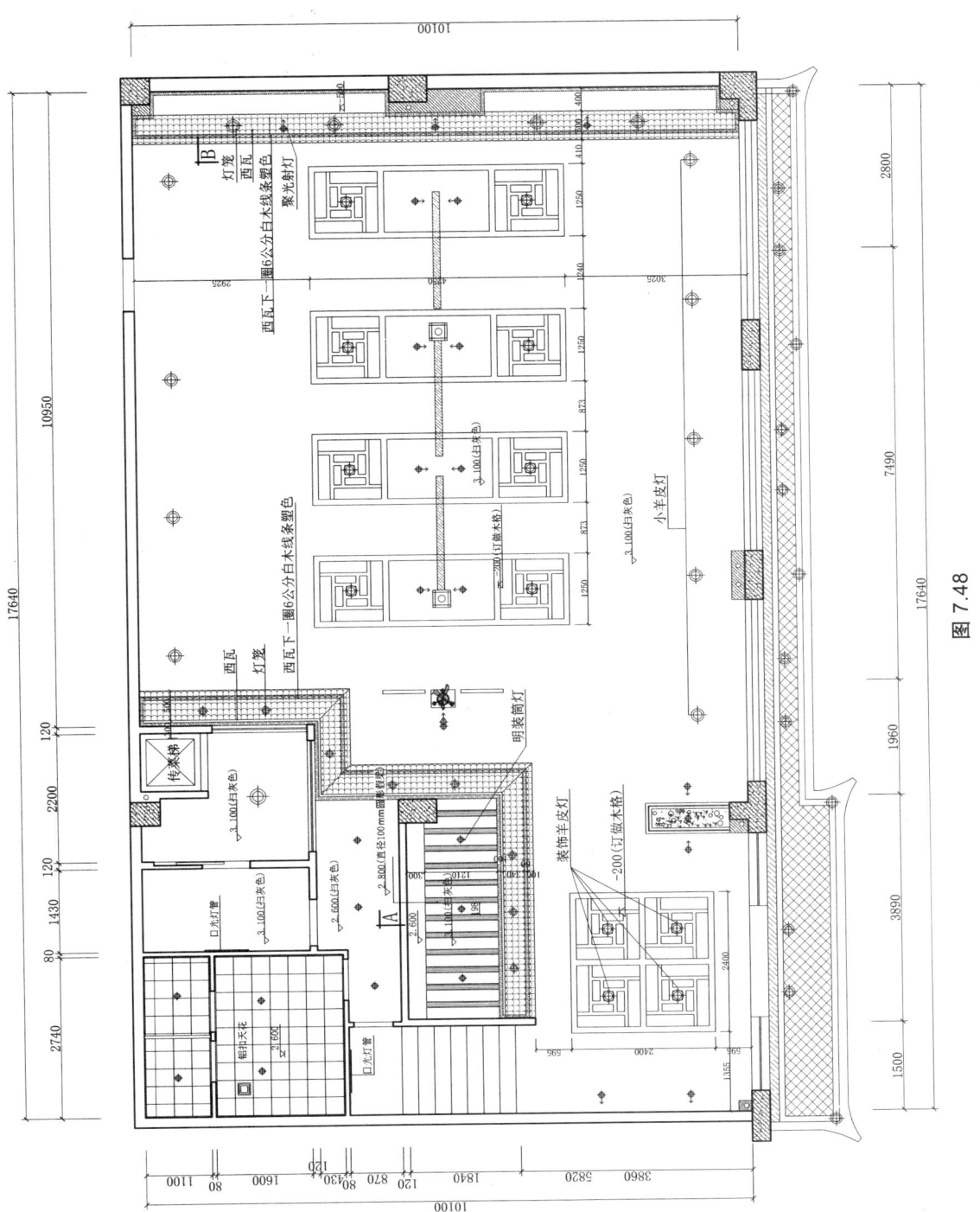

图 7.48

■ 绘制阁楼天棚布置图，如图 7.49 所示。

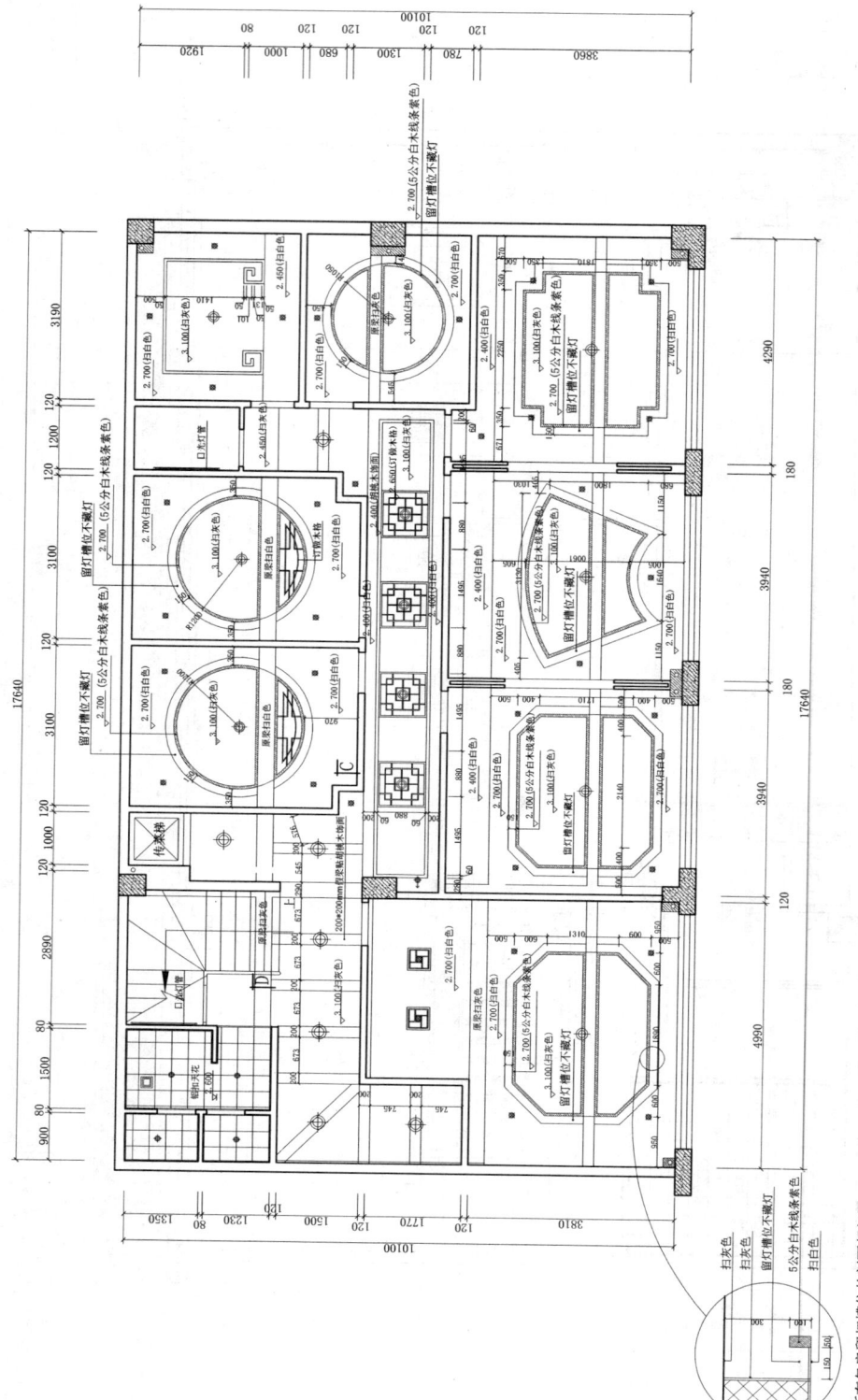

图 7.49

■ 绘制二层天棚布置图，如图 7.50 所示。

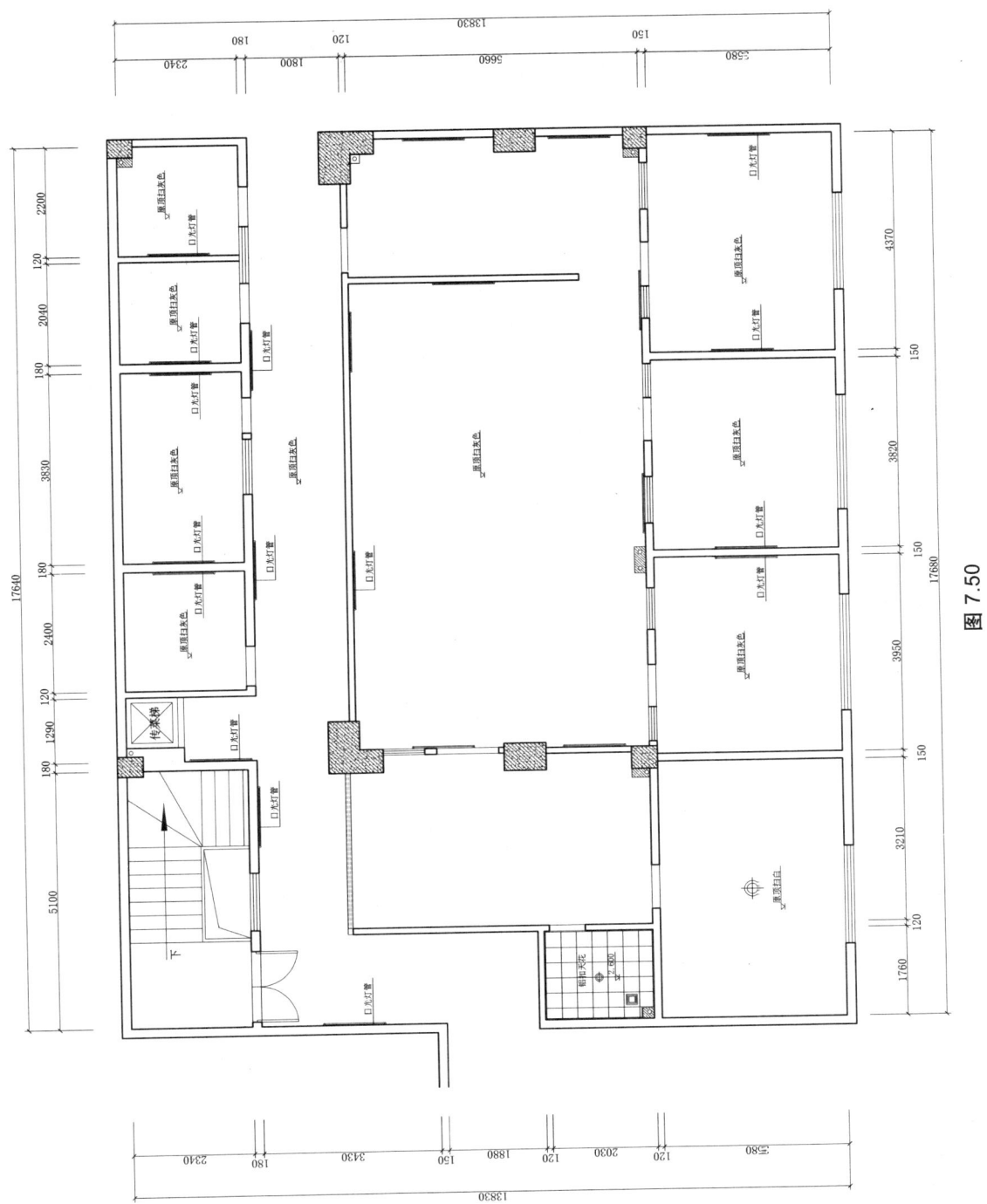

图 7.50

任务 8　建筑装饰立面图绘制

任务要点：装饰立面图的绘制要注意与平面图的立面内视符号对应，装饰立面图主要表达建筑内部墙体。将建筑物装饰的内部墙面向铅直的投影面所作的正投影图就是装饰立面图。图上主要反映墙面的装饰造型、饰面处理，以及剖切到的顶棚的断面形状、投影到的灯具或风管等内容。装饰立面图所用比例为 1∶100、1∶50 或 1∶25。室内墙面的装饰立面图一般选用较大比例，为 1∶80。

8.1　建筑装饰客厅电视墙立面图的绘制

模板设置参见 7.1 节。

8.1.1　绘制立面图

1. 绘制内墙轮廓线

■ 输入 CO 复制工具，复制平面图中所对应的客厅电视墙体。
■ 输入 RO 旋转工具，调整对应电视墙的角度。
■ 输入 M 移动工具，调整电视墙的位置，如图 8.1 所示。

2. 绘制墙体造型线

（1）绘制墙体轮廓。
■ 输入 L 直线工具，依据墙体位置对应画出立面墙体、楼地板面轮廓线（墙体净高 2850 m），如图 8.2 所示。
（2）绘制门洞。
■ 输入 L 直线工具，绘制门洞图形（门洞高 2.3 m）。
■ 输入 O 偏移工具，将门顶的线向下偏移 150 mm。
■ 按 F3 键开启捕捉（并设置中点捕捉）。

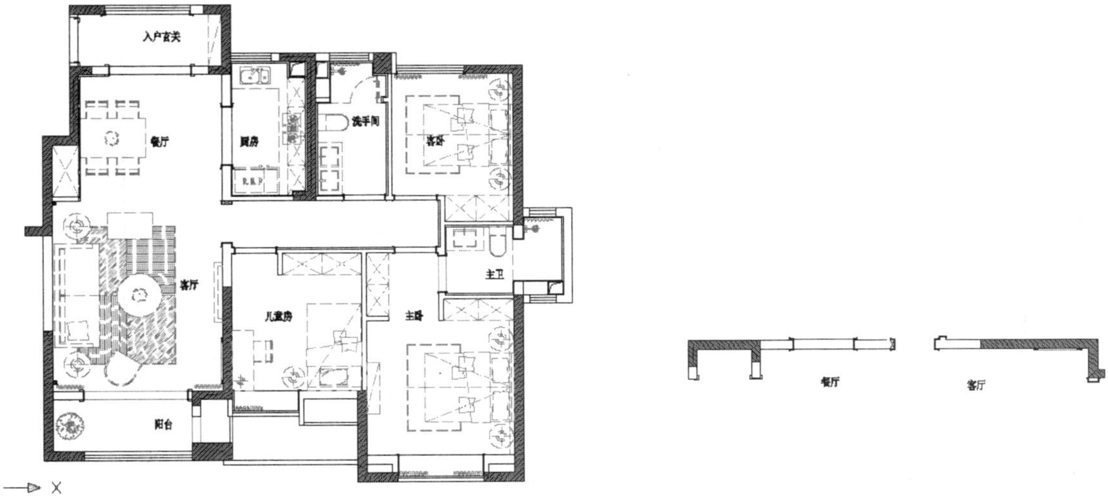

图 8.1

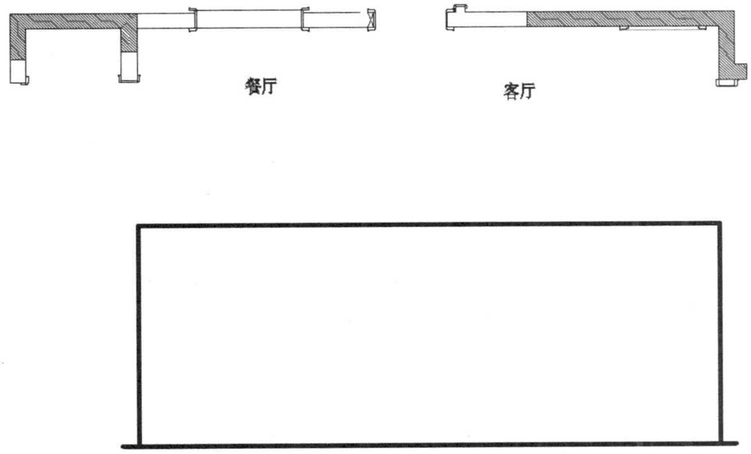

图 8.2

- 输入 ARC 圆弧工具，运用三点定圆弧将弧形门洞画出。
- 输入 TR 修剪工具，修剪多余线条，如图 8.3 所示。

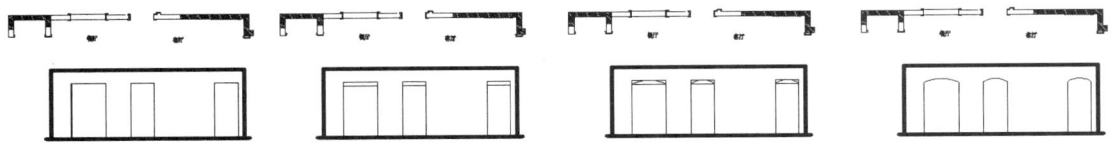

图 8.3

（3）绘制门洞的装饰线条。

- 输入 O 偏移工具，将门洞线向外偏移 100 mm，再分别向内偏移 15 mm，如图 8.4 所示。

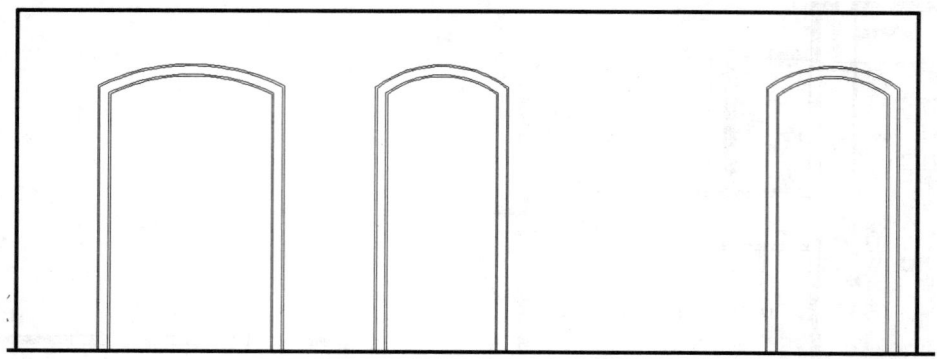

图 8.4

（4）绘制墙体装饰线条。
- 输入 <u>O</u> 偏移工具，用地平线向上偏移 150 得到踢脚线。
- 空格重复偏移命令，用地平线向上偏移 900 得到腰线。
- 空格重复偏移命令，将腰线向下偏移 80。
- 输入 <u>TR</u> 修剪工具，将门洞和门框内的直线修剪掉，如图 8.5 所示。

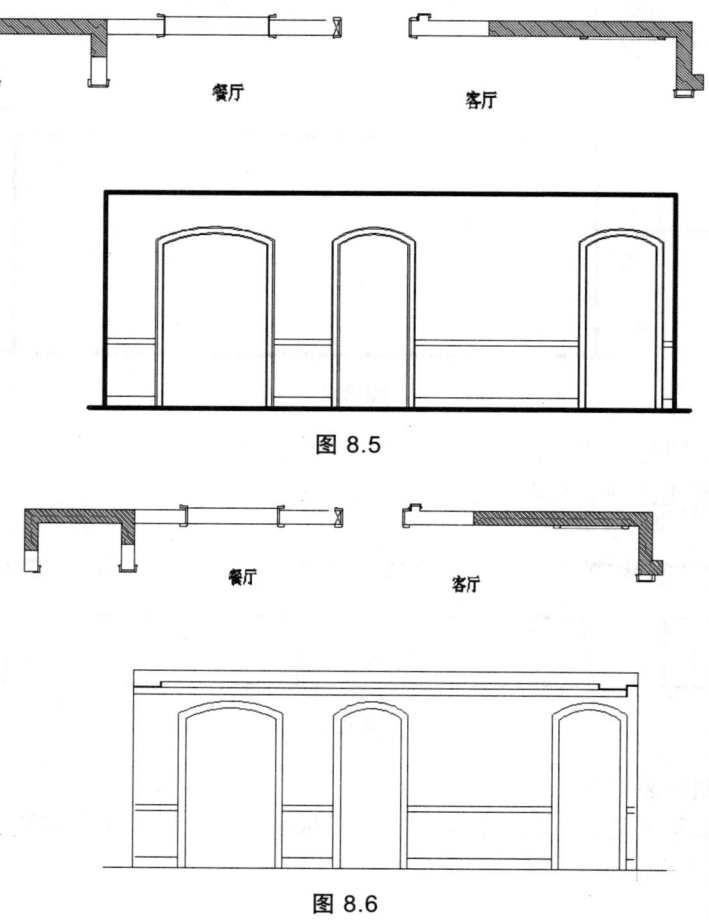

图 8.5

图 8.6

（5）绘制阴角线装饰线条。

■ 输入 O 偏移工具，将顶棚线条向下偏移 250 作出吊顶线，然后用吊顶线分别向下偏移 100、再向上偏移 80，作出阴角线和吊顶的厚度；再将餐厅墙线向里偏移 400，客厅墙线向里偏移 562。

■ 输入 TR 偏移工具，将吊顶和墙体多余线条修剪掉，如图 8.6 所示。

（6）绘制墙体壁炉装饰线条。

■ 在客厅位置两门洞正中间绘制高 1 100，宽 1 400 的壁炉。

■ 输入 L 直线工具，确定壁炉的位置在客厅位置两门洞正中间，绘制一根中轴线，然后绘制壁炉的一半形状，用直线工具、偏移修剪工具绘制出壁炉的大体构造，再用样条曲线和画弧工具绘制出边缘造型，如图 8.7 所示。

■ 输入 MI 镜像命令，将绘制好的壁炉一半进行镜像复制。

■ 删除中轴参考线，如图 8.8 所示。

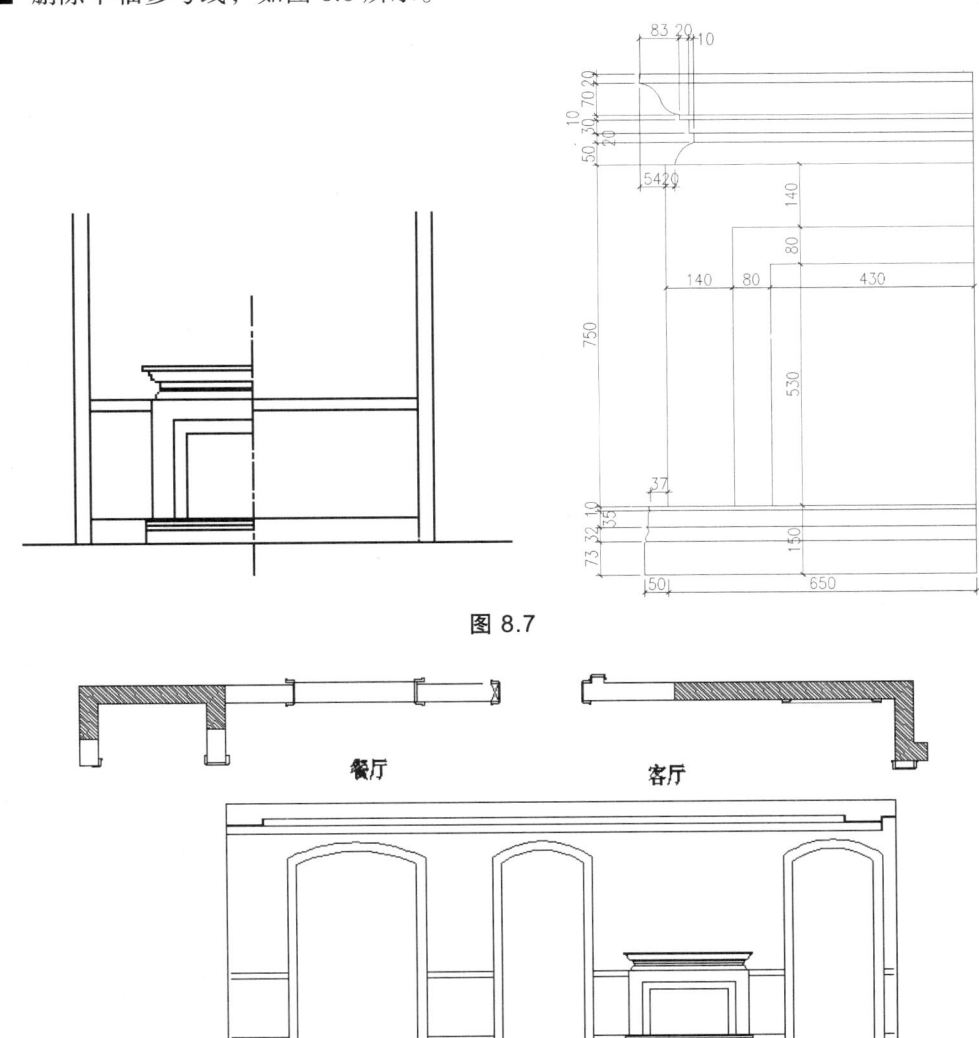

图 8.7

图 8.8

3. 填补图形、材料图例

（1）补充踢脚线内部图形。

■ 输入 O 偏移工具，将高 150 的踢脚线向下做偏移，依次向下偏移 8、2、3、6、3、35、5、5、2。

■ 输入 MA 特性匹配工具，将其归入特定的图层。

■ 输入 TR 修剪工具，将交叉到壁炉的线条修剪掉，如图 8.9 所示。

图 8.9

图 8.10

（2）补充墙裙内图形。

■ 输入 L 直线工具，在墙裙上即腰线与踢脚线之间做两个间距为 10 的竖线。

■ 输入 AR 陈列工具，做间距为 90 的矩形列形式的阵列，最终效果如图 8.10 所示。

（3）补充腰线内部图形。

■ 输入 O 偏移工具，将高 900 的腰线向下做偏移，依次向下偏移 15、3、19、3、25、3。

■ 输入 MA 特性匹配工具，将其归入特定的图层。

■ 输入 TR 修剪工具，将交叉到壁炉的线条修剪掉，如图 8.11 所示。

图 8.11

（4）补充吊顶内部图形。

■ 在吊顶位置作出三个阴角线条图形和吊顶的基本构造，如图 8.12 所示。

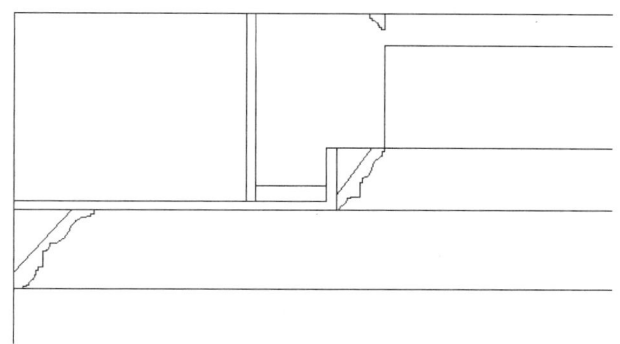

图 8.12

■ 阴角线的具体做法可参考第九章节内容并依据图 8.13 尺寸作出。

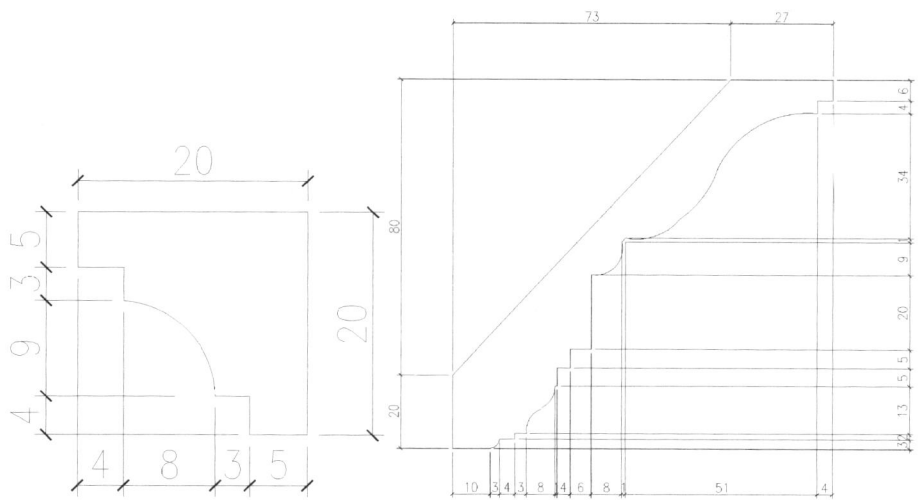

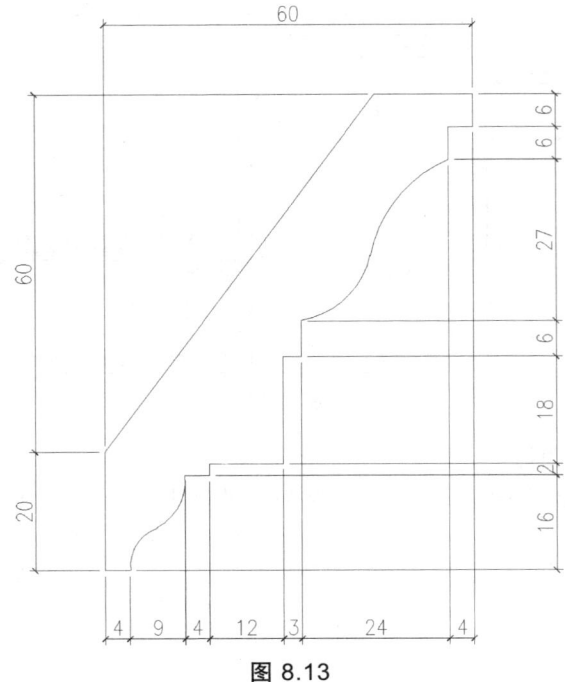

图 8.13

■ 依据阴角线的形状作出直线,在墙体另外一段对阴角线进行镜像复制并移动到相应位置,修剪掉多余线条。在顶棚的阴角线之间作高 10、宽 100 的矩形,并以 110 的间距阵列的顶棚装饰线条。在顶棚装饰线条下面绘制空调通风口设备,绘制效果如图 8.14 所示,最终效果如图 8.15 所示。

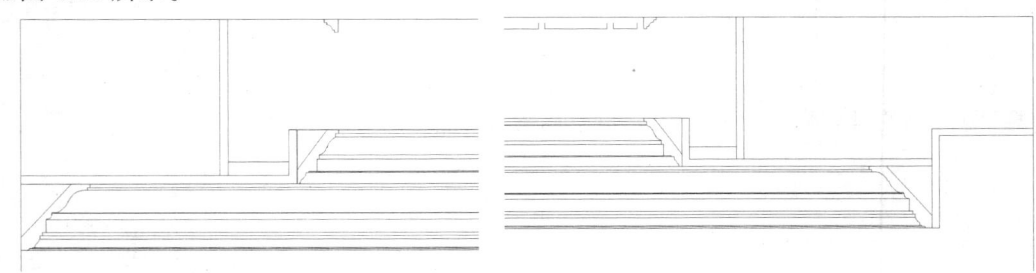

图 8.14

图 8.15

（5）填充材料图例。

■ 输入 B 图案填充命令，在图案选项中选取要表达相应材料的图例，设置比例进行填充。依此方法对墙体的壁纸、墙裙和踢脚板的木材、壁炉的石材、右边拱门造型内的镜子进行材料填充。

■ 将另外两个拱门的门洞绘制出来，最终效果如图 8.16 所示。（无法拾取边界的区域可以用多段线 PL 命令绘制边界线，在填充时边界用选择对象的方式进行填充，最后删除多段线即可。）

图 8.16

（6）完善图形，补充楼板厚度和墙体厚度。

■ 将地平线向下偏移 50 作地板铺装层和 120 的楼板层，两边墙体向外偏移 200 作出墙体厚度，将作出的线条修剪整齐，最后绘制出两边墙体的剖面拱门洞形状、门套的剖面形状，如图 8.17 所示，最终效果如图 8.18 所示。

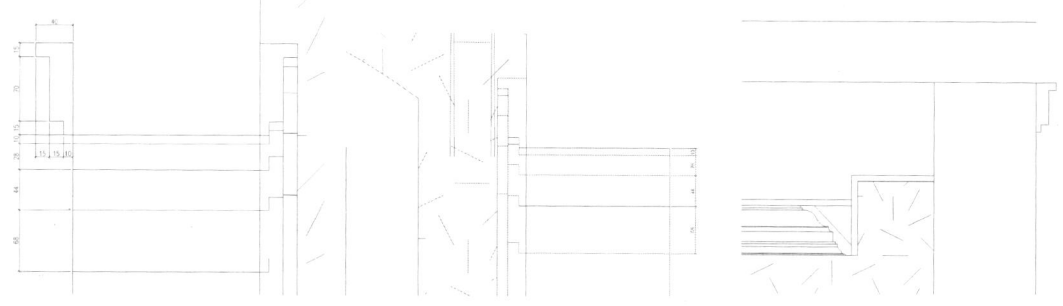

图 8.17

图 8.18

（7）调入灯具窗帘。
- **Ctrl+C** 复制工具，复制需要添加的灯具、客厅窗帘等家具图块。
- **Ctrl+V** 粘贴工具，将图形放在指定的位置。
- **M** 移动工具，对灯具、客厅窗帘等家具图形图块等行位置的精确调整，如图8.19所示。

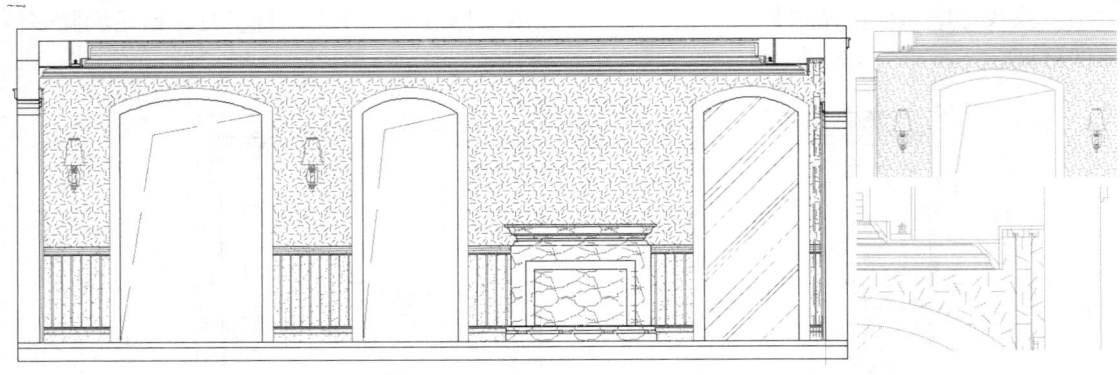

图 8.19

4. 尺寸标注

（1）制作二道外框尺寸。
- 输入 **DLI** 线性标注，从左边开始标出内墙线到门框的尺寸。
- 输入 **DCO** 连续标注，依次标出剩下的门套宽、门洞宽、墙体造型宽以及壁炉宽，直到右边内墙线。
- 输入 **DBA** 基线标注，标出总体尺寸。
- 以同样的方法，完成下开的尺寸标注，最终效果如图8.20所示。

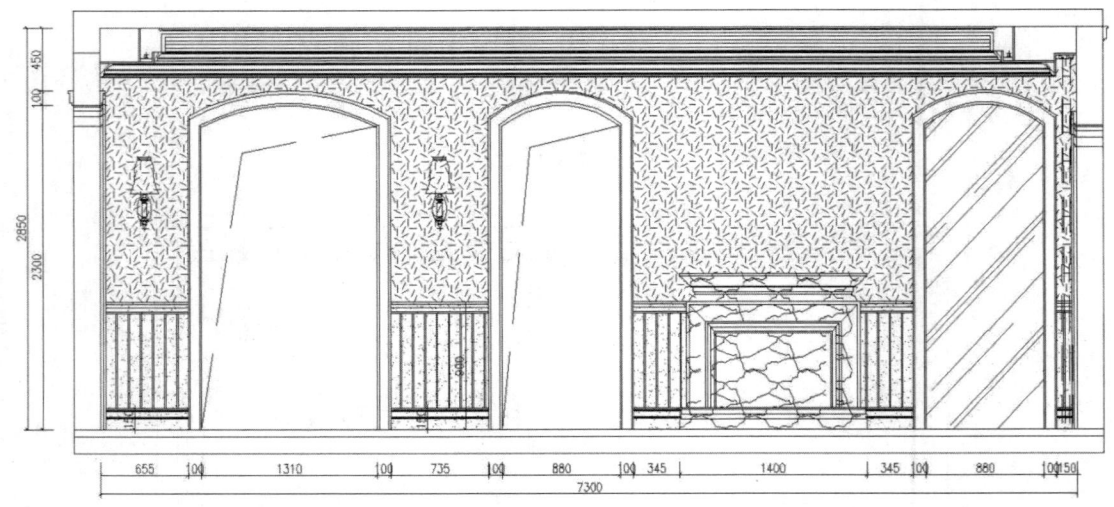

图 8.20

（2）制作装饰造型细部尺寸。

■ 输入 DLI 线性标注，将踢脚板的高度、拱门套的宽度、拱门的高度、墙裙的高度、壁炉的高度标注出来，如图 8.21 所示。

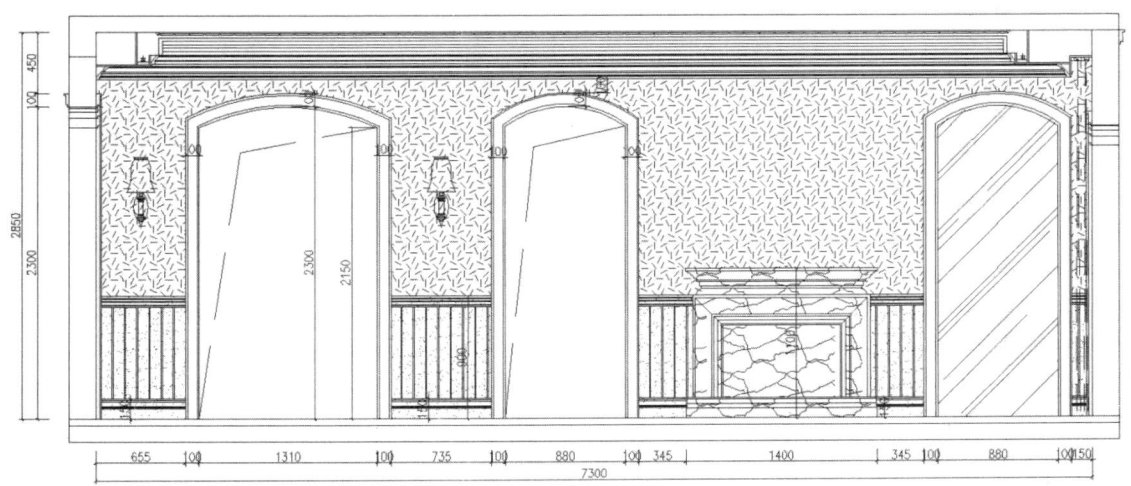

图 8.21

（3）制作墙体相对标高。

■ 用直线命令绘制出标高符号，并用文字工具标出 ±0.000、+2.500、+2.850 等相应墙体，如图 8.22 所示。

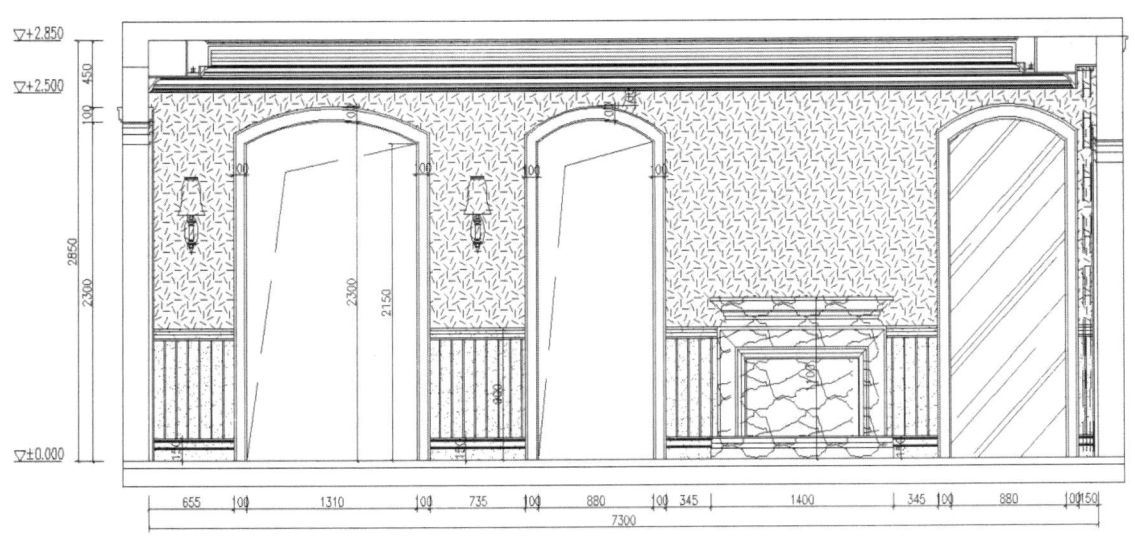

图 8.22

（4）制作详图索引符号。

■ CTRL+3 调出"工具选项面板"，选择"注释"中"图号索引"并调入模型中，如图 8.23 所示。

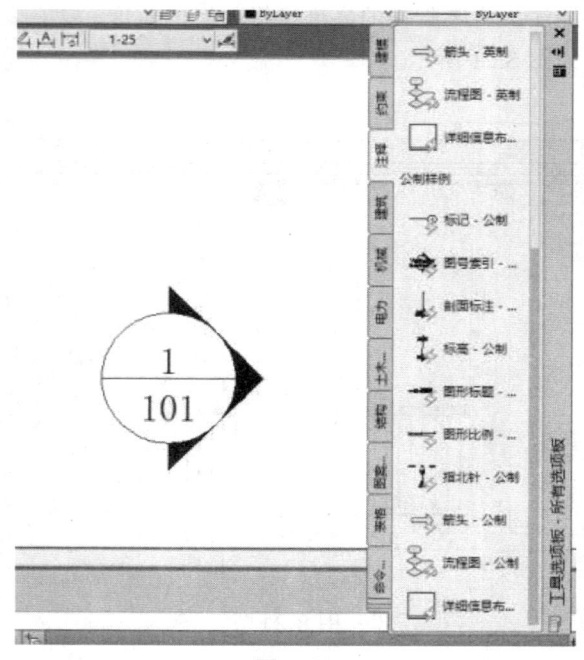

图 8.23

- 输入 SC 缩放工具，将索引符号缩放至半径 100，删除箭头，移动至壁炉附近。
- 绘制虚线矩形将壁炉框如其内（如看不清虚线可调节线型比例因子）。
- 输入 L 直线工具，将虚线与图号索引连接并放入标注图层，如图 8.24 所示。最终效果如图 8.25 所示。

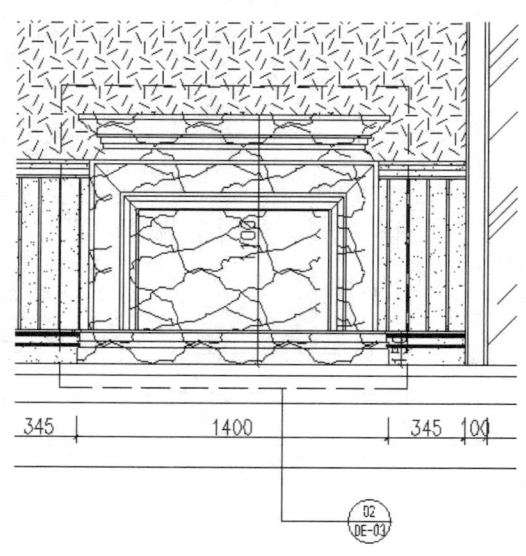

图 8.24

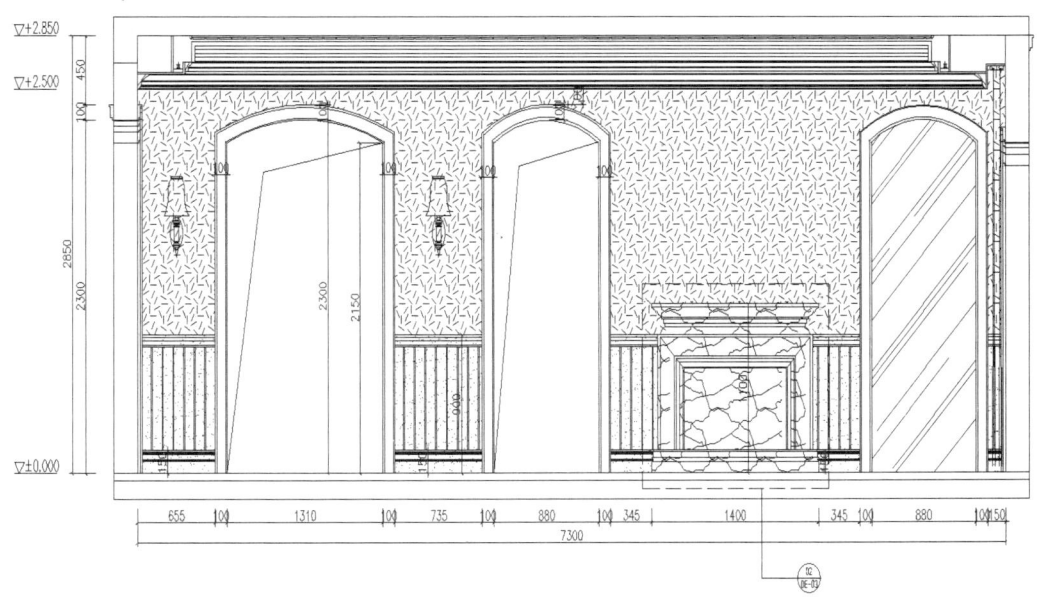

图 8.25

5. 文字标注

■ 输入 LE 多重引线命令，设置文字高度为 100，按照图例的表达依次标注材料的名字、颜色和型号。

■ 注意标注的材料可以结合材料表中的编号进行标注。依次标出木饰面的踢脚板、墙裙、腰线和拱门套；吊顶内的百叶风口；墙面的壁纸；壁炉的沙漠风石材；以及右边拱门造型内的银镜，如图 8.26 所示。

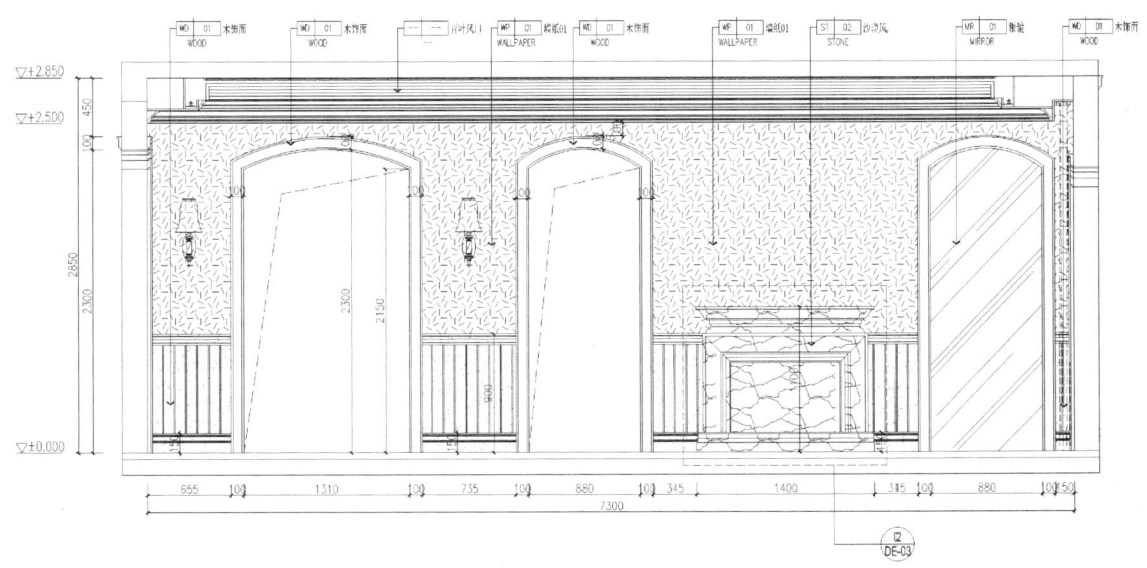

图 8.26

8.1.2 放置 A2 图框

（1）平面与立面图一起装框的特殊形式：首先在设计中心（Ctrl+2）里调出 A2 图框，也可以自己设计 A2 图框。接着将 594×420 的 A2 图框用缩放（SC）工具放大 25 倍，然后用移动工具（M）调整图框的位置，直至能将本墙体平面与立面图都放入，用文字工具标明图名和比例。最后在图框的标题栏标明项目名称、图纸编号、图幅型号、日期以及绘图人等内容。

注意：这种将平面图与立面图装在一起的装图方式仅限于当该墙体没有在平面图中进行立面内饰索引，设计方案没有表达清楚或者施工图需要的情况下，才将平面图与立面图一起放置。需注意墙体轮廓要对齐，以及最后图名应标注房间的功能和墙体的功能名称，如图 8.27 所示。

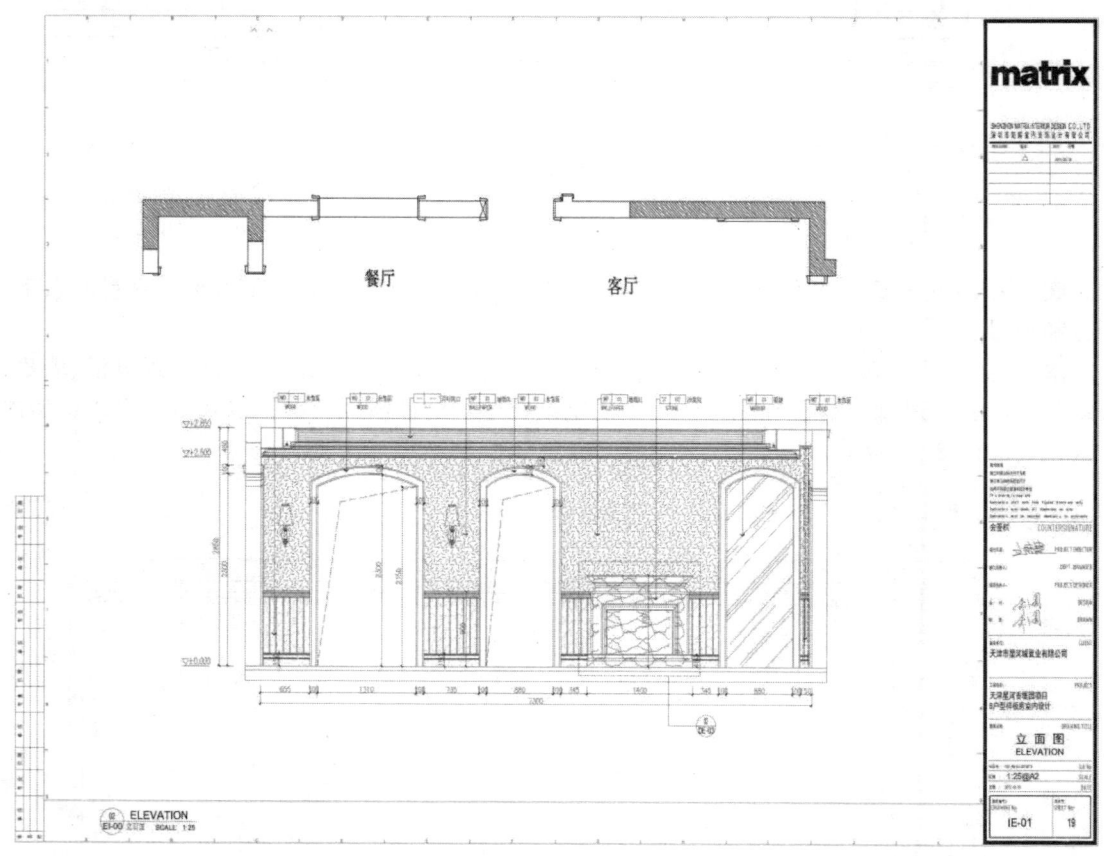

图 8.27

（2）立面图与立面图一起装框的一般形式：这种装框形式最常见，有立面内饰索引的墙体则不需在立面图中放置平面图了，同时为了排版美观会在一个图框中放置两个对应面墙体的立面图。比如本图可以与绘制好的沙发背景墙立面图左右对齐上下放置，同时要注意图名与立面内饰索引符号对应（思考一下沙发背景墙的画法），最后效果如图 8.28 所示。

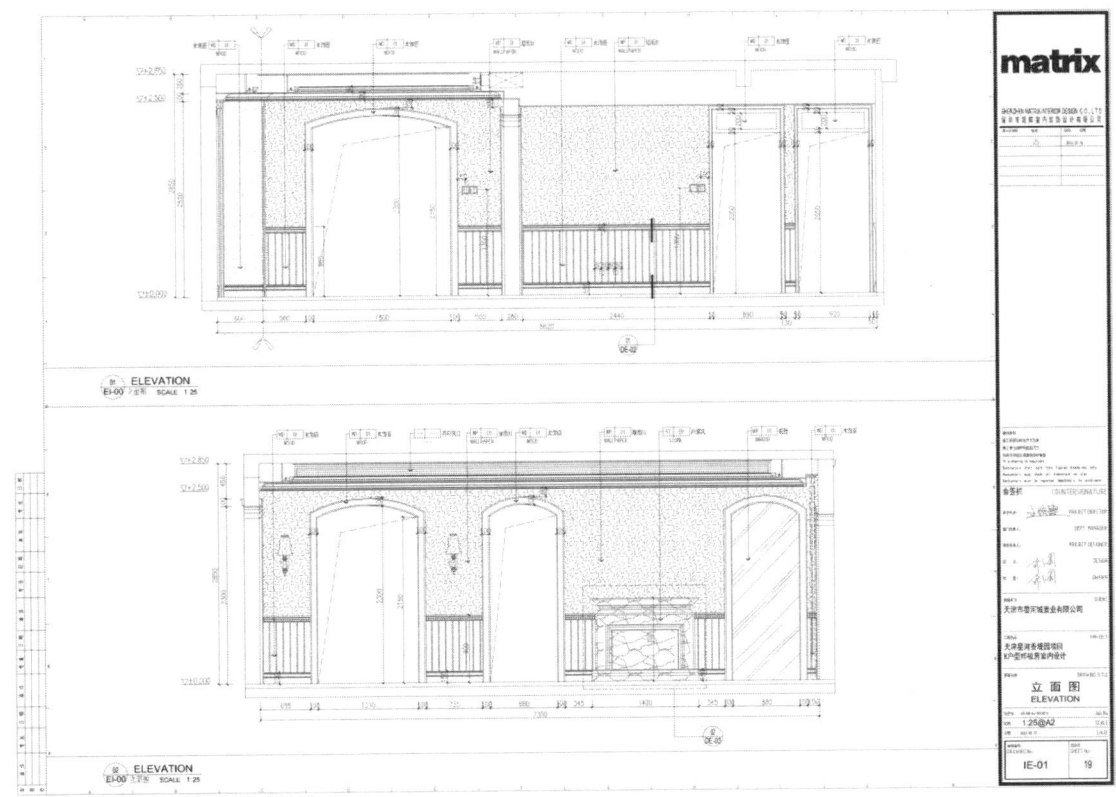

图 8.28

8.2 建筑装饰卫生间立面展开图的绘制

为了能让人们通过一个图样就能了解一个房间所有墙面的装饰内容,可以绘制内墙展开立面图。绘制内墙展开立面图时,用粗实线绘制连续的墙面外轮廓,面与面转折的阴角线,内墙面、地面、顶棚等的轮廓;然后用细实线绘制室内家具、陈设、壁挂等的立面轮廓。为了区别墙面位置,在图的两端和墙阴角处标注与平面图一致的轴线编号;另外还标注该相关的尺寸、标高和文字说明。如果没有轴线编号的墙体,绘制方式可以先从门的墙体开始依次顺时针绘制。

8.2.1 绘制立面图

1. 绘制内墙轮廓线

■ 将平面图中所对应的洗手间平面图形复制进立面图模型中,并对应找出各个立面所对应的立面内饰索引符号，如图 8.29 所示。

■ 输入 L 直线工具，从左向右依次按顺时针方向绘制 26 立面、29 立面、25 立面、28 立面内墙线。

■ 输入 O 偏移工具，得到墙体高度 2 850，如图 8.30 所示。

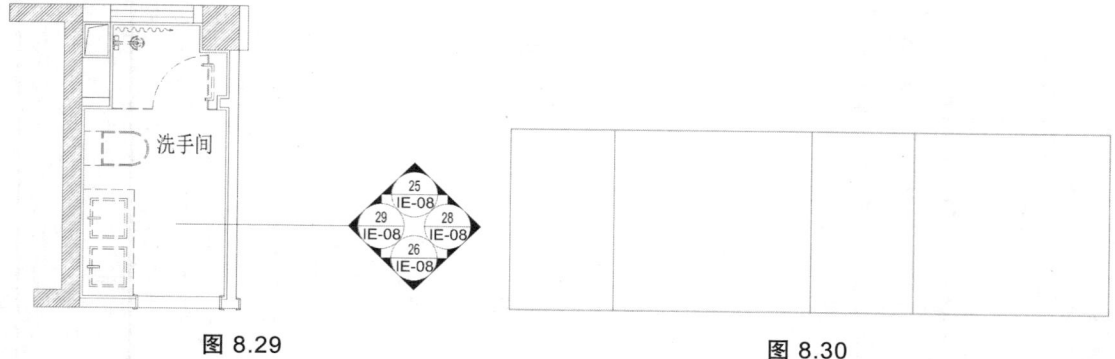

图 8.29　　　　　　　　　　　　图 8.30

2. 绘制墙体造型线

■ 输入 L 直线工具，结合平面布置图和天花板平面图绘制墙体装修后地板线和吊顶，以及内部材料变化的线条（方法与绘制客厅立面图相同）。

■ 输入 O 偏移工具，绘制完成面的地板线（高 50）。注意：在 29、28 立面中因洗手间有干湿分区，故此两处地面淋浴的部分地板较低，相差 20。

■ 输入 L 直线工具，绘制 26 立面中的门与墙的分割线，在 29 立面中绘制干湿分区的淋浴间分割线，在 25 中绘制墙体与推拉门分割线，在 28 立面中绘制干湿分区的淋浴间分割线，如图 8.31 所示。

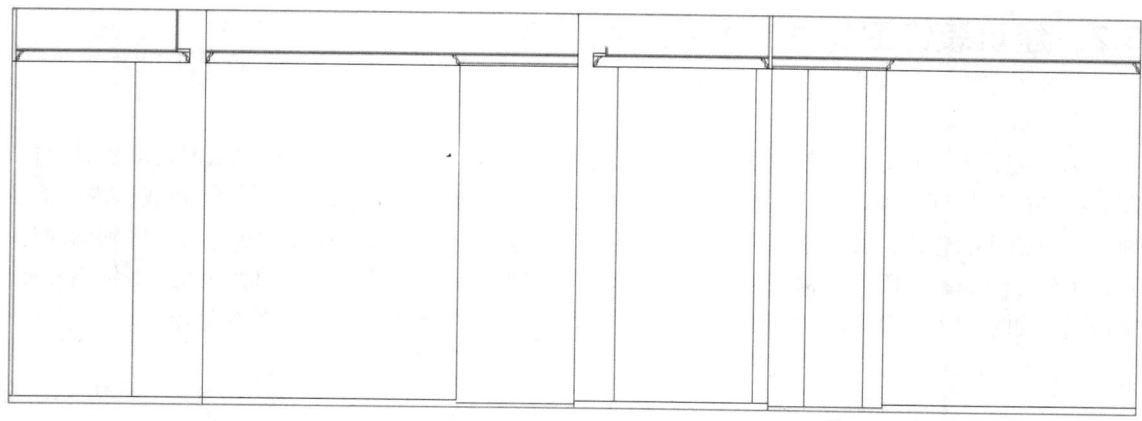

图 8.31

■ 输入 L 直线工具，在 26、29 和 28 立面图中绘制高 950 的腰线，在部分墙体上绘制腰线，线条宽度为 100。

■ 输入 O 偏移工具，偏移如图 8.32 所示。

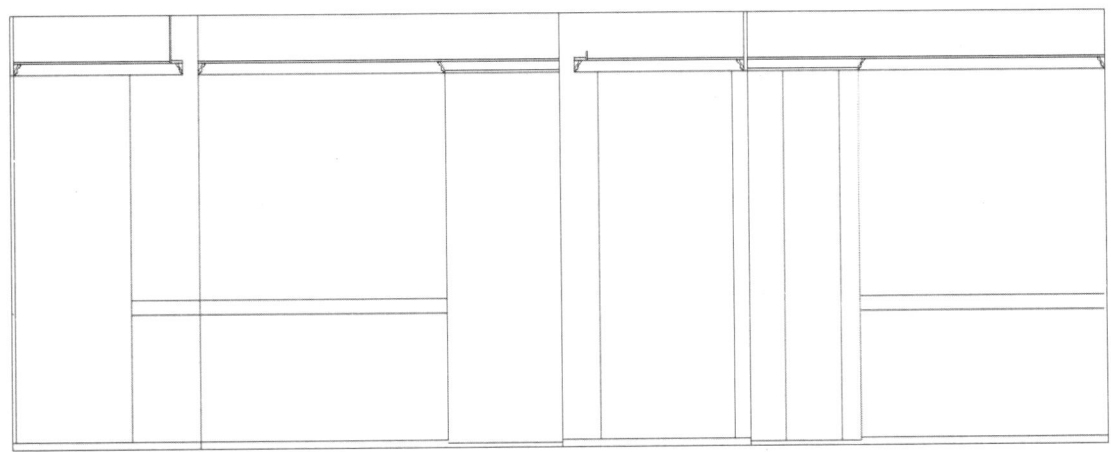

图 8.32

3. 填补图形、材料图例

（1）绘制门窗图形。

输入 L 直线工具或 REC 矩形工具，在 26 立面图中将门的形状以及门的开启方向线绘制出来，在 25 立面图中将玻璃滑门和上面的空门洞的形状以及把手图形绘制出来，尺寸依据平面图，如图 8.33 所示。

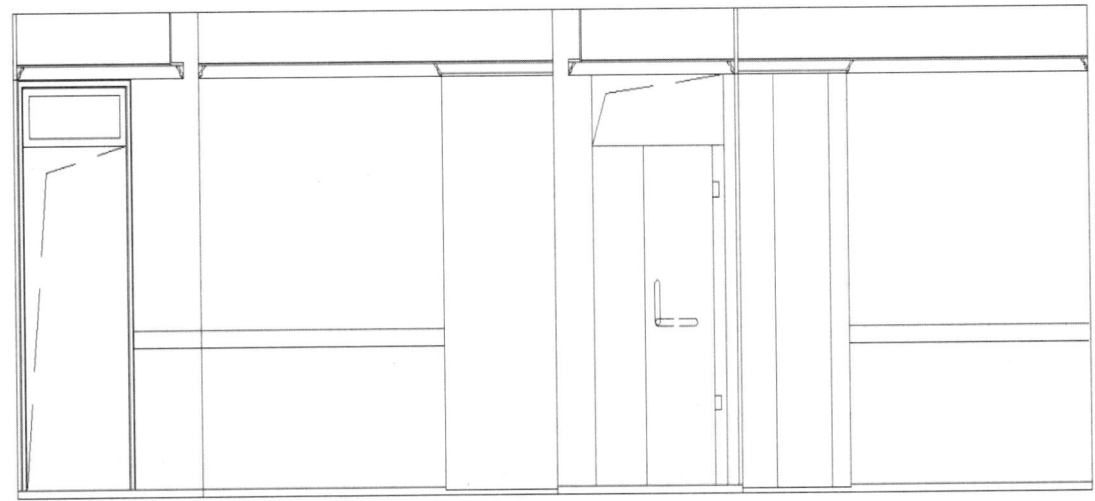

图 8.33

（2）放置家具。

■ 输入 Ctrl+2 调出设计中心，在设计中心里找出家具图形。在 26 立面图中调入洗手台柜组合剖面图形并以墙体尺寸进行修整，在 29 立面图中调入洗手台柜组合正立面图形和坐便器的正立面图形并以墙体尺寸进行修整，在 25 立面图中调入座便器的侧立面图形并以墙体尺寸进行修整，如图 8.34 所示。

图 8.34

（3）按照实际工程尺寸在 26 立面墙体放置开关面板图形，在 26 立面和 25 立面吊顶放置换气扇等水电设备，并将吊顶图形完善，如图 8.35 所示。

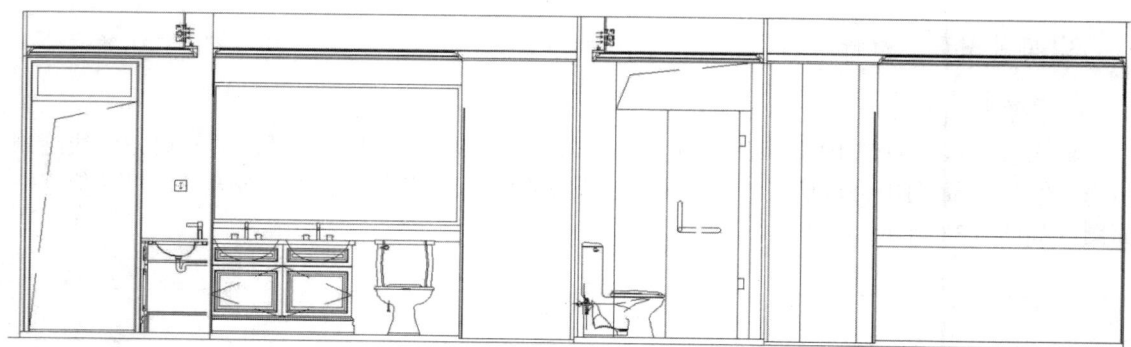

图 8.35

（4）填充材料图例。

■ 输入 BO 边界创建工具，绘制墙面各个材料的边界线。

■ 输入 B 填充工具，用选择对象的方式依次选择边界进行填充。依次在 26 立面图中填充墙砖图例和腰线图例，在 29 立面图中填充墙砖图例、腰线图例、墙裙图例、淋浴间鹅卵石图例和墙面装饰镜子的图例，在 25 立面图中填充鹅卵石图例和玻璃图例，在 28 立面图中填充鹅卵石图例、墙砖图例、腰线图例和墙裙图例，如图 8.36 所示。

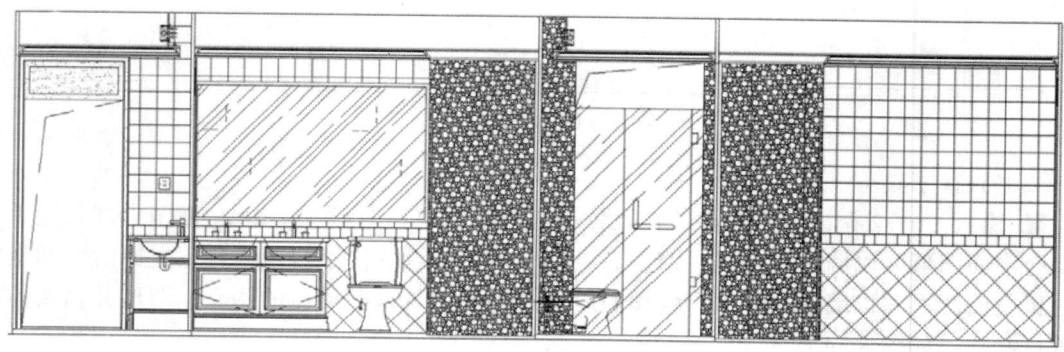

图 8.36

4. 尺寸标注

（1）输入 DLI 线性标注、DCO 连续标注，标注外轮廓二道外框尺寸，从 26 立面图开始依次将门、家具和墙体造型尺寸标注出来。注意二道外框尺寸线标注各立面的总长度，墙体只标左边即可，如图 8.37 所示。

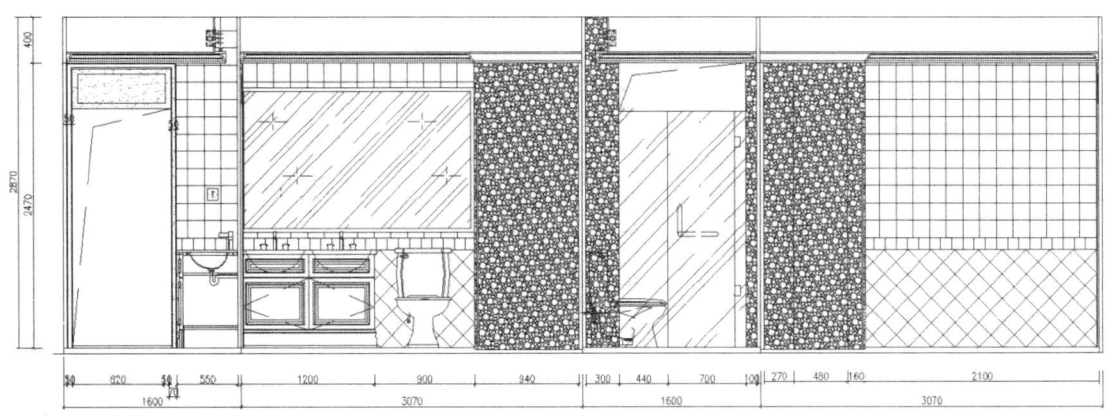

图 8.37

（2）标注装饰造型细部尺寸。

■ 输入 DLI 线性标注工具，在 26 立面图中标注出门的细部尺寸、家具细部尺寸、开关插座的定位尺寸，在 29 立面图中标注出门的细部尺寸、家具细部尺寸、装饰镜框的细部尺寸、淋浴间滑门的细部尺寸，在 25 立面图中标注出阴角线的尺寸，在 28 立面图中标注出墙体腰线砖的尺寸、墙砖的尺寸、墙裙砖的施工方法和尺寸等细部尺寸，如图 8.38 所示。

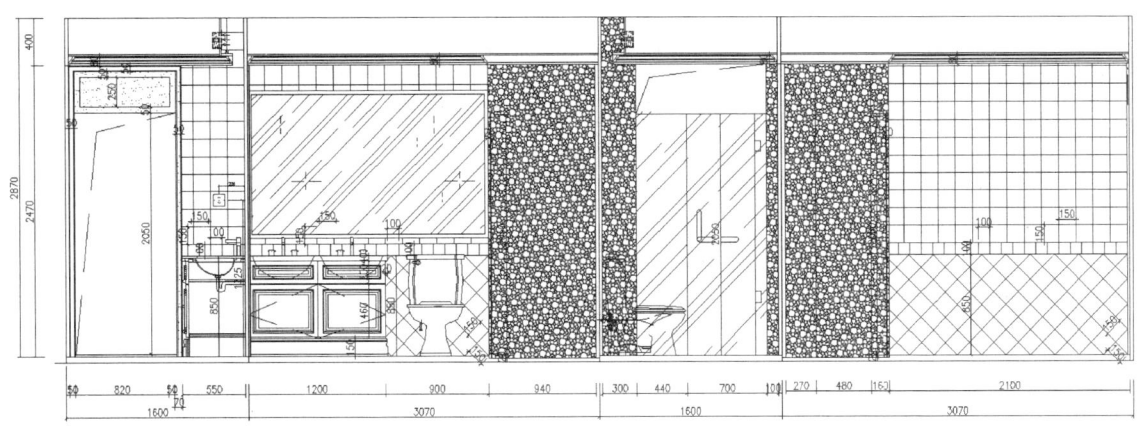

图 8.38

（3）标注本层墙体相对标高。

■ 输入 L 直线工具，绘制出标高符号。

■ 输入 T 文字工具，在立面图左边从下向上依次标出-0.020、±0.000、+2.500、+2.850 的地面排水高度、地面高度、阴角线高度和原始顶棚高度，如图 8.39 所示。

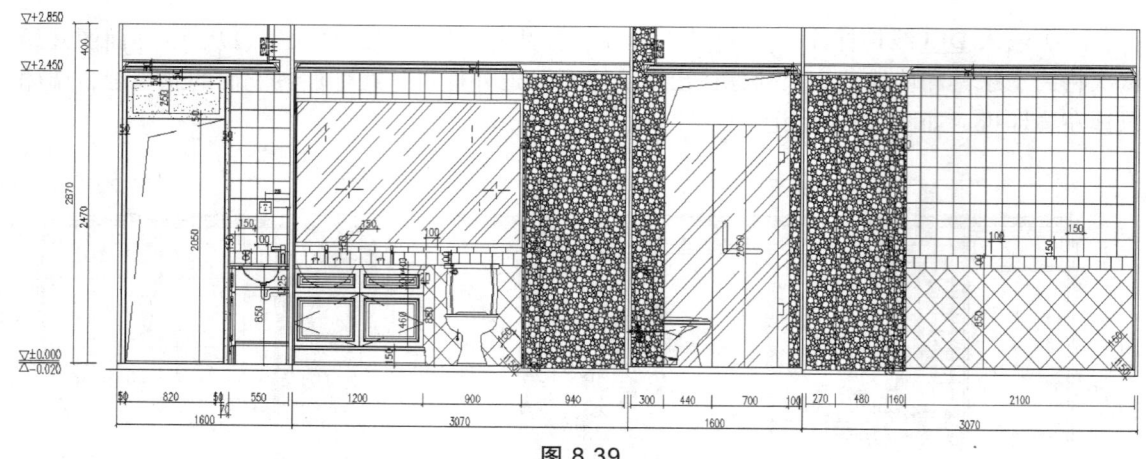

图 8.39

（4）最后绘制分区符号。

■ 输入 L 直线工具，在 29 立面图中绘制分区符号。

■ 输入 CO 复制工具，在 25 立面图中复制出两个分区符号，如图 8.40 所示。

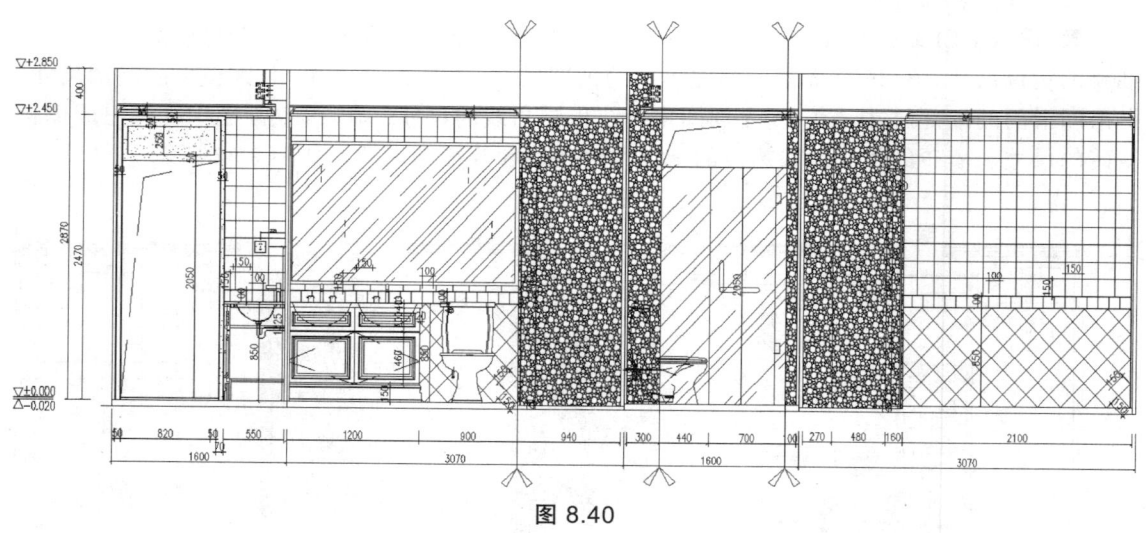

图 8.40

5. 文字标注

（1）输入多重引出线命令并配合多行文字 T 命令（文字高度为 100）按照图例的表达依次标注材料的名字、颜色和型号。在 26 立面图中标注出门的材料为木饰面、墙砖的材料为仿古砖 03；在 29 立面图中标注出洗手台面石材材料为水云纱、洗手台柜门材料为木饰面、成品装饰镜、淋浴间为鹅卵石；在 25 立面图中标注出滑门材质为 10 mm 清玻；在 28 立面图中标注出腰线材料为小方砖 02、墙裙材料为仿古砖 03，如图 8.41 所示。

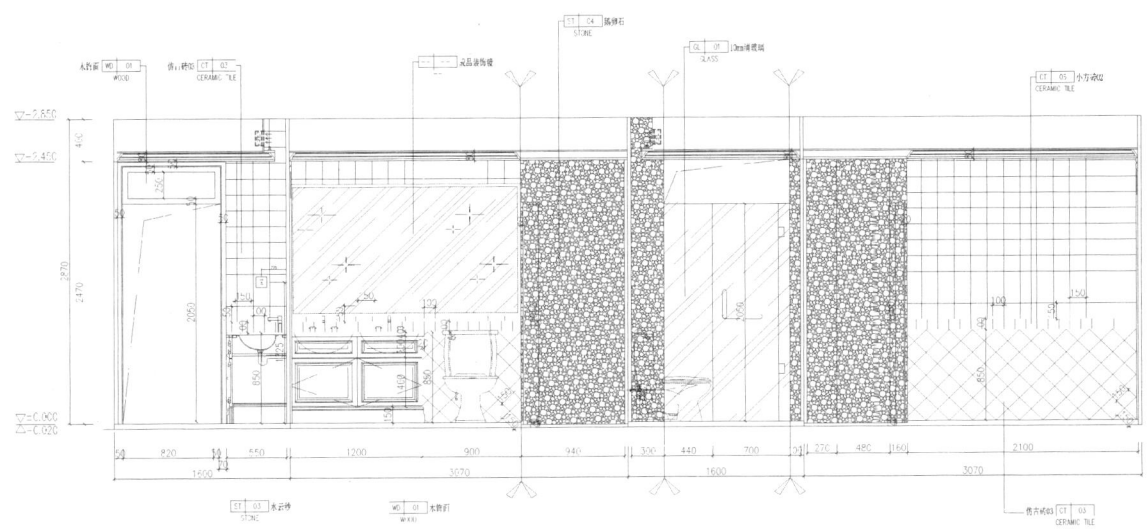

图 8.41

（2）绘制墙体轴线并标注图名比例。

■ 输入 L 直线工具，绘制出 26、29、25、28 立面内墙的轴线。

■ 输入 T 文字工具，标出图名和比例，如图 8.42 所示。

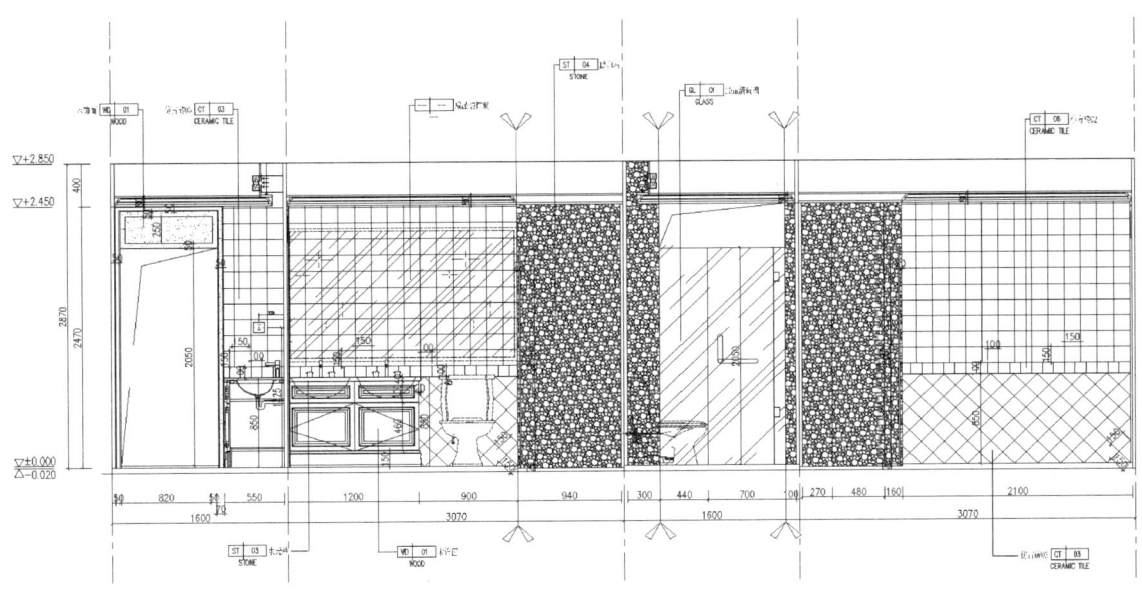

洗手间26、29、25、28立面展开图 1:25

图 8.42

8.2.2 放置 A2 图框

调出常用的 A2 图框,用缩放(SC)工具进行放大,放大 25 倍。用移动(M)工具调整图框的位置。最后在图框的标题栏标明项目名称、图纸编号、图幅型号、日期以及绘图人等内容。如图 8.43 所示。

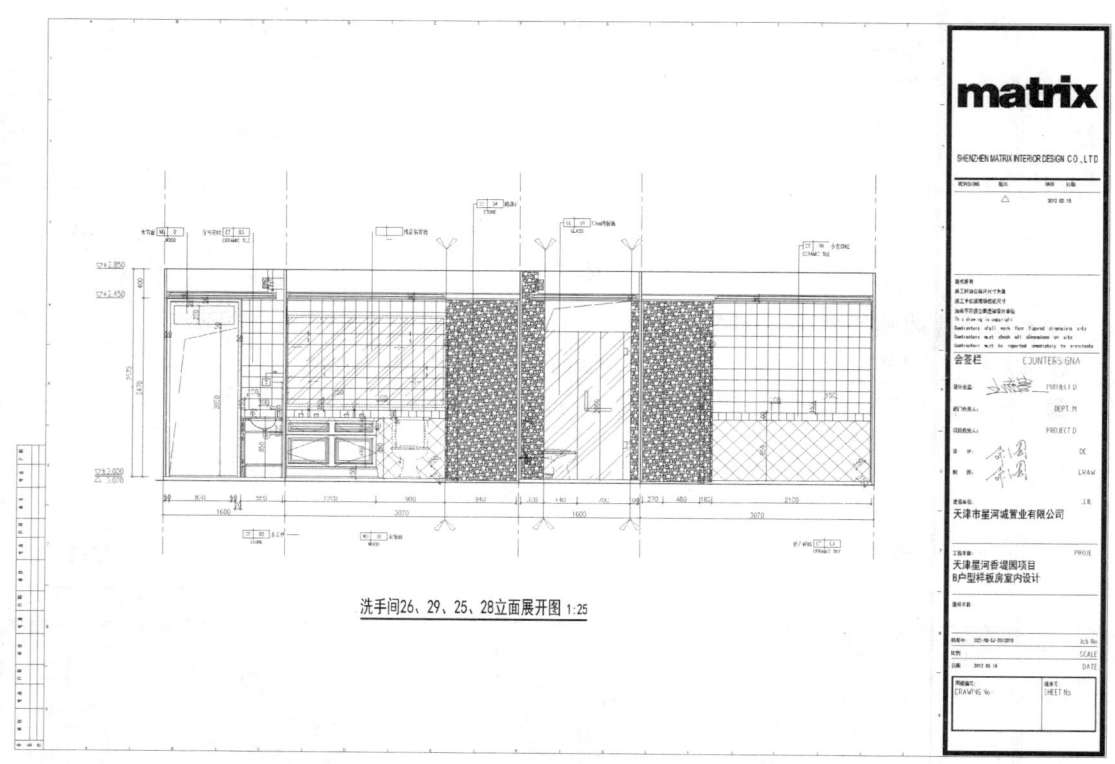

图 8.43

实训 8

(1)住宅装饰立面实训图

■ 绘制电视背景墙立面图,如图 8.44 所示。

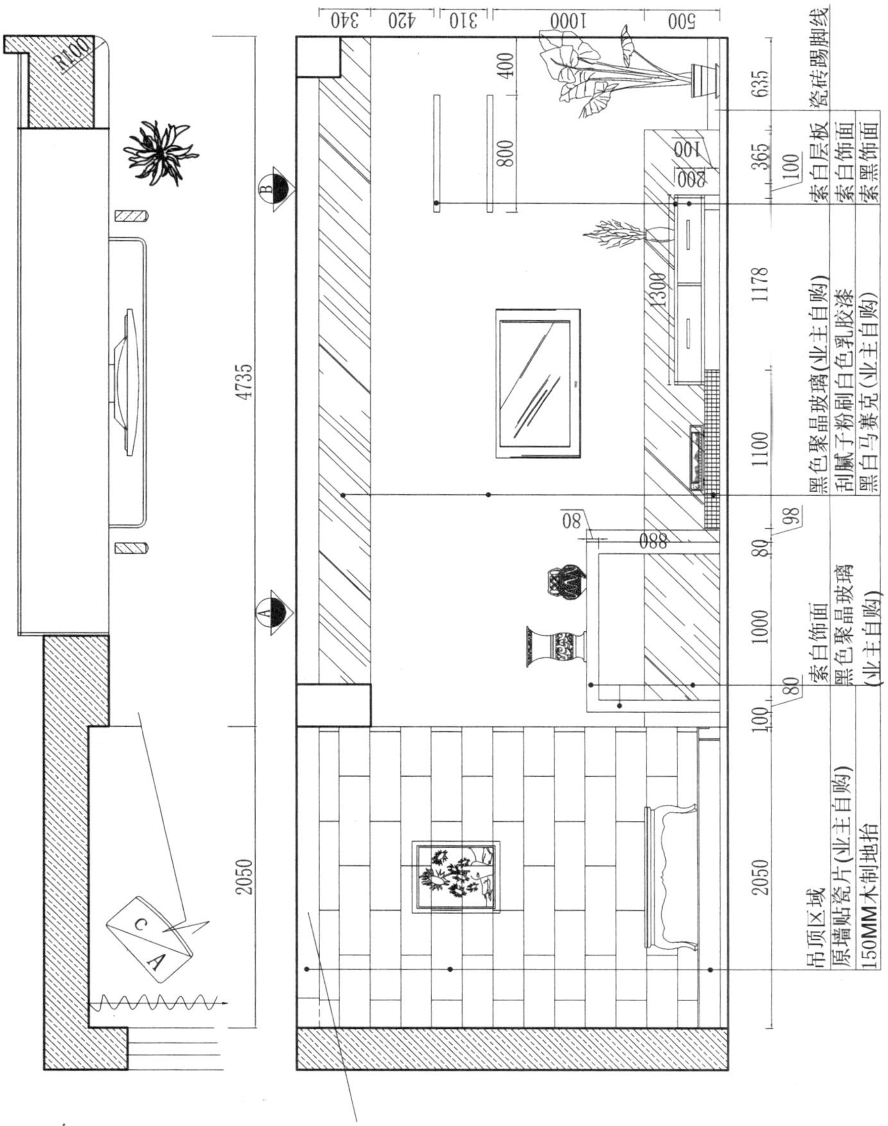
4735
2050
R100
340
420
310
1000
500
400
800
100
800
1300
880
80
635
365
100
1178
1100
98
80
1000
80
100
2050
瓷砖踢脚线
索白层板
索白饰面
索黑饰面
黑色聚晶玻璃(业主自购)
刮腻子粉刷白色乳胶漆
黑白马赛克(业主自购)
索白饰面
黑色聚晶玻璃
(业主自购)
吊顶区域
原墙贴瓷片(业主自购)
150MM木制地抬

图 8.44

■ 绘制沙发背景墙立面图，如图 8.45 所示。

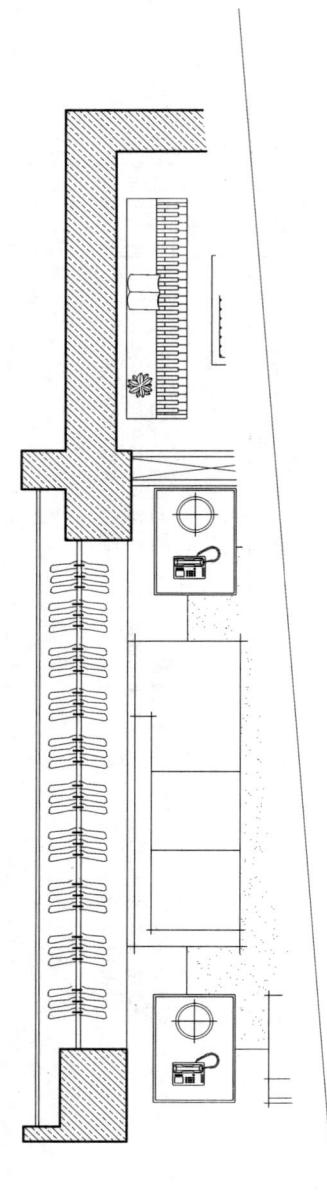
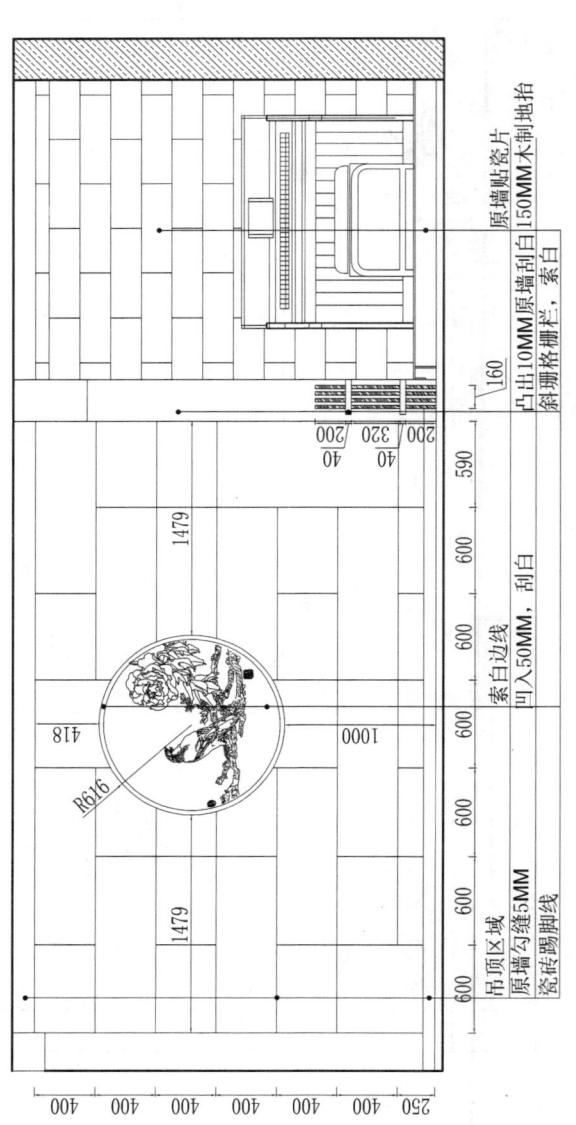

图 8.45

■ 绘制沙发背景墙立面图，如图 8.46 所示。

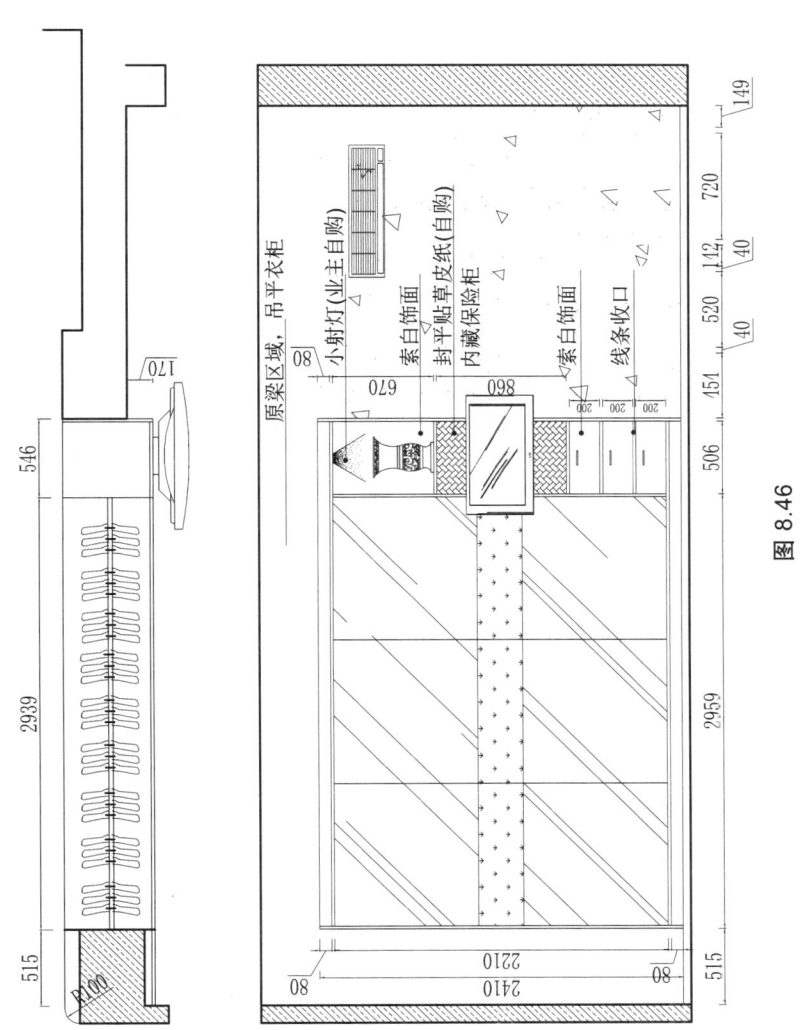

图 8.46

(2)餐饮空间装饰立面实训图。

绘制用餐区立面图,如图 8.47~8.49 所示。

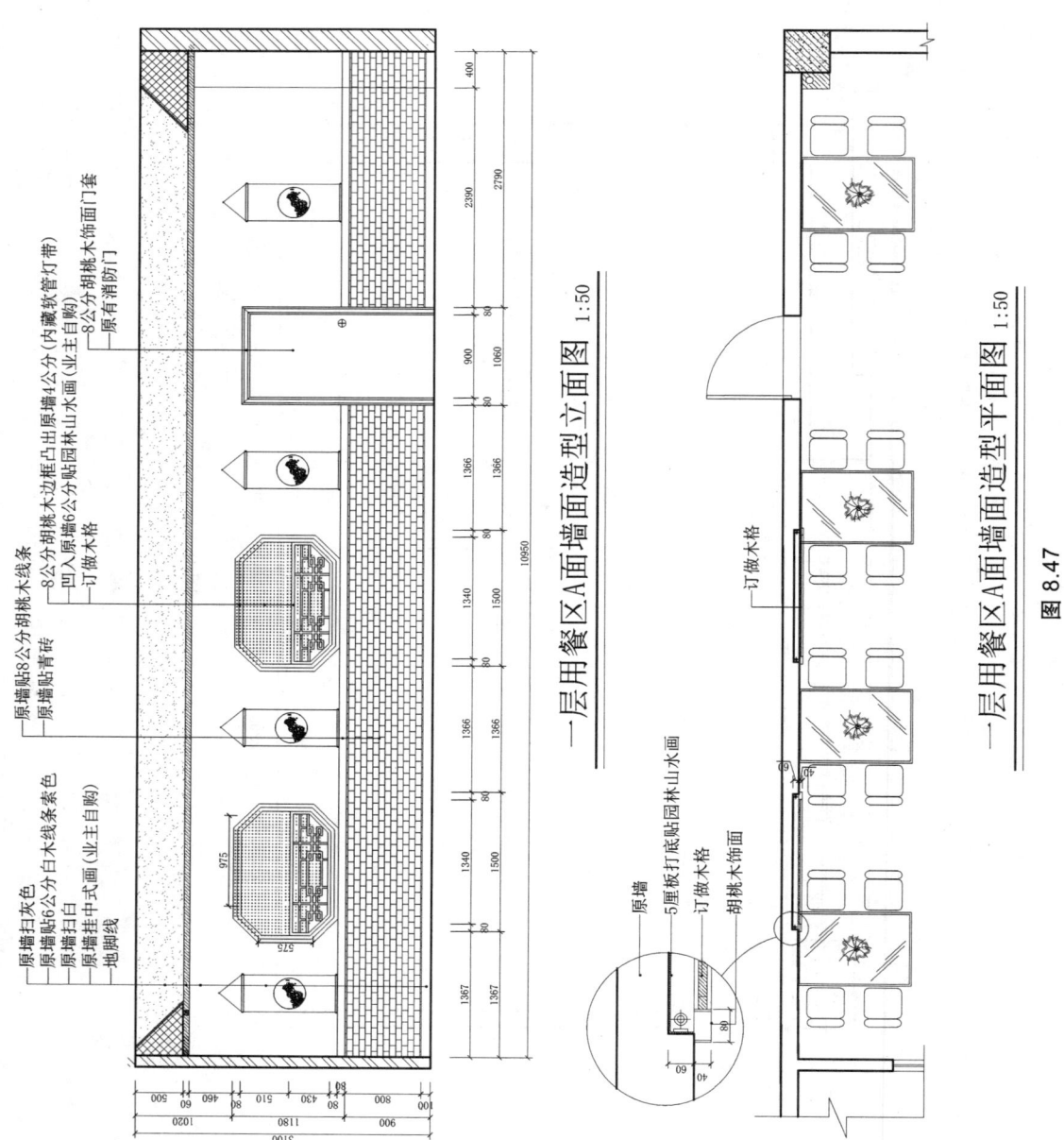

图 8.47

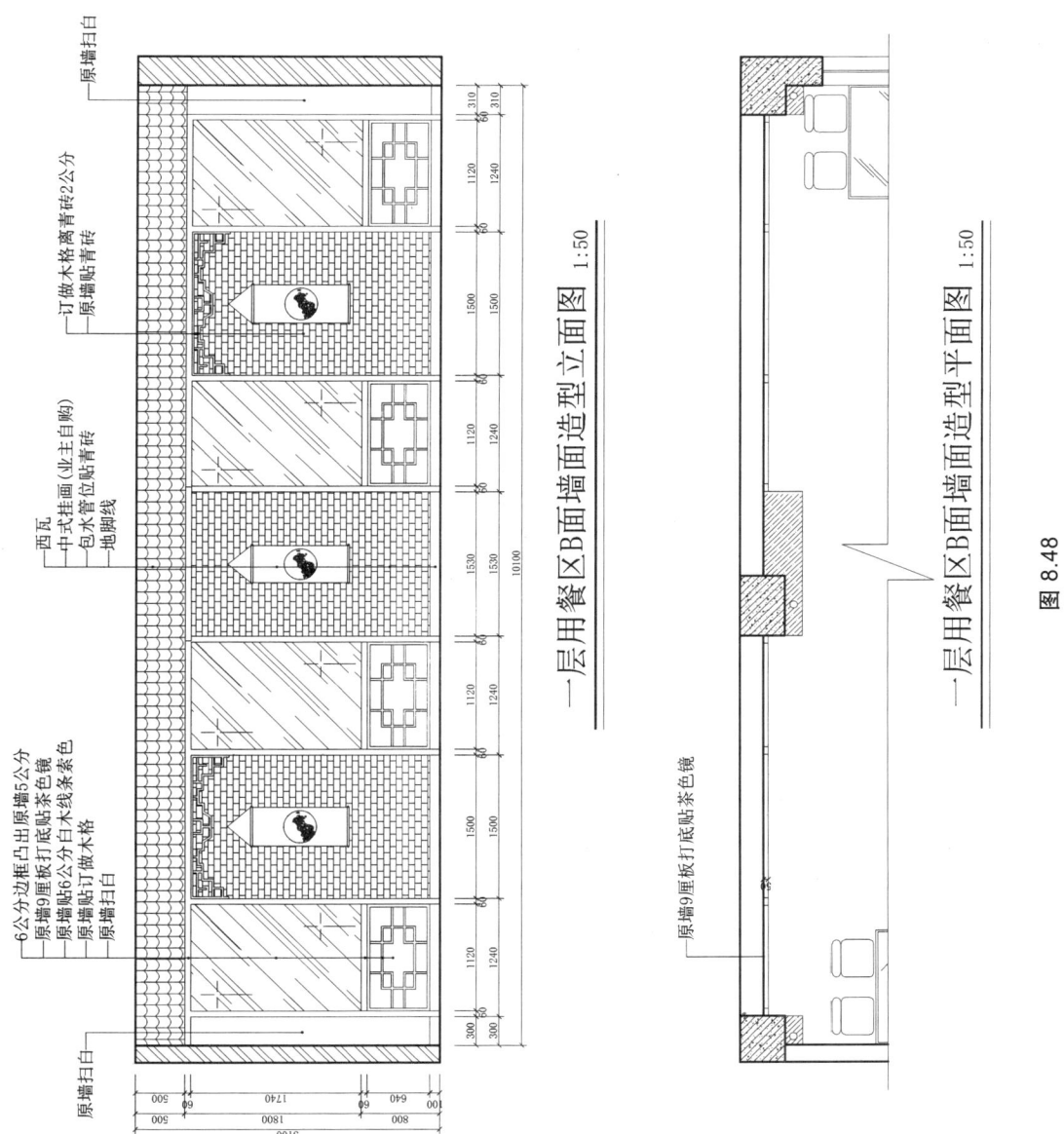

图 8.48

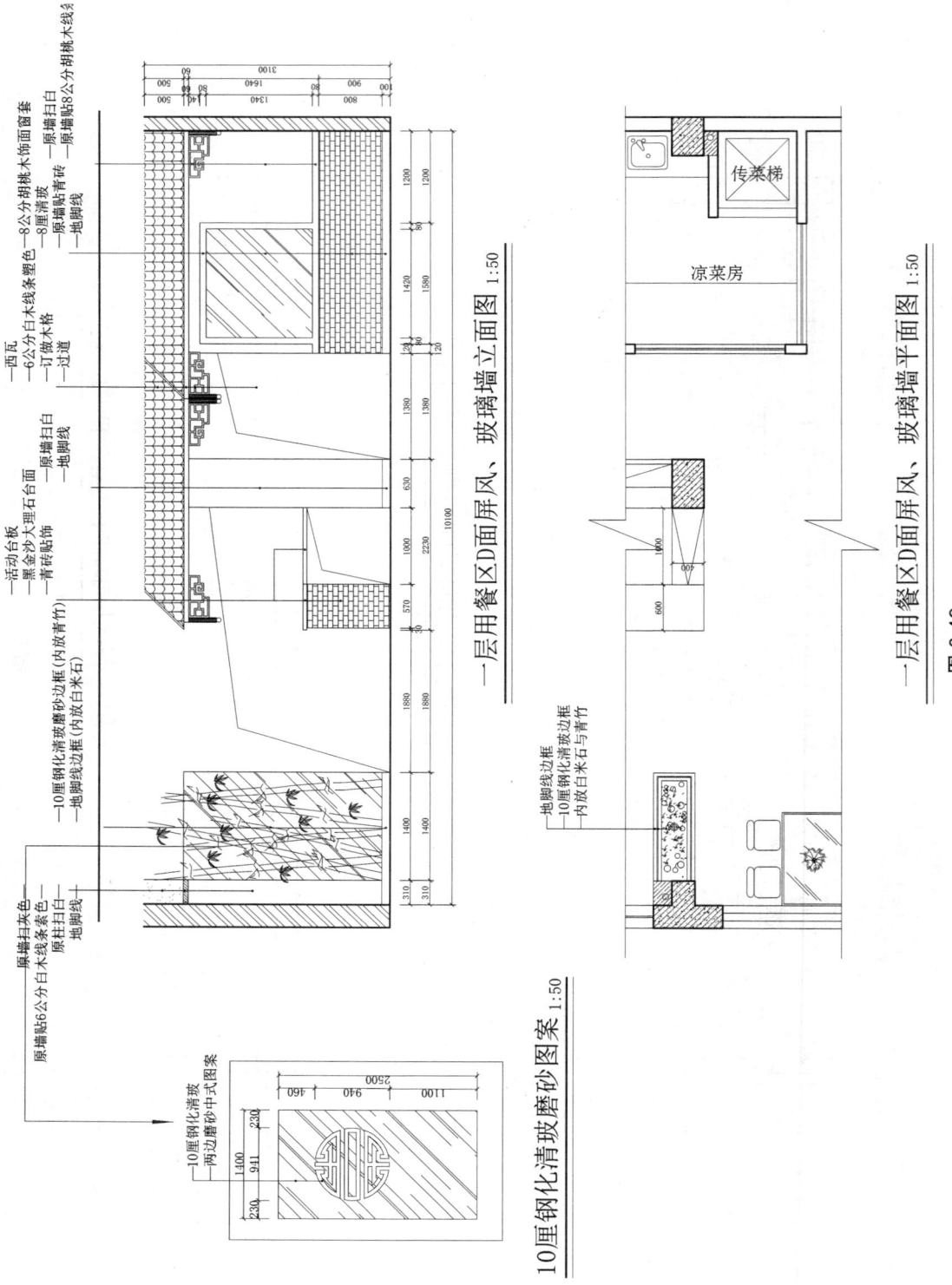

图 8.49

■ 绘制用餐区立面图，如图 8.50 所示。

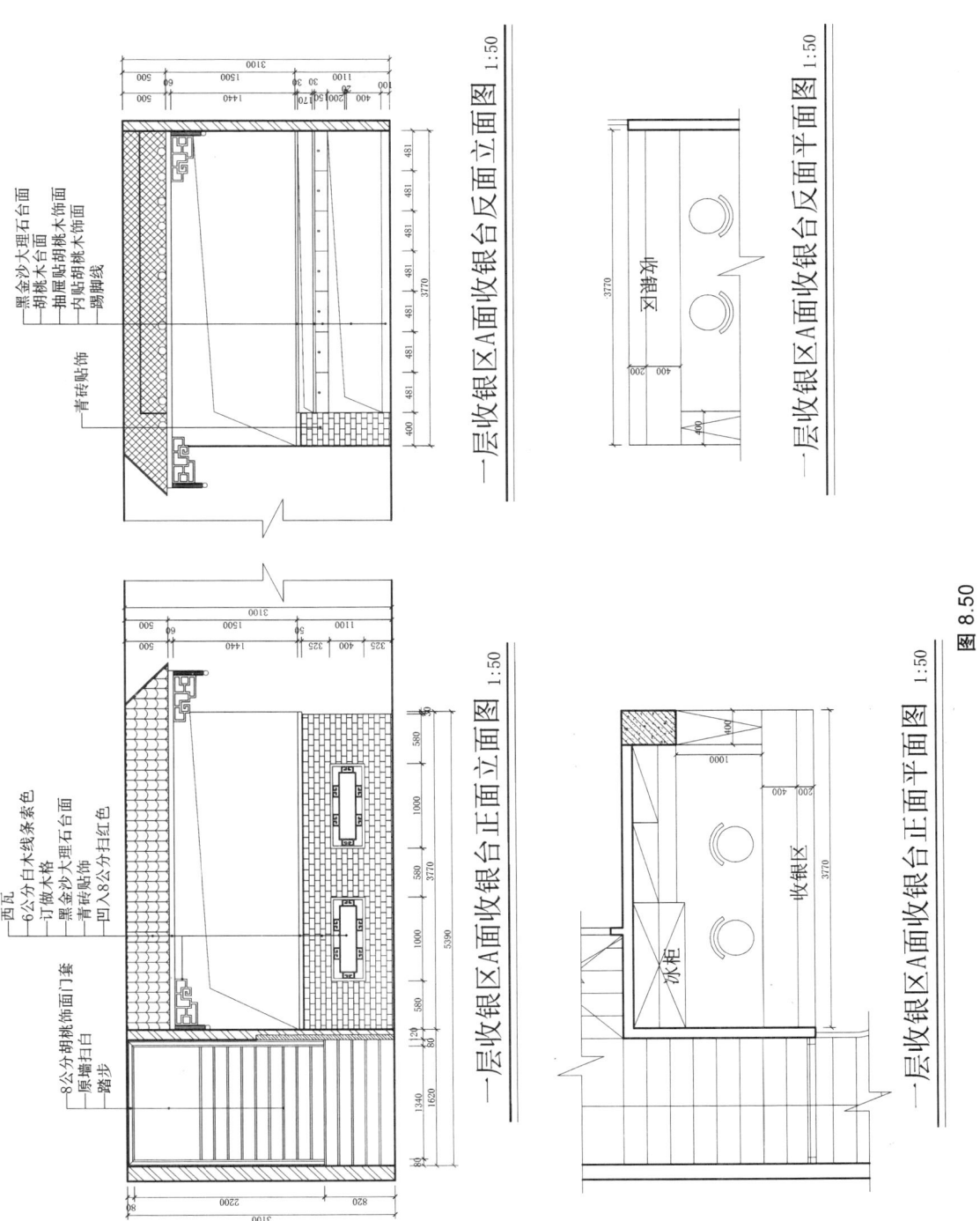

图 8.50

任务 9　建筑装饰 CAD 剖面图绘制

任务要点：剖面图又称剖切图，是通过对有关的图形按照一定剖切方向所展示的内部构造图例。剖面图是假想用一个剖切平面将物体剖开，移去介于观察者和剖切平面之间的部分，对于剩余的部分向投影面所做的正投影图。剖面是让施工人员看清具体结构的，节点大样是用来表示剖面上一些细小且复杂的结构形式的，简单地说就是剖面的细化版。本章主要介绍线条、天花、墙身大样图等。

9.1　天花剖面及大样图绘制

天花剖面图及大样图主要表达天花的构造形式、具体尺寸、材料、造型、灯具、电器设备等内容，是建筑装饰专业的重点之一。

操作方式：

■ 输入 PL 多线工具，绘制横线线条及竖向线条，如图 9.1 所示。

■ 输入 O 偏移工具，对竖向线条偏移 100，得到墙体厚度；对横向线条偏移 120，得到楼板厚度，如图 9.2 所示。

图 9.1　　　　　　　　　　图 9.2

■ 再对横向线条偏移 160，并用 EX 命令延伸至竖向最左侧线条，用 TR 命令减掉多余线条，如图 9.3 所示。

■ 输入 PL 多线工具，绘制剖断符号。

■ 输入 H 填充工具，进行钢筋混凝土图案填充，如图 9.4 所示。

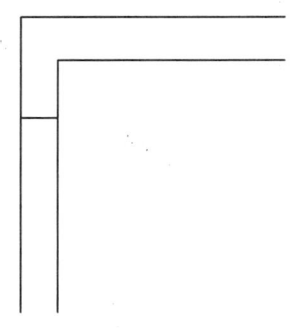
图 9.3

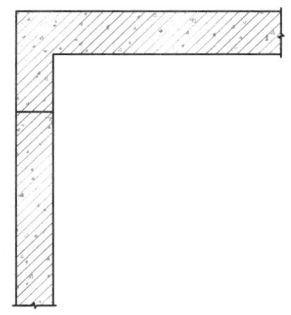
图 9.4

■ 输入 <u>O</u> 偏移工具，将竖向墙线往内部偏移 20，得到抹灰层厚度，再偏移 10，得到面层厚度，并对其进行填充，如图 9.5 所示。

■ 输入 <u>O</u> 偏移命令，将竖向内侧抹灰线连续偏移 80、20、100、12、30，确定竖向石膏板及龙骨位置，再将横向内侧墙线往下连续偏移 20、268、12、8、12、80，确定横向石膏板及龙骨位置，如图 9.6 所示。

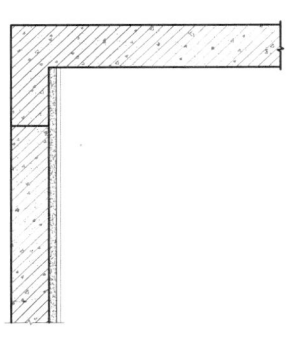
图 9.5

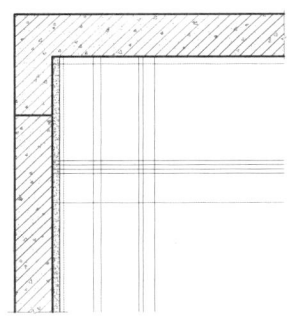
图 9.6

■ 输入 <u>TR</u> 修剪工具，修剪掉多余的线。
■ 输入 <u>L</u> 直线工具，绘制剖断木方。
■ 输入 <u>S</u> 拉伸工具，将竖向剖断符号向下拉伸至适当位置，如图 9.7 所示。
■ 输入 <u>H</u> 填充工具，对其进行图案填充，如图 9.8 所示。

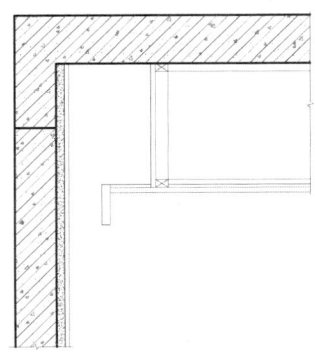
图 9.7

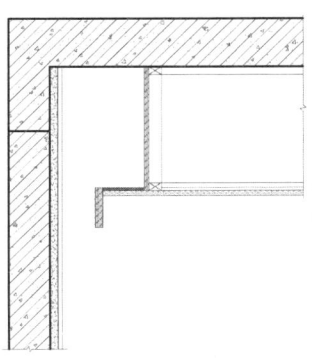
图 9.8

- 输入 PL 多线工具，结合 C 圆工具，绘制出内部发光灯带剖面及实木线条剖面。
- 输入 H 填充工具，进行填充，如图 9.9 所示。
- 用 DLI、DCO 对其进行尺寸标注，如图 9.10 所示。

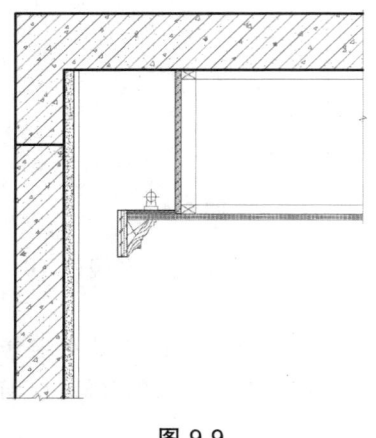

图 9.9

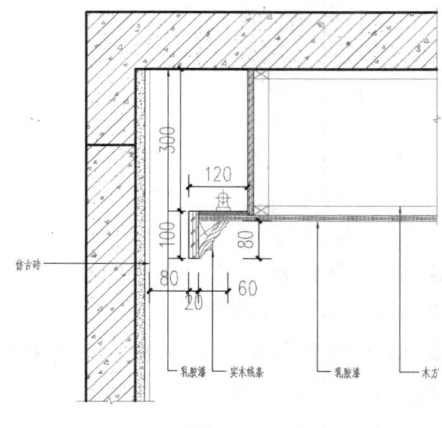

图 9.10

9.2 墙身大样图绘制

墙身大样图主要反映墙身各部位的详细构造、材料做法及详细尺寸。
- 输入 PL 多线工具，绘制横线线条及竖向线条，如图 9.11 所示。
- 输入 O 偏移工具，对竖向线条往左偏移 100，得到墙体厚度；对横向线条向下偏移 9、3、3、9、3、70、3、9、3，如图 9.12 所示。

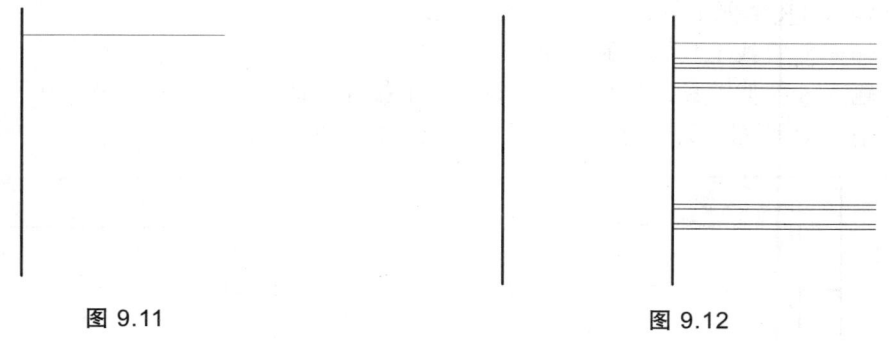

图 9.11　　　　　　　　图 9.12

- 输入 O 偏移工具，对内侧墙线往右偏移 9、10、32、9、10、15、15。
- 输入 PL 多线工具，在上、下、右绘制剖断线。
- 输入 H 填充工具，对墙体进行钢筋混凝土图案填充，如图 9.13 所示。
- 输入 TR 修剪，对图案进行修剪，如图 9.14 所示。

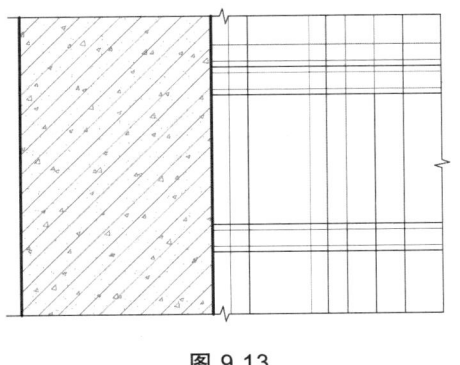

图 9.13

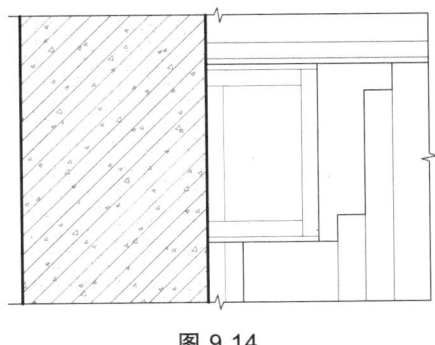

图 9.14

- 输入 H 填充工具，对其分别填充木纹及龙骨纹理，如图 9.15 所示。
- 输入 DLI 线性标注，再用 DCO 连续标注工具，对其进行尺寸标注，如图 9.16 所示。

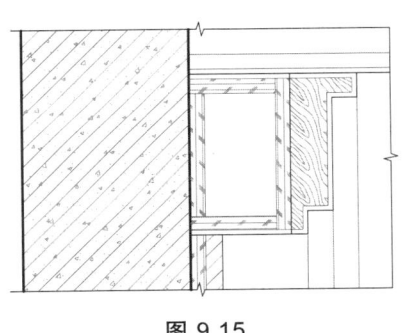

图 9.15

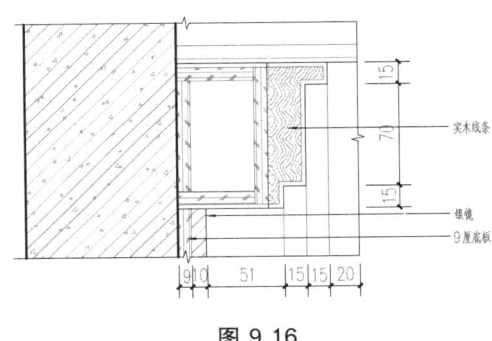

图 9.16

9.3 线条大样图绘制

- 输入 PL 多线工具，指定一个基点，向右绘制横线线条，距离 50；在同一基点向下绘制竖向线条，距离 50，如图 9.17 所示。
- 输入 O 偏移工具，将竖向线往右偏移 50，将横向线往下偏移 50。
- 输入 PL 多线工具，连接两端，如图 9.18 所示。

图 9.17　　　　　　　　　图 9.18

- 输入 C 圆工具，以原始基点为圆心，绘制一个半径为 45 的圆。
- 输入 TR 修剪工具，将多余部分修剪，如图 9.19 所示。
- 输入 H 填充工具，对其进行木纹填充，如图 9.20 所示。

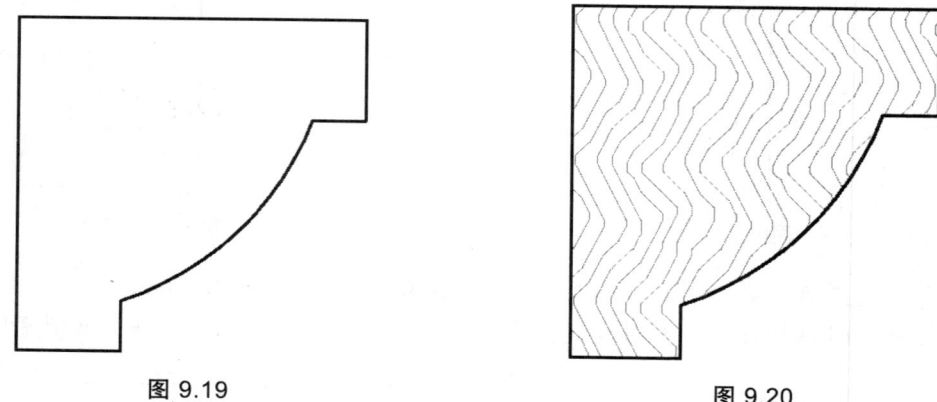

图 9.19　　　　　　　　图 9.20

- 输入 DLI 线性标注工具，对其进行尺寸标注。
- 输入 DRA 半径标注工具，对圆弧进行半径标注，如图 9.21 所示。

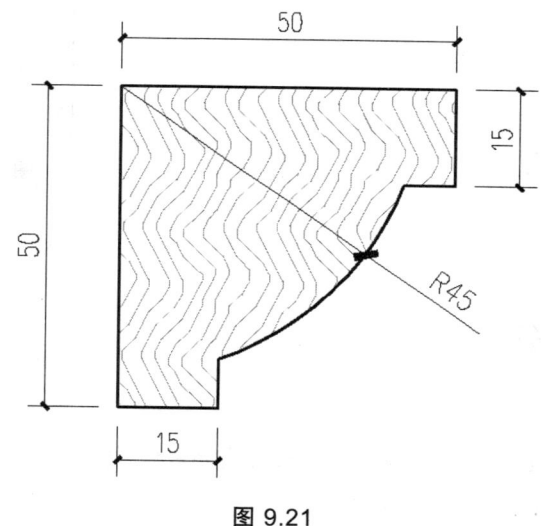

图 9.21

实训 9

（1）建筑装饰剖面、大样实训图。
- 绘制门面剖面节点大样图，如图 9.22 所示。
- 绘制天花剖面节点大样图，如图 9.23 所示。
- 绘制墙身剖面节点大样图，如图 9.24 所示。

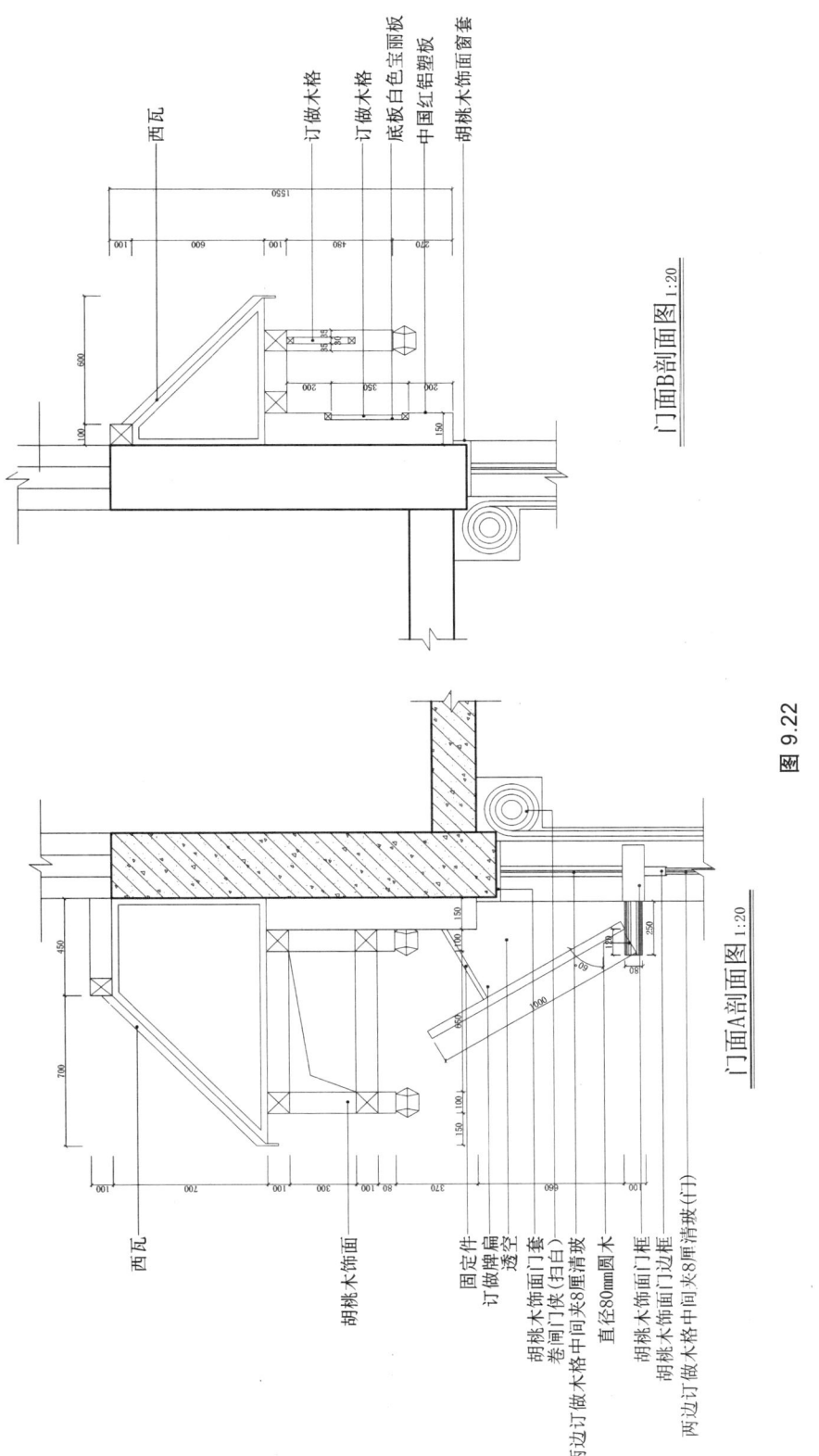

图 9.22

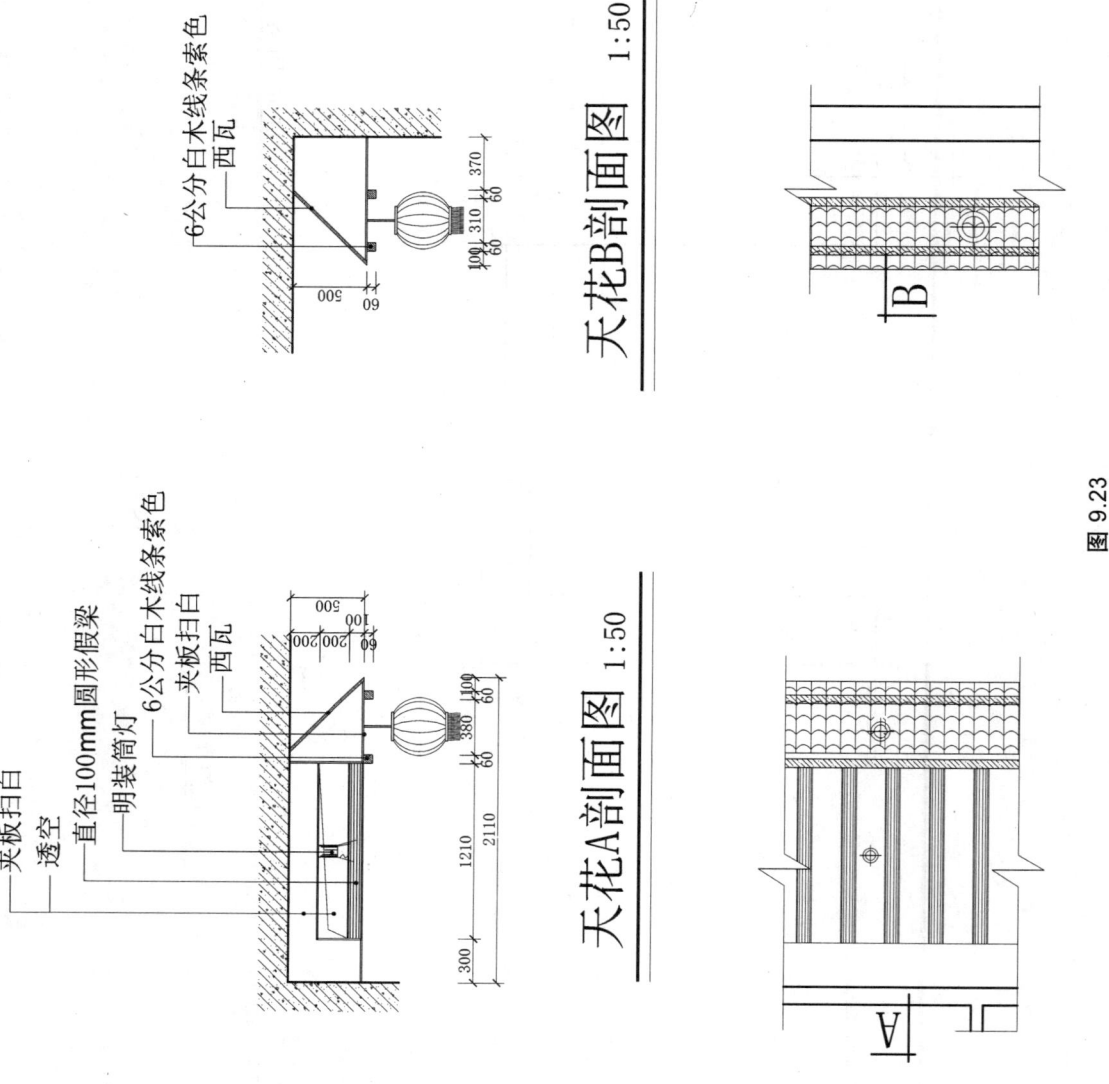

图 9.23

任务 9　建筑装饰 CAD 剖面图绘制 | *217*

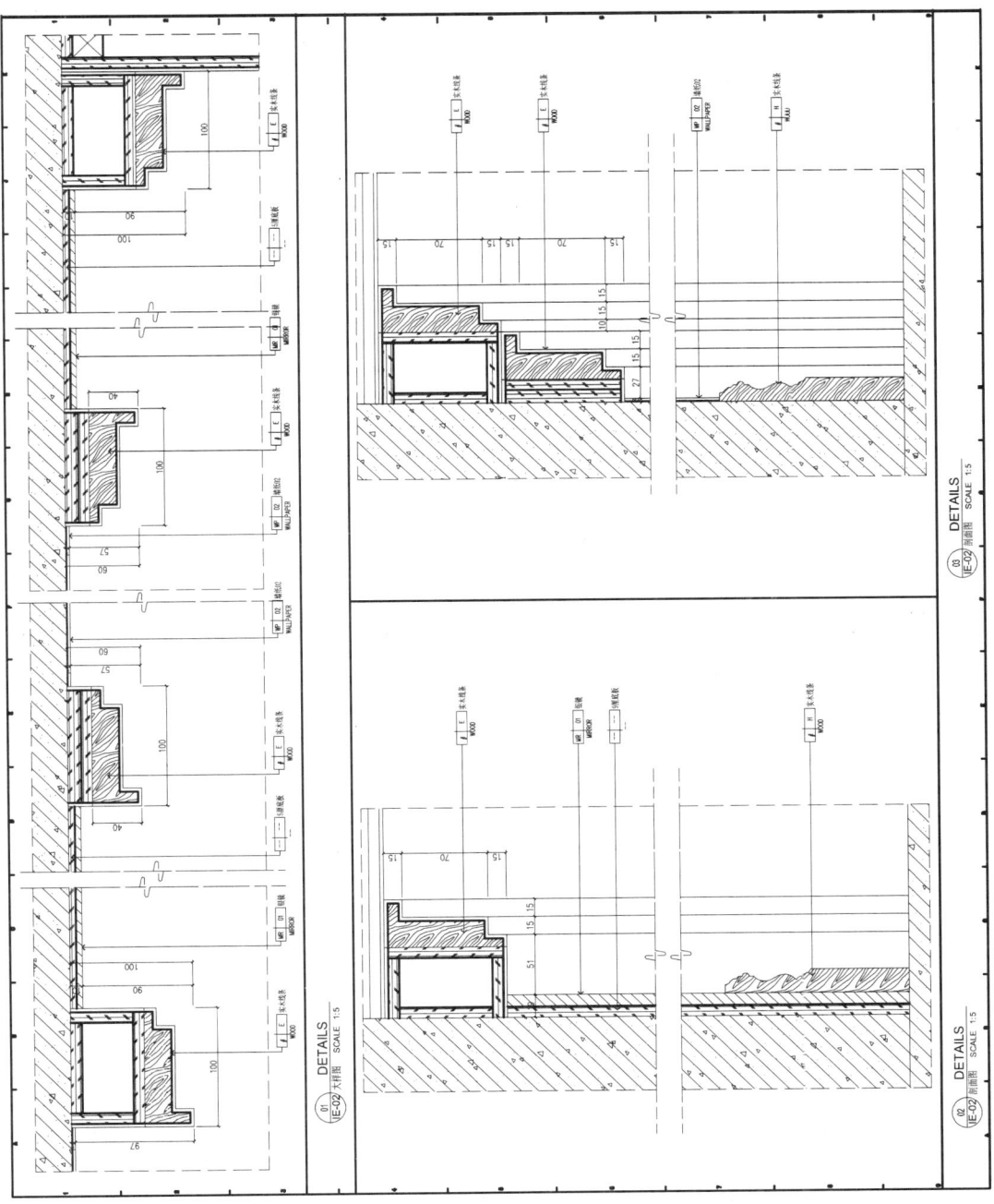

图 9.24

参考文献

[1] 李益. 建筑工程 CAD 制图[M]. 北京：北京理工大学出版社，2013.
[2] 范幸义. 建筑工程 CAD 制图[M]. 重庆：重庆大学出版社，2008.
[3] CAD/CAM/CAE 技术联盟. AutoCAD2 014 室内装潢设计[M]. 北京：清华大学出版社，2014.
[4] 赵晓飞. 室内设计工程制图方法及实例[M]. 北京：中国建筑工业出版社，2008.
[5] 徐幼光. 环境艺术制图[M]. 上海：东方出版中心，2010.
[6] 黄仕伟，雷隽卿. 建筑 CAD 绘图快速入门[M]. 北京：化学工业出版社，2013.